KB139017

마음이 꽃이 되어 산다

마이스터 하우스

마음이 꽃이 되어 산다

1쇄 인쇄 _ 2017년 3월 15일
1쇄 발행 _ 2017년 3월 20일

지은이 _ 방식
펴낸곳 _ 마이스터 하우스

펴낸이 _ 방식
기획주간 _ 최창일
간행대표 _ 양봉식
편집디자인 _ 디자잉(조진환)
인쇄 제작 _ 글로리디 컨엔컴
업무관리팀 _ 방춘이, 방춘화
문학기획팀 _ 조제헌, 임승영, 나유리, 방정선, 박진두, 김화순
자료기획팀 _ 강민경, 한아름, 정기라, 조신자, 정현숙, 문채원, 김성은
서울특별시 종로구 대학로 77 (연건동)
전화 _ 02) 747-4563   FAX _ 02) 763-6795
등록 _ 제 300 - 2005 - 163
홈페이지 _ www.bangsik.co.kr

ISBN _ 979-11-960287-1-8
값 20,000원

CONTENT

차
례

CONTENT

차
례

꽃들이 사는 세상
내가 걸어가는 길

꽃은 늘 햇빛의 질감보다 더 아름다운 색을 칠하기 위하여 노력한다. 초등학교 시절부터 꽃이 초록의 잎에서 감싸인 모습이 신기하게 보였다. 꽃은 빛의 파도를 즐기는 모습을 상상 했다. 항구도시 목포의 유달산에 오르면 다도해서 달려온 빛과 바람이 미소 속에 꽃의 삶을 향해 가슴을 여는 것을 보는 것이 너무나 아름다운 시간이었다. 나는 자연이 주는 우연한 형태에 늘 감동하였다. 그때는 지금처럼 우연의 형태라는 것을 정리하는 이론을 가진 것은 아니었다. 본능처럼 느끼고 살았다. 사람이 만드는 창작도 한계라는 것이 있다. 나에게는 권력과 돈의 사회적 호기심은 조금도 없었다. 우연히 만들어지는 자연, 우연히 만드는 우주의 흐름에 늘 감동하고 감사하고 있었다. 그것이 유년기부터 살아온 태도가 아니었나 싶다. 목포의 북교초등학교(김대중 대통령과 많은 인재를 배출한 학교)에서부터 학교의 곳곳에 꽃을 심고 꽃꽂이를 즐겼다. 시켜서 하는 것도 아니었다. 그저 좋았다. 나에게는 우연이라는 형태가 내안의 세포에 자라고 있었던 것이다. 자연의 나무와 꽃은 한 결 같이 수다스럽지도 않고 냉정하지도 않다. 그저 자기의 자리를 지키며 묵묵히 자기 일을 할 뿐이다. 자연은 경쟁이라는 것도 없다. 경쟁이 없는 자연, 우연의 형태가 나를 성장 시켜왔다.

자연은 우연의 완벽한 예술이다. 오래된 정원의 이끼는 자연스러운 우연의 형태다. 누가 이것을 예측하고 형상을 위하여 만들어 가겠는가. 우연의 형태는 우연이라는 완벽한 자연예술의 형태다. 신라의 금속공예가 수백 년 동안 땅속에 지내다가 우연히 발견된다. 땅속의 청동이 푸른 모습으로 나타난다. 이것이 우연의 전형적형태다.

꽃은 사람과 사람사이를 연결하여 준다. 정치적인 것이 꽃이라면 조금은 으아 할 것이다. 그러나 꽃은 정치의 중심에 서 있다. 정상들의 회담장은 꽃이라는 작품이 먼저 와 있다. 정상들이 목표된 토론의 모습을 지켜보는 것이 꽃들이었다. 연말이 되면 방송국에서는 가수나 배우를 상대로 시상식을 한다. 거기에도 꽃의 작품은 분위기를 한껏 멋지게 만든다. 나는 그 중심에 올림픽을 비롯하여 크고 작은 국가행사에 이르기까지 꽃 장식을 도맡아 하였다. 지금은 제자들에게 많은 공간을 넘겨주고 관조의 시간을 가진다. 방송국과 신문, 출판사에서 지나온 결과물을 책으로 펴내자는 제의가 많았다. 하등 그러한 시간적 여유도 없이 오로지 후학과 작품에만 열중이었다. 현장에서 작품으로 말하고 싶었지 않나 싶다. 꽃의 작품을 만드는 것은 너무 신이 났기에 저술이라는 것은 아랑곳 하지 않았다.

몇 가지 정리를 하고 싶은 시간이 왔다. 성북동에 꽃 박물관이 준비되고 있다. 아직까지 세계 어느 곳에도 꽃의 박물관은 없다. 성북동에 박물관을 만들고 개관을 앞두고 있다. 그동안 느끼고 만든 작품을 하나의 공간에, 또는 저서로 후학들, 꽃들에게 전하고 싶었다.

꽃은 결코 지지 않는다. 새로운 꿈을 위하여 꽃잎이 떨어질 뿐이라는 것을 전해주고 싶었다.

나의 스승 칼라이, 그리고 내가 가장 사랑하는 어머니, 아버지가 오늘의 나를 만듦에 먼저 감사드린다. 물론 늘 옆에서 나를 응원하고 지지하는 동생들의 사랑도 고맙다. 동생들이 애지중지하는 조카들도 삼촌의 열열 응원자들이다. 일주일이면 멀다하고 생의 길목을 논하는 친구 이수동 한복연합회 회장도 고맙다. 어린 시절부터 줄곧 시대의 아픔을 같이 해온 임동진(배우)목사도 기도로 후원하여주었다. 특히 한소남 형, 윤정옥 화백, 황길연 사장, 조신자 이사장부부, 곽승자 이사장, 형문숙 이사장님과 전국에 흩어진 제자들의 한결같은 성원도 오늘의 책을 만드는데 피어나는 꽃이었다.

플로리스트들은 꽃들이 색깔을 칠하면 그것을 다시 조립하는 사람들이다. 자연을 늘 존경하고 분명 인간과 인간의 관계를 만들어주기 위하여 노력한다. 꽃은 자연이지만 꽃은 가장 인간과 밀접하다. 그 밀접한 꽃을 좋아하는 주변의 모든 사람과 제자들, 책을 펴내는 일에 조언과 환영에 기쁨과 행복을 나눈다.

2017년 봄
성북동 방식 꽃 박물관에서
방 식

꽃피는 삶에 홀리다

훌륭한 삶에는 최소한 세 가지 가치가 존재합니다.

오늘 〈마음이 꽃이 되어 산다〉를 펴내는 친구 방식 회장의 경우도 그렇습니다.

첫째는 인식의 가치입니다. 훌륭한 예술가는 그가 가지는 생각, 인식의 가치가 있다고 봅니다. 우리가 미처 생각하지 못한 것들을 알게 합니다. 그 무엇이란 예술적 철학과 종교들이 제공하는 인식적 가치가 있습니다. 마찬가지, 한 예술가의 가치는 자신만이 가지는 독창적인 가치가 됩니다. 방식 회장은 자연이 가르쳐준 인식을 인간과 국가관 안에서 존재할 때 비로소 존중되고 인정된다고 생각하는 예술가입니다.

둘째 정서의 가치입니다. 훌륭한 예술가는 우리를 기쁘게 하고 혹은 위로를 줍니다. 기쁨이 필요한 사람에게 기쁨을, 위로가 필요한 사람에게 위로를 제공하는 일이 일반적으로 예술은 요구 되는 것입니다. 기쁨도 생산적일 때 진정한 기쁨이 됩니다. 방식 회장은 독일에 유학의 짐을 풀면서 곧바로 조국에 돌아오는 날만을 생각한 연구자입니다. 자신이 터득한 나무와 꽃에 관한 지식을 조국의 농촌에 보급, 경제적으로 부강해지는 꿈을 꿉니다. 그의 꿈대로 유학을 마친 방식 회장은 지식을 수많은 후학에게 전수하고 같이 행복해지는 길을 연구합니다.

독일에서 배운 지식을 다시 독일인에게 가르치는 역 교육에 이르는 그의 예술세계는 정서의 가치입니다. 매년 개최하는 국제 꽃 경연대회도 미래의 청년지도자를 양성하는데 목적을 둡니다. 보통의 예술단체가 추구하는 집단주의와는 다른 정서가치관을 가집니다. 년말이면 개최하는 크리스마스트리 경연대회도 한국의 매몰되어가는 크리스마스트리를 한 차원 올려놓고자 하는 순수한 예술적 정서가치입니다. 교회의 트리 재료는 농촌의 농부와 연결되어져야 한다는 것을 늘상 강조합니다. 오늘의 교회 트리가 유해환경에 노출 되고, 중국에서 수입된 플라스틱 재료를 크리스마스트리로 사용하는 것에 매우 안타가워합니다.

셋째는 행동하는 가치입니다. 훌륭한 예술가는 유년기를 거쳐 장년이 되어서도 변함이 없는 행동가치가 선행되어야 합니다. 나는 방식회장과 유년기에서부터 지금에 이르기까지 삶을 다독이며 예술이라는 한길을 걸어 왔습니다. 나와 방식회장은 방황의 년대에도 같이했습니다. 그렇게 어려운 시간에도 예술의 길을 후회하지 않았습니다. 어려운 시간과 내몰아치는 환경, 이불 보따리를 등에 지고 동가서숙 하면서 진실, 행동의 가치를 버리지 않았습니다. 나는 배우를 하면서 하나님을 아버지로 섬기고 목회자의 길로 갑니다. 친구 방식은 늘 기도하여 주었습니다. 틈틈이 준비 공연하는 연극에도 빼놓지 않고 앞자리에서 관객의 한사람으로 응원을 아끼지 않았습니다. 방식 회장은 천주교를 나갑니다. 서로가 기도해주고 위로받아야 할 시간에 위로를 하여주는 친구입니다.

그렇습니다. 중국의 사마천은 〈사기〉에서 "그 사람을 알려면 친구를 보라"는 말을 하였습니다. 나는 서슴없이 인식, 정서, 행동하는 가치를 가진 방식 회장을 친구라고 자랑스러워합니다.

방식 회장은 플로리스트마이스터로 최정상을 걸어온 거인입니다. 그동안 많은 출판사에서 출판의 권유를 받았으나 오로지 작품과 후학을 위하여 헌신 하며 손사래를 저어 왔습니다. 이번 방식 회장의 사상과 철학이 담긴 〈 마음이 꽃이 되어 산다 〉 출판을 크게 축하를 드립니다. 방식 회장의 생각은 꽃의 고전이기도 하고 꽃의 신전이기도 합니다. 방식 회장이 펴낸 책은 어제의 실험이고 오늘의 실험은 내일의 고전이 될 것입니다. 나는 열린 마음으로 방식 회장의 출간을 축하 합니다.

　　친구 방식 회장의 책은 우리 삶의 넓이이기도 할 것입니다.

2017년 꽃에 홀리는 봄 날
임동진 배우, 목사

I
—

꿈에도 보일
그리움이여!

Gloriosa superbar. Bangsik

01 절벽 위에는
행복이 산다네

양 김의 소년 시절은 절벽에서 꿈을 키우고 세상을 내려다보는 호연지기(浩然之氣)를 길렀다. 매우 과학적 결과물이다.

600년 전 조성된 서울은 언덕과 계곡이 어우러진 도시다. 언덕에 가까스로 오르면 햇빛이 손에 잡히면 비로소 길이 한눈에 들어온다. 태양이 침묵하는 자리는 어디일까? 언덕에 오르면 별들이 두런거린다. 바람이 쉬어가기도 한다.

불란서 사람들이 서울에 와서 제일 부러워하는 것이 절벽과 계곡으로 구성된 서울이란다. 설명하지 않아도 이해가 된다. 프랑스가 자랑하는 고속철 테제배로 몇 시간을 달려도 평야만 보인다. 지루한 차창 밖의 풍경만 눈에 들어온다. 서울은 고개를 들면 북한산이 보인다. 남산이 도심의 복판에 우뚝 서있다. 도시의 중앙으로 한강이 흐른다. 그냥 작은 줄기가 아니라 아주 큰 줄기의 강이다. 이런 강을 두고 있는 수도를 세계 어느 나라에서도 찾아보기 힘들다.

청계천이 서울 도심의 복판을 가로지른다. 서울을 방문하는 불란서, 베를린 친구들은 "굿! 나이스!"를 연호한다. 서울에 사는 시민들은 언덕에서 바라보는 행복을 누리면서 산다. 불란서에 유명한 곳을 말하라고 하면 몽마르트르언덕을 곧잘 꼽는다.

몽마르트 언덕에는 프랑스에서 제일 높은 곳에 위치한 성당도 있다. 고색창연한 성당의 내부는 노트르담 성당에 비하여 내부는 작으나 건축의 조형은 꼭 들려볼만한 곳이다. 그러나 몽마르트르언덕은 서울로 치면 초등학교가 위치할법한 흔한 언덕이다. 그럼에도 많은 화가들이 그 언덕에 앉아서 관객에게 제 나름대로 예술세계를 선보인다. 우습기도 하고 연민이 가기도 한다. 서울로 따지면 그저 자그마한 깔끄막*이다. 그러나 그것도 불란서 사람들은 큰 행복으로 여긴다. 절벽 위에는 행복이 세상을 바라본다.

누군가가 말했다.

김영삼 대통령과 김대중 대통령이 민주화에 힘쓰고 대통령이 될 수 있었던 힘의 원천을 바라보며 큰 포부를 가질 수 있는 지리적 환경이라는 것이다. 그들이 태어난 곳은 섬이다. 섬은 절벽이 있는 산과 망망대해가 바라다 보이는 풍광을 가지고 있다. 그곳은 어느 곳이나 갈 수 있다는 광활한 포부가 내려다보인다.

양 김은 소년 시절에 절벽에서 꿈을 키우고 세상을 내려다보는 호연지기(浩然之氣)를 길렀다. 매우 일리가 있는 통찰이다.

* 깔끄막 : 언덕을 이르는 전라도 사투리

세종대왕이 태어난 곳도 언덕의 도시 서울이다. 이순신 장군이 태어난 곳도 절벽의 도시가 있는 서울이다. 시대의 영웅호걸의 탄생지는 하나같이 절벽을 낀 도시였다. 그런 의미에서 서울을 비롯한 한국의 지형은 세계 어느 나라에 비할 바가 아니다. 성지(聖地)의 도시라고 하면 지나친 표현일까?

그 역사의 영성(靈聖)을 산으로 말한다. 북한산을 삼각산(三角山)이라고 부르기도 했다. 1395년 이성계와 정도전이 새로운 도읍지를 한양(지금의 서울)으로 정했다. 정도전은 서울의 만년태평을 기원하는 의미에서 악장가사를 만들며 삼각지라는 지명을 담았다. 삼각산이라는 최초의 지명사용자료다. 그 옛날 삼각산에는 수많은 기도처가 있었다. 기독교를 비롯해서 무당까지를 헤아릴 수 없이 많았던 때가 있었다. 흔히 말하기를 신(영)발, 기도발이 있는 명당을 삼각산이라고 한다. 지리학적으로 내려다본다는 것은 작은 행복과 큰 행복이 마주하는 곳이다.

태평양의 발리 섬에 사는 원주민들은 수많은 신이 존재한다고 믿는다. 망망대해를 바라보며 해가 지는 순간 향기로운 꽃을 신에게 바치며 기도한다. 그리고 그 기도가 이루어진다고 믿는다. 기도는 신의 세계다. 기도가 이루어지는 결과는 알 수 없다. 다만 바라본다는 것은 분명 큰 행복이다. 서울의 천만 시민 모두가 행복하다. 가난하거나 부유하거나 언덕에서 내려다보며 일상을 살아간다.

큰 행복이 언덕에서 살고 있다.

02 꽃, 마음을 전하는 선물

등하교에 마주치는 골동품가게는
나에게 호기심을 키워주었다.
친구 남진의 집 근처에는 수를 놓아 파는 가게가 있었다.

마음을 전하는데 가장 많이 이용되는 도구로 꽃만큼 좋
은 것이 없다. 마음이란 무엇일까? 미안함, 고마움, 사랑하는 마음
을 전할 때 사람들이 곧잘 사용하는 단어다.

또 마음을 어디에 있을까? 사람들은 마음을 말할 때 가슴에 손이
간다. 서양 사람들은 뇌에 마음이 있다고 한다. 한국 사람들은 가슴
을 가르친다. 문화의 관습적 표현방법이다. 물론 서양 사람들이 뇌
를 말하는 것이 과학적일 수 있다. 모든 생각은 뇌에서 탄생하기 때
문이다.

마음에 가장 가깝고 닮은 것은 무엇일까? 그렇다. 마음과 가장 닮

방식기념관이 있는 목포박물관

은 것은 꽃이다. 세계인의 모두가 마음의 표현은 꽃다발을 먼저 연상한다.

내 유년기에는 꽃을 빼 놓을 수 없다. 초등학교 2학년으로 기억된다. 학교 화장실에 대나무 꽃꽂이 통을 만들어 놓았다. 선생님이나 친구들 모두가 좋아하였다. 교장선생님은 조회시간에 화장실의 분위기를 칭찬했다. 나는 좋아하는 사람들을 위해 꽃을 장식하지 않았다. 그저 내가 좋아서였다. 반대로 운동회 때면 달리기는 늘 꼴등을 도맡았다. 달리면서 생각은 다른 곳에 가 있었다. 운동에는 관심이 없었던 모양이다. 그렇다고 신체적 발육이 뒤진 것도 아니다. 지금 생각하면 관심과 무관심의 차이다. 나는 누군가를 제치고 앞장서는 것에 관심도 없고 싫기도 하였다. 3학년 때는 가까이 다가가는 꽃 장식이 시작된다. 교실 베란다에 화분도 놓고 설치도 하였다. 수

업 중에도 바라보이는 꽃이 아름답고 좋아 보였다.

'목포의 눈물'을 부른 이난영의 유달산에는 정지목이 많았다. 정지목을 꺾어다가 설치하기도 하였다. 당시만 하여도 자연 훼손이라는 것은 생각하지도 못했다. 정지목은 지금의 화환의 밑 소제로 많이 이용된다. 5학년 때는 옥상에 화초를 기르기 시작하였다. 당시에는 구하기 힘든 화초들이 모여 들었다. 집밖에 버린 화분을 주어다가 꾸민 옥상은 작은 정원으로 변했다.

늘 꽃과 함께했던 유년기이다.

등하교에 마주치는 골동품가게는 나에 호기심을 키워주었다. 친구 남진의 집 근처에는 수를 놓아 파는 가게가 있었다. 한국화의 대가 남농 선생 화실, 남도명창 조상현 선생과 신영희 집이 있었다. 나의 유년기는 그야말로 예술가의 꿈들이 도사리고 있었다. 학교에는 선생님들도 시와 그림이 능한 분들이 많았다. 정승주 선생님이나 김인옥 선생님은 나에게는 매우 중요한 안내자였다. 항구도시 목포에는 시화전이 유행이었다. 미술선생님 시화전을 별다방에서 하였다. 내게 카운터를 맡겼다. 중학생은 다방 출입이 제한된 시절이었다. 통제선을 유유자적 드나드는 유일한 시절을 보냈다. 꽃과의 길은 우연이 아니었다. 유년 시절환경이 자연스럽게 예술혼이 스며든 것이다.

사람들이 좋아하는 꽃 장식을 창작한다. 자연과 두런두런 이야기하는 꽃과 하루가 시작된다. 강단에서는 학생들과 꽃을 만지고 마음껏 교감 한다.

이 모든 결과는 어린 시절 맹모삼천지교(孟母三遷之敎)였다.

태양보다 뜨거운 올림픽,
그리고 꽃

올림픽경기장에 다섯 번이나 꽃 장식을 참여한 독일 플로리스트는 서울올림픽 꽃 장식에 감탄사를 보냈다.

"세상에서 태양보다 뜨거운 것이 있다면" 이라는 어구가 시적 표현일까?

태양보다 더 뜨거운 것은 올림픽이다.

태양보다 더 뜨거운 것은 어머니의 사랑이다.

태양보다 더 뜨거운 것은 꽃이다.

마지막으로 태양보다 더 뜨거운 것은 연인들의 사랑이라고 정의해 본다.

올림픽은 세계의 젊은이들이 4년 동안 갈고 연마한 스포츠의 기량을 마음 것 쏟는 열정의 시간과 공간이다. 세계가 하나의 시선을 보내고 자국의 선수에게 응원의 함성을 보탠다. 올림픽의 개최국에서는 다양한 분야에서 준비하고 세계인의 이목을 끌어낸다. 개최국의 문화수준을 세계만방에 알리는 기회가 올림픽이다.

88년 서울 올림픽의 전야제를 지금도 잊지 못하는 기억하는 국민들이 많을 것이다. 나는 88서울올림픽이 개최될 때에 주경기장 꽃 장식을 맡았다. 올림픽 주경기장의 꽃 장식은 시간과 대단위 규모의 설치가 요구되었다. 그런데 뜻하지 않게 승마경기장까지 꽃 장식을 맡아줄 것을 부탁해 왔다. 주경기장을 꾸미는데도 시간이 많이 들기 때문에 승마경기장 장식까지 참여한다는 것은 무리였다. 승마경기장의 담당관은 자리를 뜨지 않고 끈질기게 설득하여 계약을 이끌어냈다. 보채는 사람 앞에 장사가 없다는 말을 실감하였다.

승마 관계자가 그렇게 장식에 신경을 쓰고 매달렸던 이유는 당시 승마 경기에 영국의 공주가 참여했기 때문으로 기억된다. 말(馬)이 달리는 역동의 경기를 표현하는 장식은 그리 쉬운 일이 아니다. 말이 달리면 꾸며놓은 쉽게 무너질 수 있다는 점도 감안하여 설치해야만 했다. 올림픽에 주로 사용한 소재는 팜파스그리스였다. 대나무가 곧게 서있는가 하면 바람에 휘날리는 모습이 장관이다. 국화, 수세미, 조롱박나무도 어울리는 재료들이다. 바람소리까지 더하면 환상의 장면이 연출된다. 평소에 바람에 날리는 사초를 꽃 장식에 즐겨 사용하기도 한다. 광장에 바람에 날리는 모습은 자연과 혼연일체가 되어 숙연한 클래식이 연출되기 때문이다.

밤잠을 자지 못하는 작업은 계속되었다. 경기장에서 숙식을 하며 작업을 하다 보니 보안문제에 신경을 쓰는 경찰관들의 항의가 들어

왔다. 야간작업소음 때문에 잠을 이룰 수 없다는 것이다.

올림픽경기장에 다섯 번이나 꽃 장식을 참여한 독일의 승마 경기장 설치자는 서울 올림픽 꽃 장식에 감탄사를 보냈다.

88올림픽 당시 재임했던 대통령은 노태우, 올림픽 조직위원장은 박세직 씨였다. 박세직 위원장은 꽃장식에 대한 브리핑을 하도록 요청하였다. 나는 군인에게는 브리핑을 할 줄 모른다고 답했다. 옆에서 지켜보던 이어령 장관, 표재순 SBS 사장이 옆구리를 찌르며 그러지 말라고 했다.

태양보다 뜨거운 올림픽에 태양보다 뜨거운 꽃으로 세계의 시선에 행복을 주었다. 내 인생에서 손꼽을 행복이다. 올림픽의 참여한 것이 아니라 많은 사람의 마음에 행복을 주는 전도사가 되었다는 점에서 기뻤다.

태양은 지금까지 정면으로 근접 사진촬영을 못하는 물체다.

꽃은 태양에 정면으로 사계절을 접근한다. 태양의 열기를 떳떳하게 받아내어 아름다운 모습을 만들어 낸다.

태양을 이겨낸 숭고한 결과물이다. 이렇게 꽃은 사람들의 사랑을 받는다.

그 순결의 꽃과 올림픽에 나란히 참석하였다.

손에 손잡고!

신은 지혜의 길목에
스승을 세워 놓았다

꽃의 소리를 눈으로 듣게 한 나의 스승들

사람들은 소리를 눈으로 본다. 예컨대 장미소리는 주홍빛이고 바람소리는 초록빛이다. 탕! 하는 총소리는 검은색이며 귀뚜라미 소리는 갈색, 개구리소리는 파랗게 들린다. 꽃이라는 글자에서도 맛을 느낀다.

이 특별한 사람들은 두고 '공감각자'라고 주장하는 학자도 있다. 공감각자란 정상적이라고 여겨지는 하나의 감각에 또 다른 '추가'된 감각을 느끼는 현상을 말한다.

내가 추가된 감각을 갖게 되는 데는 내 삶에 몇 분의 스승의 은총들이 있다. 신은 곳곳에 나를 키워주고 지켜주는 스승들을 세워 놓았었다. 그 스승들의 개인적 관계를 이야기하려면 한편의 소설로도

부족하다. 드라마틱한 삶에 영감을
주고 은총을 준 스승들의 이야기는
별도로 이야기하고자 한다.

우선 초등학교와 중학교 미술선
생님의 이야기를 간단하게 소개한
다. 그들은 세상에 뛰어든 나에게
주저앉기를 거부하게 만드는 지혜
의 세례를 주셨다.

김홍남 선생님과 함께

초등학교시절, 선생님은 내가 꽃
을 사랑하고 꽃들의 음성을 보게 한 각별한 스승이 있었다. 어린 시
절, 서울로 치면 목포의 리라초등학교 같은 유서 깊은 명문 북교초
등학교를 다녔다. 김대중 전 대통령의 모교이기도하며 100년의 역
사를 가졌다.

실로 내 꽃의 삶을 가게 하는 역사적인 일들은 일어난 것이 3학년
때부터였다. 꽃과 동행의 길을 걷게 되는 중요한 기회였다. 대나무
라는 소재를 가지고 꽃을 장식하는 첫 번째의 작품을 창작하는 발표
도 그때였다. 5학년 때부터는 학교의 곳곳에 꽃을 직접 가꾸며 성숙
하게 만드는 길로 접하게 된다.

그 때를 회상하면, 선생님은 무궁한 '예술'을 앞세우며 자유롭게
창조 할 수 있는 '인간정신'을 형성하는 계기를 만들어 주셨다.

중학교에서는 김홍남 미술선생님을 만나게 된다. 사생시간에 그림을 그리게 되었다. 나는 복숭아나무를 비롯해서, 눈앞에 풍경들을 마음껏 그려 나갔다. 자유분방한 그림솜씨를 보신 미술선생님은 마치 미래의 천재 화가라도 만난 듯 나를 눈여겨보았다. 현관 입구에는 사방2미터50이 넘는 대작 모자이크 작품이 설치되기도 했다.

내가 그린 그림으로 학교의 복도에 전시장을 만들어 버렸다. 후일 전남대 미대 학장을 지내신 정승주 교수를 통하여 방학에 특별 지도를 받도록 배려하기도 했다.

한번은 학교의 대형벽면에 대형그림을 그릴 것을 지시하셨다. 중학생이 감당하기에는 버거운 일임이 분명하였다. 밑그림은 선생님께서 맡아 주셨다. 중고 서점을 뒤져서 미술 서적을 구입하였다. 대형그림을 그리기 위해서는 기초준비가 필요하였다.

지금 생각하면 예술의 길에 있어서 자유분방하고 큰 스케일을 일깨워준 소중한 기회였다. 중학교 시절에 경험이 대형 작품에 대한 안목을 갖게 되는 계기가 되었다.

한 사람의 새로운 시대는 스승의 안내에 의하여 씨앗이 뿌려지고 잉태되어 태어난다고 믿고 싶다. 그 자유로운 영혼은 이 산맥에서 저 산맥으로 거침없이 날아가는 날개를 가졌다.

예술은 언제나 같은 방법으로 날지 않는다. 새로운 시도는 그의 존재방식 자체임을 깨닫는다.

05 장미의 가시가 상처 입히는 것을
허락하지 않으셨다

한 줌에 쥘 수 있는 잠이라도 더 보자기에 싸주고 싶은 것.
세기의 예술가의 휴식 중으로 생각하신다.

응원해주는 사람이 있다는 것처럼 행복한 일이 있을까?
지독한 고독과 젊음, 기쁨을 더 크게 보듬어 주는 사람이 있다는 것
이다.

어두운 모퉁이에서 캄캄하다고 느낄 때 힘이 되어주는 사람. 내
앞에 두려움이 나타날 때 내 앞에서 셔터를 내려주는 사람이 있다.

오늘의 힘듦에 의하여 고단한 육신이 꽃잠을 자고 있을 때, 번연
히 가야할 시간이 되었어도 문을 두드리지 않으셨던 분이 계셨다.

오히려 뒷굽치에서 나는 소리까지도 들리지 않게 복도를 지나가
신다. 한줌에 쥘 수 있는 잠이라도 더 보자기에 싸 주고 싶은 것이
다. 이미 약속된 시간을 어겼다는 것을 모를 리 없다.

　그러나 세상의 시간이 다시는 오지 않는다 해도 아들의 달디 단
잠에 비길 것이 못 된다고 생각하신 것이다. 마치 세기의 예술가가
휴식하는 중으로 생각하신다. 잠속에서 아들이 보는 희망의 꿈이 깨
지 않길 간절히 바랐을지도 모른다.

　내 귀에 들리지 않고 내 눈에 보이지 않는 것을 듣고 보고 계셨다.
존재하지 않는 삶도 만들어 보여 주셨다. 그것은 푸른 꽃이 되어서
늘 나에 가슴에 안겨졌다.

　어머니는 유난히 하얀 도라지꽃을 사랑하셨다. 그러나 장미는 유
달리 싫다고 하셨다. 이해가 되지 않았다. 꽃집에서 장식의 80%를

차지하는 장미를 그렇게 미워하실까?

도무지 이해가 되지 않았다. 그렇지만 어머니는 장미는 도무지 마음에 들지 않는다고 말씀하신다. 그런 어머니께서는 농원에 장미를 심고 소중하게 기르셨다. 왜 장미를 그토록 싫어하는 장미를 소중하게 여기며 정성스럽게 가꾸는지 모를 일이었다. 도무지 이해가 되지 않아 어느 날은 전화로 어머니에게 물었다.

"어머니, 장미가 미우세요?"

"그래 장미가 밉다. 네가 만지는 장미는 더 밉다."

나는 전화를 끊고 말았다. 도무지 이해가 되지 않는 어머니의 목소리가 멀게만 느껴졌다. 아들이 사랑하는 작품의 소재를 미워하는 뜻을 도무지 이해가 되지 않았다.

화가 났다. 여러 가지 생각이 들었다.

성북동 정원. 나무들, 연못에도 눈송이가 내려앉는다.

가을이 되면 우리는 나뭇잎이 힘써 길러낸 과일을 먹는다. 과일을 만드는 나무는 추위가 스며드는 눈송이의 차가움도 소리 없이 마신다. 순전히 자신의 목마름을 위해서가 아니다. 가을이 되면 주인의 웃는 웃음소리를 먼저 기억하고 알기 때문이다. 나무는 눈송이를 마시고 감기에 들지라도 주인의 든든한 물 비타민이라면 감수하겠다는 굳은 의지인 것이다.

나는 이제 나무들의 소리를 듣게 되었다. 세상에서 가장 힘 쎈 것이 자연속의 나무라는 것도 알게 되었다. 어머니가 장미를 싫어하는 깊은 뜻을 알았을 때는 많은 시간이 흘러 간 뒤였다.

내 아들이 만지는 장미의 가시에 작업 중에 찔리는 것이 싫어서 장미가 미웠던 것이다. 어머니는 장미 농장에서 풀을 뽑다가 가시에 찔려본 경험이 있었다. 장미의 가시에 찔리면 다른 상처보다 더 오래 간다는 것도 경험하셨다. 장미가 다른 꽃에 비하여 손을 더 거칠게 한다는 것도 알고 계셨다. 그래서 어머니는 장미를 그토록 싫어하셨던 것이다. 장미가 아들에게 상처를 입히는 것을 허락하지 않으셨던 것이다.

거룩한 그 이름은 세상에서 가장 아름다운 이수금 여사님!

06
자연,
스스로 길을 찾다

평일의 성당은 어둠이 지키고 있다.
나팔꽃은 어둠이 피운다.

　대학로에 둥지를 틀면서 혜화동 성당을 나간다. 주일이
면 많은 성도들이 성당을 가득 메운다. 성당의 오고 가는 대학로에
는 다문화에서 온 성도들이 각기 나라의 고유 식품을 가지고 팔고
있다. 주일날은 그야말로 성당과 주변은 가쁘게 숨 쉬며 살아있는
공간이다. 그러나 평일의 성당을 지나가면 정적이 감돈다. 신부님의
발길마저 뜸하다. 어느 날은 평일 성당 안을 살며시 걸어본다. 성당
은 다른 건물과 다르다. 유리창이 좁고 특수 칼라로 되었다. 조명이
어둡다. 어두운 성당을 나서려니 누군가 어깨를 툭 친다.
　아, 그렇구나! 평일의 성당은 어둠이 살고 있었구나!
　우리는 늘 어둠에 대하여 무감각한 태도를 보이지 않았나 싶다. 밝

은 날만 생산적이고 세상이 돌아간다고 생각하였던 것이 아닌가?

무궁화, 나팔꽃은 이른 아침에 햇살을 받고 핀다. 나팔꽃을 피우는 것은 햇빛이라는 생각은 동서고금이 다르지 않다. 하지만 그렇지 않다는 것을 실험으로 입증한 학자가 있다. 한밤중에 아침 햇살 같은 인공 먼동을 꽃잎을 접고 있는 나팔꽃에 비추었지만 꽃은 피지 않았다. 곧 나팔꽃을 피우게 한 것은 햇빛이 아니라 어둠인 것을 알아낸 것이다. 어느 만큼 어둠을 쪼여야만이 나팔꽃은 피게 된다. 식물과 동물의 관계도 재미있는 관계를 형성한다. 식물은 자신이 자리잡은 곳에서 필요한 영양소를 먹고 산다. 그렇다고 세상 소식을 모르는 것도 아니다.

남태평양에서 불어온 바람에 의하여 그곳의 저간 소식도 듣는다. 나비에 의하여 교접도 한다. 자신의 성욕을 다른 꽃에게 여과 없이 보내기도 한다. 그 몫은 벌과 나비가 전한다. 그래서 종족을 번성하게 한다. 어느 날은 다른 동물들이 식물을 마구잡이로 먹어치우기도 한다. 하루면 몇 톤을 먹는다는 코끼리를 만나면 토벌이 벌어지기도 한다. 동박새는 작은 체구에도 겨울바람을 좋아 한다.

그러나 식물은 원망이 없다. 숙명으로 받아드린다. 동물에 의하여 자신들의 과대한 성욕에 거세를 당하는 것이다. 동물도 마찬가지다. 마치 욕망의 마차처럼 달리며 초식을 하지만 그들에게도 아픔은 있다. 견고한 체질을 가졌으나 퇴행이라는 법칙의 적용을 받는다. 언젠가는 눈을 감는 운명의 시간이 존재한다.

모든 것이 존재만 한다면 지구는 오래 전에 멸망하였을 것이다.

어느 학자가 말하기를 사람은 각기 개성에 의하여 다르다. 키가 작거나 크다. 얼굴이 희거나 검거나 하다. 예쁜 사람이 있는가 하면 조금 미운 사람도 있다. 조금 밉다고 예쁜 사람에 의하여 별다른 영향을 받지 않는다. 각기 달란트가 있기 때문이다.

만약 서울 대학에만 모두 입학한다면 세상은 다양한 기업의 형태가 사라질 것이다. 일류대학은 일류대학의 기능을 발휘하면 된다. 이류대학이나 삼류대학도 각기 가진 사회적 기능을 발휘한다. 이것은 다양성의 사회에 자연스러운 형태다.

대기업만 있으면 사회의 균형은 깨지고 만다. 이러한 현상을 잘 받아 드린 사람을 우리는 적응 능력이 뛰어나다고 말한다. 간혹 자신을 폄하하고 일류대학에 들어가지 못한 것을 원망하고 좌절하는 경우도 본다. 우울증에 걸리거나 사회의 부적격자로 퇴행의 길로 가고 만다.

교통수단도 마찬가지다. 비행기를 비롯하여 자전거까지 다양한 형태로 이루어진다. 제각각 환경에 맞는 수단을 이용하면 된다. 자전거의 거리를 비행기를 타겠다고 한다면 그것은 어린 아이의 사고라고 할 수 있다.

자연, 스스로 길을 찾는 것은 다양한 문화와 같다. 여러 가지의 문화는 인류의 발전을 거듭한다. 꽃꽂이도 그렇다. 같은 꽃꽂이를 한다면 그것은 예술이 될 수가 없다. 플라워아티스트 다양성에 의하여 사람들은 눈의 성찬을 즐긴다.

문화적 소명의식과
파도가 소리치는 이유

파도가 제 이익을 찾고자, 쉬게 되면
바다는 그날로 죽은 바다가 된다.
파도는 문화적 소명 의식으로 늘 부딪히는 것이다.

투키디데스는 〈펠레폰네소스 전쟁사〉에서 강자는 할 수 있는 일을 하고, 약자는 해야만 하는 일을 한다라고 서술했다. 우리는 역사에서도 통치자들의 무능함으로 그런 약자로 전락한 적이 한두 번이 아니었다.

여진족이 세운 후금이 청(淸)으로 이름을 바꾼 해에 그들은 조선을 두 번째 침략했다. 바로 병자호란이다. 그때 남한산성으로 피신한 인조는 한 달여를 버텼지만, 결국 한강 나루 삼전도 끌려 나왔다. 한때 오랑캐라고 업신여기던 침략자의 발아래 엎드린 인조는 엄동설한의 맨땅에서 세 번의 큰절과 아홉 번의 이마를 찧는 항복의식을 치렀다. 임금이 이런 치욕을 당한 뒤에도, 조선은 무려 수

만 명의 딸들과 아내들이 청군에 잡혀가는 것을 지켜보아야만 했다. 무능한 지도자를 만난 죄로 그렇게 애꿏게 잡혀간 여인 중 소수는 천신만고 끝에 고향으로 돌아 올 수 있었다. 하지만 그들을 기다리고 있던 것은 환향녀(還鄕女)라는 낙인이었다. 지켜주지 못했으면서도 조선사회는 환향녀를 환냥년이라고 배척한다. 그 때 어쩔 수 없이 태어난 아이들을 호로(胡虜)자식 즉 오랑캐의 자식이라 불렀다.

나는 가끔 길거리를 지나면 위안부 할머니를 대변하는 소녀상을 본다. 우리의 할머니들, 아픔이 나의 가슴 쓰림으로 느끼곤 한다.

항구고향 목포에 가면 제일 먼저 만나는 것이 파도다. 나의 살던 고향 갓 바위는 앞마당이다. 늘 파도가 정원의 언저리로 오를 것 같은 풍광이다. 내가 독일로 떠날 때도 파도는 일어서고, 물러서고를 반복하였다. 파도의 사명은 자신을 일으켜 세우는 것이다. 나는 파도에서 문화적 소명의식을 늘 보았다. 일으켜 세우지 못하면 파도의 소명은 다한다. 아무리 아파도 파도는 방파제에 제 몸을 부딪치고 다시 일어서야만 한다. 그것은 파도가 살아가는 능력이 되고 향상되는 태도다. 모든 자연은 그렇게 낙천적인 생각을 가지고 제 모습을 가질 때 새로운 계절을 맞고 번식을 이루지 않을까?

꽃들은 새벽녘 동이 트면 피거나 날이 밝아지면서 매력을 발산한다. 어두워진 뒤 달빛아래 기다리고 사랑하는 임을 위한 값진 선물이기라도 한 듯 투명한 얼굴을 내민다. 바로 꽃들이다. 꽃은 자신의 아름다움을 이용해 곤충, 새, 또는 사람을 현혹시킴으로써 자신들을 번식시킨다는 점에서 자연의 광고라고 할 만 하다. 자연은 이렇게 자연 속에서 자신의 내면을 발전시키고 표정을 찾고 있다. 이러한 자연의 태도가 문화적 소명이라고 배우고 받아들인다. 그런데 사람은 반대로 성형수술이라는 인위적인 형태를 빌어서 나라(自身)는 사람을 내세우기도 한다. 그것은 내면이 아니라 외면을 보여 지기 위한 단편으로 본다. 역사가 기록되기 전부터 모든 문화에는 꽃을 이용하고 찬양해 왔다. 실용적인 목적 때문이 아니라 말로는 형언하기 어려운 그들의 향기, 그리고 아이러니컬하지만 활기와 불멸성까지 상징하기 때문이다.

꽃은 인류의 모든 문명을 활용해 자신들의 성생활을 강화 하면서 널리 씨를 퍼트렸다. 바꾸어 말하면 문화적 형태다. 꽃은 결혼과 생일 선물, 나아가서 요람에서 무덤까지 우리의 반려자가 되고 있다. 소크라테스의 말을 빌리면서 마치고자 한다. 지도자는 자기의 이익만을 생각해서는 안 된다. 사람들에게 이익이 되는 일이 궁극적으로 자신에게 이익이 되며 정의로운 일이라고 했다.

비단 지도자뿐이겠는가. 사람은 모두가 자연의 내면을 닮아야 한다. 그리고 문화적 삶이 될 때 정의로운 사회가 될 것이다. 파도가 제 이익을 찾고자, 쉬고자 하면 바다는 그날로 죽은 바다가 된다. 파도는 파도의 문화적 소명 의식으로 부딪히는 것이다. 그래서 바다는 수많은 양식(糧食)을 만들어내며, 인류를 일으키는 것이다.

새벽이면 바다에 나간 배들이 들어온다. 만선의 배들, 해조류와 생선은 파닥거리는 정경은 그야말로 생의 출렁임이다.

내 마음에
바람이 불어오는 곳

바람과 늘 불화하며 지내야만 했다.
목포의 시내에서 갓바위까지의 거리는 40여분을 걸어야
했다. 그래도 바람은 내 청춘이다.

바람은 어디서 오는 것일까?

자연을 소재로 프로를 만든 세계적 BBC 방송은 바람이 불어오는
곳은 호주의 북서 해안 앞바다에 있으며 주변의 섬에서 강력한 바람
을 볼 수 있다고 한다.

1996년 4월 10일, 무인 기상 관측소가 이곳에서 시속 408km나
되는 거센 돌풍이 있었다는 기록이 있다. 408Km의 위력은 어지간
한 건물은 날려버리는 위력이다. 태풍은 나비의 날갯짓에서 온다는
설도 있으니 과학적인 해석은 이쯤 해두자.

바람에 관한 예술가들의 작품은 헤아릴 수 없다. 수많은 아이들은
바람이 불어오는 곳에 늘 호기심으로 성장한다.

　나부터도 바람은 내 유년의 기억 존재의 전부다. 목포시가 명물로 천연기념물 500호인 갓바위가 내 고향이기 때문만은 아니다. 갓바위는 바람의 침식작용으로 형성되었다. 목포의 용해동과 평화의 광장 인접에 위치한 갓바위는 목포의 팔경중 하나다. 갓바위는 나의 놀이터였고 청년의 시절에는 이상과 상념을 갓바위에 물었고 대답을 받아내었던 곳이다. 그래서인지 내가 기억하는 바람은 항구 목포에서 불어오고 있다고 확신한다. 미당 서정주는 자신의 고향, 질마재 고개가 바람의 근원으로 생각하는 듯 기록하고 있다.

　1929년 완성한 〈바람과 함께 살아지다〉의 마가렛 밋첼의 작품은 단 하나의 작품으로 그 명성을 세계에 타전하였다. 이 소설의 제목은 마지막에 나오는 대사인 내일의 또 다른 내일(tomorrow is anotherday)(이 대사는 우리나라에서 "내일은 내일의 태양이 뜬다"로 번역되었다.)이었다. 담당자가 제목을 바꾸어 보길 권해서 지금의 제목이 되었다고 한다. 당시는 내일이라는 제목이 들어간 책이 많아서 이 제목으로는 주목받지 못할 거라고 여겼었던 모양이다. 이렇게 〈바람과 함께 사라지다〉는 세계적 반향을 일으켰다. 바람이란 잎새에 이는 바람을 생각하면 바람의 의미를 축소하거나 과소평가하는 것이다. 나무가 바람을 제일 먼저 느끼는 곳은 깊은 뿌리다. 문학적으로 표현한다면 날아가지 않기 위하여 긴장하거나 있는 힘을 다하여 움켜쥔다고 한다.

사람에게도 보이지 않는 바람의 의미는 말로 형언할 수가 없다. 예수님의 이적은 늘 바람과 함께한다. 요나가 물고기 뱃속에 들어간 것도 풍랑이 연관되어 있다. 예수님이 물위를 걷는 것도 풍랑이 이는 바다였다. 예수의 행적과 이적은 바람이 동행하고 있다. 오늘 바람에 관하여 이렇게 논증을 들이대는 것은 자연과 식물, 사람에게는 바람만큼 중요한 것도 없기 때문이다.

꽃을 관리하는 곳에는 늘 바람이 대기한다. 꽃가게를 비울 때도 선풍기는 틀어놓는다. 난(蘭)을 기르는 사람이 물주기 3년이라는 말이 있다. 실상은 난에게 물주기 3년보다 더 중요한 것이 바람을 선물하는 것이다. 난에게 바람은 최대의 웃음이 된다.

사실 바람과 나의 유년은 물론, 청년기에도 늘 불화하며 지냈다. 목포의 시내에서 갓바위까지의 거리는 40여분을 걸어야 했다. 당시에는 버스가 대중화 되어있지 않았다. 설령 버스가 대중화 되었다 해도 갓바위까지 다닐 수 있는 버스 탑승자가 없었다. 40분을 걸어가는 갓바위길은 그야말로 바람의 근원이었다. BBC가 갓바위를 알

앉다면 뉴스의 방향은 달라졌을 것이다(나의 매우 주관적 생각).

눈보라치는 갯바람은 상상의 이상이다. 그때는 그 바람이 그렇게 좋지도 않았다. 그러나 식물을 연구하고 식물이 뿌리까지 바람을 좋아한다는 것을 알면서 바람에 대한 생각은 달라졌다.

대관령 '으야지'에 가면 바람소리에 뒤섞여 풍력발전기의 날개가 회전하면서 내는 거대한 소리를 들을 수 있다. 풍력발전소는 바람의 힘으로 날개를 돌려 전기 에너지를 만들어 낸다. 바닷가나 산의 바람이 부는 곳에 설치한다.

이처럼 바람은 인간에게 공해 없는 유용한 에너지를 만들어 주고 있다.

작품에서 바람은 늘 이별을 예고한다. 연꽃을 만나고 다시 고개 넘어 가버리기 때문일 것이다.

유하 시인은 〈바람 부는 날이면 압구정에 간다〉는 시집으로 일약 스타 시인되었다.

나에게 바람의 의미를 묻는다면 "내 청춘이다"라고 말할 것이다.

지금도 바람이 불어오고 있다.

바람, 햇빛, 안개, 눈, 비의 변화는 꽃을 피게 하고 인간의 영혼을 살찌운다.

환경은
창작의 시작

'코이'라는 물고기가 있다.
어항에서 기르게 되면 피라미가 되고 수족관에서 클 때는
수족관 크기만큼 강물에 놓아두면 대어가 되는 신기한 물
고기. 나는 예술가의 환경은 '코이'에게 비유하고 싶다

공간의 미학

예술가에게 공간이란 물고기의 호수와 같은 것이 아닐까?

플로리스트의 작업실 넓어야한다. 툭 트인 곳에서 창작의 열정은
무한 상상력이 커지기 마련이다. 그렇다고 개인의 사용할 공간을 이
야기 하는 것은 아니다.

'코이'라는 물고기가 있다. 어항에서 기르게 되면 피라미가 되고
수족관에서 클 때는 수족관 크기만큼 강물에 놓아두면 대어가 되는
신기한 물고기. 나는 예술가의 환경은 '코이'에게 비유하고 싶다.

생각의 크기에 따라 주변 환경에 따라 창작 아이디어가 달라진다
는 것이다. 환경은 엄청난 변화가 생긴다는 것이다.

우리나라의 대통령의 심리학을 연구하는 자료 중에 재미난 자료가 있다.

김영삼과 김대중의 고향 환경은 대통령이 될 수 있는 환경을 말한다. 그들의 성장, 유년의 시절은 섬이다. 툭 트인 바다를 바라보고 성장한 그들의 꿈은 클 수밖에 없었을 것이라고 말한다.

환경에서 오는 어린이의 생각은 무한, 유한으로 갈라진다는 것이다. 어느 대학에서 학보사의 기자들이 학교의 부정적인 면을 취재하고 쓰레기통에서 기사를 건져 올렸다.

학보사의 지도 교수는 총장과 협의하여 학보사를 학교의 제일 넓은 공간, 높은 위치에서 교정을 바라보는 장소로 바꾸었다. 학보사의 기자들의 시야는 당장 달라졌다. 학교의 미래를 기사로 쓰는가 하면 학교의 긍정적인 면을 기사화하였다. 1면에는 교수의 연구업적을 집중으로 다루었다.

이렇게 환경은 인간과의 밀접한 연관이 될 수밖에 없다.

보이는 만큼 말하고 행동한다는 것은 너무나 유명한 말이다.

보이는 것들에서 창조를

오래된 가구나 낡은 것들과의 동행은 또 다른 새로운 길을 가는 것이다. 오래된 것이 오히려 아늑하고 은은하게 고요로 다가온다. 옛 성곽 길을 걷다가 오늘을 보듬으며 미래를 걷는다.

그 만큼 환경은 우리와 밀접하다. 특히 예술창작을 하는 직종의 사람에겐 중요한 사실이다. 어느 시인은 쑥부쟁이가 많은 산골에서 살았다. 그가 만든 시집은 쑥부쟁이 노래가 많다. 자신에게 쑥부쟁이는 모자이고, 집이고, 그늘이라고 말한다. 나의 이야기 중에 목포의 바람과 파도, 갓바위에 관한 이야기가 많다. 그것들을 나의 친구였고 이상이었다.

사람도 그렇다. 어떤 사람은 자신감을 가지고 늘 준비하는 삶의 자세다. 무엇을 물어 보아도 마치 그 일을 하다가 일어선 것처럼 자연스럽게 응답한다. 나는 그 사람을 보면서 환경과도 무관치 않다고 본다. 늘 자신감을 주는 가족 구성원이 그를 그렇게 용기 있고 책임감 있는 사람으로 만들었다고 본다. 또 다른 면의 사람은 질문의 뒤로 숨는 것이 보인다. 그리고 무슨 일이든지 주체가 되지 못하고 주빗 거리는 태도를 보인다.

나는 어느 심리학자 글에서 자신감은 환경과 매우 밀접하다는 보았다. 최근 맨부커 문학상을 받은 '한강'작가를 보아도 그렇다. 그의 아버지는 한승원 소설가다. 오빠도 소설가다. 남편은 평론가다. 이쯤 되면 가족의 분위기가 작가의 분위기였음을 부인 할 수가 없다.

환경은 사람을 만들고 사람은 인류와 지구의 환경을 만들어가야 하는데 파괴하는 것들이 아닌가 싶다.

목포, 갓바위, 뱃고동항구

나에게도 목포, 갓바위, 북교초등학교 시절의 환경을 빼놓을 수 없다. 북교초등학교는 서울로 치면 리라초등학교에 해당된다고나 할까. 김대중 대통령, 희곡작가 차범석, 가수 남진을 비롯하여 정치인 수많은 예술가를 배출하였다.

나의 초등학교시절은 가수 남진, 배우 임동진, 성우 유민석이 늘 같이 하였다. 학교에서 메아리라는 신문을 발행하기도 하였다. 내가 편집장을 하였고 남진은 부편집장을 하였다. 남진의 아버지(김문옥 씨는 국회의원) 어머니는 신문사 사장 (목포 지역신문)을 하였으니 남진에게도 신문에 대한 남다른 기질이 있었던 것으로 기억된다.

우리는 방과 후면 신문지면계획을 세우고 취재를 하는 등 그때부터 예능적인 끼가 장성하기 시작하였을 것이다. 지금의 나를 비롯해서 남진, 임동진의 활약은 목포유달중학교의 환경이 다분하게 영향을 미쳤다는데 부인할 수가 없다.

항구 목포는 예술가들을 키워 내는 독특한 지역적 특징을 가졌다.

목포의 항구는 늘 붐볐다. 다도해를 드나드는 사람들. 아쉬움을 남기고 떠나는 연락선, 오고가는 배를 보고 있으면 저절로 희로애락이 겹치며 상상되는 곳이다.

연극반 공연(1959년) 임동진, 남진, 유민석, 방식

10 절약은
나의 벗처럼

절제는 흥국의 대본이다.
절약의 지혜를 우리의 생활신조가 아니라 나의 생활로
삼고 살아야 한다. 절약을 나의 벗처럼.

소크라테스는 "너 자신을 알라"는 말을 하였다. 그리스 사
람들은 소크라테스의 말의 금언을 생활의 좌우명으로 삼고 살았다.
자신을 안다는 것은 자신의 실력에 맞게 분수에 맞게 사는 것이다.

동양의 현자들은 지족안분(知足安分)의 철학을 강조하였다. 지
족은 만족할 줄 아는 것이며 안분은 분수를 지키는 것이다.

절약의 의미는 이와 같은 생활의 지혜요, 행동의 실천이다. 아껴
쓰는 것이 절약이라는 것을 모르는 사람은 없다.

김지승 사장과의 인연

1980년으로 기억된다. 우리나라는 몽고와 수교를 시작하는 시기

였다. 김지승 사장이 여행사를 경영하고 있을 때 국내의 기자가 포함된 여행 투어가 있었다.

김 사장은 태국에서 성공한 여행 사업가로 매우 분주한 일정이었다. 김 사장은 자신이 투어에 동행이 힘드니 나에게 대신하여 관광을 하도록 배려하였다.

김지승 사장의 이야기가 나왔으니 주제와는 다소 멀지만 잠시 언급하고 가야 할 것 같다. 김 사장은 태국에 가기 전 나와의 인연이 되었다. 우리는 세상을 살면서 자신의 이익보다는 상대방에게 배려가 많은 사람을 만나게 된다. 그러한 사람을 만난다는 것은 결코 쉬운 일은 아니다.

나는 세상을 살면서 다양한 사람을 만났다. 그런 가운데 인생의 동행자로서 행복을 주는 사람들이 더러 있었다. 그중에 한 사람이 바로 김지승 사장이다. 태국에 사업 준비를 위하여 매우 바쁘게 움직이는 중이었다. 그러한 가운데도 김 사장은 88올림픽의 각종 전시회에 사진 촬영을 도맡아 해주었다. 대학을 마치고 꽃꽂이에 대하

김지승(왼쪽) 사장기획으로 태국왕실 초청전시회를 마치고

여도 나름대로 관심을 가지기도 하였다. 그래서 일까, 그의 카메라의 앵글은 예술적으로 탁월한 감각을 보였다.

88올림픽의 승마경기장에 꽃 전시장에서 살다시피 하면서 전시 과정을 아름답게 하나하나 촬영을 해주었다. 그러한 인연으로 태국에 가는 길에는 의례히 김사장을 찾는 것이 나의 여행 일정이 되기도 하였다.

그런 김 사장의 일정이 포화상태가 되어서 나에게 투어를 대신토록 배려를 하여 주었던 것이다. 대학을 갓 졸업한 20대에 김 사장을 만났으니 어언 30년의 시간이 훌쩍 지난 셈이 되었다.

여행 중에 나의 일상생활 단면이 알려져

1980년대는 한국의 경제는 그야말로 성장의 상승 가도를 달리고 있었다. 당시의 경제성장은 성장의 상승곡선이 무엇인지도 모르고 가파르게 질주하는 시기였다.

나는 독일유학을 마치고 귀국, 그야말로 꽃의 전도사, 주식으로 치면 상종가를 치고 있었다. 한국의 경제성장은 꽃꽂이라는 문화의 한 장르로 나란히 동행하는 형세였다. 기자들은 나의 얼굴은 모르지만 이름을 대면 금방 알았다. 방송과 백화점의 대형 꽃꽂이 전시가 빈번하며 작품자의 이름이 소개되고 있었기 때문이다.

사람들은 여행에 좋은 옷과 신발을 준비하는 게 보통의 행동들로 생각한다. 나는 그러한 것에 별로 구애를 받지 않는 편이다. 평소에 신던 허름한 옷과 빛바랜 양말을 신고 여행을 하였다. 그러한 나의 차림이 동행여행자들의 눈에 띄었던 모양일까?

동행 신문기자의 눈에는 낯선 이방인처럼 보였던 모양이다. 관심 있게 바라본 기자는 나의 일정을 취재하기 시작했다. 귀국 후 전면에 기사화 하는 일이 벌어졌다. 기자로서는 문화면의 특종 감 기사를 올린 셈이다. 국내의 언론과 잡지는 화제가 되어버렸다.

MBC는 '성공시대'라는 프로를 제작하기에 이르렀다. 이때 만들어진 말이 그 유명한 '꽃이 되어버린 남자'다. 이후 '꽃을 든 남자'라는 상품명의 문구도 만들어졌다.

절약이란 억지로 하려고 하면 어려운 것이 절약이다. 절약의 의미는 생활의 일상이라고 본다. 정부가 시행하는 겨울철 적정실내온도는 18~20도다. 나는 17도로 유학시절에도 일상화하였다. 기숙사의 전기요금을 내는 것도 아니었다. 나는 누가 전기세를 내느냐는 그렇게 중요한 것은 아니라고 생각한다.

이웃에 이사를 가고나면 쓸 만한 물건을 두고 간다. 그런 물건을 유용하게 이용하는 편이다. 흰색의 옷은 세탁을 자주 하기에 되도록 피하여 검정, 회색을 즐긴다.

스님들은 승복을 새로 만들면 거의 삼개월 동안 입고 잠자리에 든다고 한다. 옷이 자연스럽게 몸에 붙게 하기 위해서다. 자연스럽게 착용감이 입력된 승복은 수시로 드리는 예불에도 입는 듯 안 입은 듯 편하다고 한다. 옷과 신발은 이렇게 몸에서 익숙할 때에 가장 좋은 것이다. 나는 스님의 흉내를 내는 것도 아니다.

단지 나의 일상의 생활복은 여행 옷과의 굳이 구분도 짓지 않을 뿐이다. 나는 이런 것을 한 번도 절약이라고 생각해보지 않는다. 그저 자연스러운 일상이다. 사무실에서도 직원들과 점심을 나가서 먹기보다는 직접 만들어 먹고 있다. 이것은 건강식이어서 좋고 경비를 절약해서 좋다. 사람들은 나의 생활 태도에 독일 유학이 몸에 배인 것이라고들 한다. 솔직히 독일 사람들이 오히려 나에게 절약을 본받았지 않나 싶다.

나의 절약의 스승은 어머니다. 어머니는 일상의 모든 것이 절약이었다. 나도 모르게 맹모삼천지교처럼 생활 속의 교육이 되었다.

오래 전부터 한국의 경제학자들은 한국 사람들이 샴페인을 너무 일찍 터트렸다는 말을 했다. 경제 성장가도에 태어난 젊은이들은 터트림의 샴페인은 일상화 되었다. 그렇게 IMF이후 한국의 경제는 심각한 위기로 곤두박질하였다.

과거에는 상상도 할 수 없는 재사용중고시장이 곳곳에 성황 중이다. 이곳저곳의 '아름다운 가게'는 상설 중고물건을 보급, 일찍이 자리 잡았다. 어찌 보면 '아름다운 가게'를 처음 설립한 박원순 씨가 서울시장이 되는 발판이 되었다 해도 과언이 아니다.

소비수준이 한번 높아진 다음에는 이를 끌어 내리기 쉽지 않다.

낭비하고 싶은 욕망을 누른다는 것은 여간 어렵기 때문이다. 절약이란 일상이 되도록 초등학교부터 교육과정에 교과목이 되어야한다. 이기기 위해서는 극기라는 것이 필요하듯이 평소 생활이 자신도 모르게 극기가 되면 절약이 되는 것이다. 누가 낭비는 망국의 근본이라고 했다.

절제는 흥국의 대본이다. 절약의 지혜를 우리의 생활신조가 아니라 일상의 생활로 삼고 나의 벗처럼 살아가는 것이 어떨까?

¹¹ 갈대를 위하여

사나이 우는 마음을 그 누가 아랴/바람에 흔들리는 갈대
의 순정/사랑엔 약한 것이 사나이 마음 울지를 말아라/아
~ 아~ 아~
갈대의 순정 대중가요의 가사다. 갈대의 순정을 듣고
애잔한 마음을 갖지 않는 자 있을까?

시인들은 '갈대'라는 제목으로 많은 시를 발표하였다.

이 한 밤에
푸른 달빛을 이고
어찌하여 저 들판이
저리도 울고 있는가

낮동안 그렇게도 쏘대던 바람이
어찌하여
저 들판에 와서는

11. 갈대를 위하여 55

또 저렇게 슬피 우는가

알 수 없는 일이다
바다보다 고요하던 저 들판이
어찌하여 이 한밤에
서러운 짐승처럼 울고 있는가.

김춘수 시인의 '갈대 서있는 풍경'이다.

소설가 김주영은 〈고기잡이는 갈대를 꺾지 않는다〉는 제목으로
교과서에 소개하고 있다. 이 소설은 전쟁이 휩쓸고 간 시골 마을을
중심으로 한 소년이 새로운 세계에 들어서면서 겪는 이별과 아픔을
섬세하게 묘사한다. 홀로 살림을 꾸려가는 어머니와 아래 동생을 돌
보며 하루하루를 살아가는 소년. 전쟁이 끝나자 마을의 분위기는 어
수선하기만 하고 소년은 점점 부조리한 사회의 모습을 목격하고 혼
란스러워 한다. 특히 사회의 무자비한 폭력에 상처 입는 삼손 아저
씨, 이데올로기의 차이로 고통 받는 이발관 아저씨와 선생님, 몸은
불편하지만 순수하기만 한 옥화와의 이별을 통해 소년은 한층 성숙
한다. 소년은 점점 1950년대의 한국 사회를 이해하고 포용하게 되
며, 이러한 모습에서 우리는 우리 시대의 아픈 유년기와 이를 극복
한 인간의 위대한 성장을 생각할 수 있다.
　이처럼 수많은 문학에서는 '갈대'의 이름을 차용하여서 거대한 작
품을 내놓는다.

화가들이나 사진작가들은 갈대를 소재로 많은 작품을 남기고 쇼핑몰에서도 갈대사진은 많은 수요자에 의하여 판매되고 있다.

　갈대는 이렇게 인간사에 문학, 미술, 음악의 작품의 대상이 된다. 그런데 한 가지 유감인 것은 갈대를 흔들리는 부정의 대상으로 이용되는 부분이 있다는 것이다. 시인들의 대부분은 부정적인 쪽 보다는 '애착의 갈대'로 표현하고 있어서 그나마 갈대에게 위로를 주고 싶다. 갈대는 꺾이지 않으려고 같은 크기로 서로 의지하고 공간을 두지 않는 서식형태를 보면 마치 과학을 아는 친구들 같다. 바람이 머무는 시간도 그리 많이 허용하지 않는다. 그렇게 보면 대중가요에서 흔들리는 갈대라는 표현은 갈대의 입장에서는 매우 유감스러운 일이 아닌가 싶다.

　갈대는 다른 식물이 살도록 허락하지 않는 집성촌의 대가들이기도 하다. 갈대들은 더러운 오물을 분해하는 과학의 뿌리도 소유하고 있다. 갈대를 거쳐가는 물들은 정화되어 맑게 만들어진다. 생태환경을 연구하는 과학자들은 갈대를 가지고 오염 문제 등의 연구를 거듭하는 것으로 알려진다. 그런가하면 최근에는 갈대의 뿌리에서 치매를 치료약재를 개발한다는 논문이 나오고 있다. 그리고 옛날부터 갈대의 뿌리는 뇌 건강에 좋은 한방 재료로 이용되고 있다.

　갈대밭에는 새우나 민물고기들이 많이 서식한다. 그래서 낚시꾼들은 갈대밭 주변을 선호한다. 지금처럼 진공청소기가 나오기 전에는 갈대로 빗자루를 만들기도 하였다. 그 뿐만 아니라 고기를 잡는 발로도 이용되었고 햇빛을 가리개로도 널리 이용되었다. 갈대는 식물, 물, 공기 정화기라고 해도 과언이 아니다.

듣는다는 것의
행복

살아 있는 동안 다 들어도 부족한데.
타인의 말을 경청하지 못한 것은 가장 부끄러운 경박함
이라고 정리하고 싶다. 다 들어도 늦지 않는데…

"참 좋은 그대에게"라는 말이 있다. '그대'라는 것은 대상
을 말한다. 볼 수 있는 대상이요, 들어주는 대상을 말한다. 예술가들
은 작품을 만들고 공감해주는 관람자를 만날 때가 제일 행복하다.
작가들은 자신의 저서를 독자가 선택할 때가 보람을 느낀다. 독자는
들어주는 대상이기 때문이다. 작품을 통하여 시공을 초월하여 독자
와 소통을 하는 것이다.

우리는 말을 나누는 것이 아니라 일방적으로 말하는 것을 두고 소
통의 부재라는 말을 한다. 상대의 말을 듣지 않는 경우다. 듣는 태도
에서 상대의 말을 가슴에 새기지 못하는 것도 마찬가지다. 세상에서
가장 진실한 사람은 상대의 말을 들을 줄 아는 사람이 아닌가 한다.

진실은 행동에서도 나오지만 말이 먼저이기 때문이다.

어린아이가 어른을 두고 좋고 나쁨을 판단하는 기준은 자신의 의견을 들어주는가 이다. 천진한 아이의 기준은 너무나 단순하다. 비록 말과 사물의 묘사가 서툴러도 자신의 말을 이해하여 주는 사람이 가장 좋은 것이다.

우울증의 환자는 대다수가 상대의 말을 받는 방법이 서툰 것이 원인이 되기도 한다. 좋은 말을 받아들이며 실천하는 연습이 부족하다는 것이다.

선진교육은 말하기와 듣기를 중요시한다. 토론을 매우 중시한다는 것이다. 그래서 듣는 것이 매우 세련된 것을 느낀다. 우리나라는 토론의 부재를 종종 지적한다. 국회의원이 장관을 향한 질문이나 청문회를 통한 질의는 일방적이고 매우 권위적이다. 모두가 학교 교실의 토론 부재에서 오는 현상이다.

우리나라는 노래를 좋아하는 민족이다. 분명 듣는 것을 좋아하는 민족이지만 듣는 것의 부재를 실감한다. 모두가 주입식 교육의 원인이라는 결론이다.

사랑을 잘하는 방법은 들어주는 것을 잘하는 사람이라고 한다. 듣기에 서툰 것은 불구자와 같은 것이다. 자신의 말은 많이 하여도 상대의 말을 담을 공간을 만들어 놓지 못한 것이다. 어느 시인은 '의자'라는 시에서 이런 표현을 한다. "내 마음에는 너에 의자가 있다. 언제라도 네가 앉을 의자".

노래에도 그런 노래가 있다. 내 속엔 내가 너무 많아 너를 담을 수 없는 것을 반성하는 내용이다.

좋은 사람을 닮아간다는 것은 상대방의 장점을 나에게 담는 것이다. 지도자들은 여러 개의 조간신문을 보고 회의에 참석한다. 간밤에 일어난 이야기, 어제의 이야기를 모두 마음에 정리하고 오늘에 임하는 것이다. 성공한다는 것은 세상을 받아들이는 자의 것이다. 꽃꽂이에서도 그렇다. 많은 것을 보고 듣고 작품을 만드는 것이다. 처음부터 나만의 세계는 없다. 듣고 보는 것으로 나만의 세계를 만들고 구축하여 가는 것이다. 일생에서 가장 친근하게 말을 많이 들어주는 사람은 어머니다.

어머니를 일찍 여윈 사람을 두고 '천하의 고아'라고 한다. 말을 들어주는 사람이 없다는 뜻이 가장 큰 의미로 보인다. 어떤 사람이 그런 말을 한다. 어머니가 돌아가시니 내가 가장 뜻깊은 일이나 소중한 순간을 들어줄 사람이 없어졌다.

세상에서 말을 들어준다는 것이 얼마나 소중하다는 것을 잘 표현한 경우이다. 내 경우도 어머니께 내가 사회생활의 뜻깊은 순간을 사진으로 담아서 보여드리면 그 사진을 오래도록 눈을 내려놓지 않으셨다. 주변의 사람들은 그저 스치는 정도지만 어머니의 시선은 흐뭇이 포함되어 있다. 사진을 놓고 가라고도 하신다. 틈나는 시간에 다시보실 요량이다. 이렇게 나를 알아주고 말을 들어 준다는 것처럼 소중한 것이 세상에 어디 있겠는가?

얼마 전 친구인 임동진 배우(본인은 목사로 불러주는 것을 고마워하고 좋아한다)가 모노드라마를 1시간 30분을 하였다. 〈그리워

그리워〉라는 연극이다.

'무엇을 그리 그리워하는 걸까?'하는 생각으로 관람한 이 연극도 역시나 먼저 이 세상을 떠난 딸과 아내를 그리워하는 아버지이자 남편의 모습을 그린 모노드라마였다.

친구 임동진은 배우를 하다가 뜻한바가 있어 목사가 되었다. 이 풍진 세상에서 배우로 살며 병마와 투병의 생활을 겪었다. 남은 생은 하나님께서 주신 시간이라고 늘 말한다. 방금 기도를 하였으나 음식이 다시 나오면 기도를 다시 하는 임 목사다.

신앙에 진실한 장모와 부인은 물론 아들도 목사 안수를 받았다. 임 목사를 만나서 음식을 먹는 일화다. 기도를 했지 않느냐고 편잔을 주면 그저 웃으며 다시 기도 하는 친구 임 목사.

1인극을 두 시간 가까이 한다는 것은 보통 힘든 것이 아니다. 그러나 배우는 누군가 자신의 목소리를 들어주고 봐 준다는 것을 큰 행복이라는 인사말을 하였다. 연극의 주된 내용도 자신이 생전에 말을 들어주지 못한 남편의 아픈 기록을 그렸다.

나는 그런 생각이 든다. 살아 있는 동안 다 들어도 부족한데. 타인의 말을 경청하지 못한 것은 가장 부끄러운 경박함이라고 정리하고 싶다.

다 들어도 늦지 않는데 말이다.

13 부케를 깊이
생각해 본다

더 깊은 의미의 뜻을 부여한다면 아름다운 모습을 사랑
스러운 신랑에게 보여주기 위해서다. 그리고 낳아주신
부모님에게 예쁘게 키워 주셔서 감사하다는 표현을 하기
위해서다

문명이라는 것이 인간의 영역이라면 숲으로 상징되는 자
연은 신의 영역이다.

결혼하는 신부가 부케를 들고 식장에 들어선다면 신의 영역에서
받아온 자연의 꽃이 될 것이다. 부케는 신부가 의도한 모양과 생각
이 들어간 작품이 되어야한다. 쉽게 말하여 신부의 분위기가 한껏
들어간 부케가 손에 들려져야한다. 그렇지만 현실은 꽃집 아저씨의
기능(技能)적 부케다. 이 시간에도 결혼식이 있다면 신부가 든 부케
는 기능적 부케로 붕어빵처럼 똑같은 모양의 부케일 것이다. 결혼식
장에 수많은 신부의 사진을 보면 천편일률적으로 똑같은 모양의 부
케를 가슴에 앉고 웃고 있다.

부케는 왜 들고, 신부의 중심이 되는 것일까?

부케는 중세 4세기에 패션의 본고장 프랑스에서 유래되었다. 들에서 나는 향기의 꽃이 신부를 질병과 악령에서 보호한다는 믿음에서 출발하였다. 그러면서 세계로 번져 갔다.

더 깊은 의미의 뜻을 부여한다면 아름다운 모습을 사랑스러운 신랑에게 보여주기 위해서다. 그리고 낳아주신 부모님에게 예쁘게 키워 주셔서 감사하다는 표현을 하기 위해서다.

보편적으로 신부가 결혼식을 준비하는 모습은 드레스에 지대한 관심을 쏟는다. 자신만의 드레스가 되기 위하여 한번만 입고 벗는 드레스를 맞추는 경우도 있다. 더러는 나에게 맞는 드레스를 찾기 위하여 노력을 기울이기도 한다. 그러나 정작 가슴 한 가운데 예쁘게 들려지는 부케는 아랑곳 하지 않고 꽃집에 주문한다. 친구가 찾아와 신부에게 안겨주면 그만이다.

얼마 전 결혼한 아미라는 신부의 부케가 인상적이었다. 마이스터 문명숙의 딸인 아미는 부케를 자신이 만들겠다고 하였다. 당연히 결혼식에는 아미가 직접 만든 부케를 들고 나왔다. 평소 아미를 알고 있는 사람들은 부케가 여느 부케와 다르다고 생각하였을 것이다. 아미가 든 부케는 아미를 너무나 닮았기 때문이다. 아미는 여러 나라를 돌아다니며 미술을 전공한 예술에 세포가 형성된 아티스트다.

신부의 부케를 보면서 꽃을 만지고 수많은 꽃 장식을 한사람에게도 잊지 못하는 추억의 결혼식이 되었다. 굳이 설명을 하자면 자연스럽고 예뻤다. 신부의 모습과 하나 되어 부케가 같이 축하해주고 있었다.

아미의 아버지는 금방 알만한 유명 아나운서 출신의 국회의원에게 주례를 부탁하여 놓았다. 그러나 아미는 주례를 교수인 시아버지가 서 줄 것을 당부하였다. 모든 것이 기존의 관념을 슬쩍 벗어나 신부와 신랑의 멋진 생각이 담긴 결혼식이 진행되었다. 초청대상도 양가의 친척이 15명. 신랑신부의 친구가 각 1명으로 결혼식장은 농가인 정읍에서 20여명이 조용하고 품격 있게 올려졌다. 아버지는 자랑스러운 딸과 신랑을 많은 하객에게 보여주고 싶었을 것이다. 아미의 아버지는 호남 향우회 이끌고 있다. 한국에서 가장 든든한 결속이 호남향우회와 해병대전우회, 고려대동문모임이라는 우스개 같은 진실의 말이 있다. 아미도 이를 모를 리가 없다. 결혼의 신선한 목적을 알고 있는 아미는 세상의 욕심을 분토와 같이 버리고 본인의 주관을 따른 것이 아닐까 생각한다.

감나무는 흔히 보는 유실수다. 그럼에도 가을 어느 날 마당 한 가운데 제 무게와 목적을 가지고 튼실한 열매를 가지고 주인에게 고개를 숙인다. 그리고 가을엔 잎을 떨구며 서있는 모습은 인간의 전 생애를 보여주고도 남는다.

아미의 결혼식을 보면서 그의 생애가 감나무와 비교되어 한없이 자랑스러운 젊은이로 보인다. 욕심을 버리고 자신을 나타내 보인다는 것은 인간의 가장 아름다운 빛일 것이다. 아미의 깊은 눈으로 얻어낸 삶의 모습일 것이다. 지금도 아미와 남편은 세계를 무대로 미술 전시회를 가지고 있다.

14 청춘에게 들려주는 성공습관

시간을 아껴 쓸 줄 안다는 칭찬은 나의 운명을 바꾸게 될 줄은 먼 훗날에 깨닫게 되었다. 지금 생각해도 칭찬은 운명을 바꾸는 진리라는 생각이 든다. 물론 나뿐이 아니라 고래도 칭찬하면 춤을 춘다는 말도 있으니 분명 진리다.

과거를 탓하고, 현재를 불만족하며, 미래를 걱정하는 청춘들을 보면 나의 지난 새벽 같은 시간을 들려주고 싶어진다.

중학교 시절, 특히 2학년은 인생의 중요한 모멘트가 되었다. 이모님 댁에는 이종사촌인 춘미 누나가 있었다. 누나는 나와 같이 그림 그리는 것을 좋아했다. 누나와 선창가와 농촌의 들녘을 다니며 그림을 그렸다. 누나는 혼자 나다니는 것이 무섭다며 동행을 원했다. 지금 생각하면 항구는 무안한 영감을 주는 곳이었다.

어느 날, 그림그리기 동행을 약속을 하였다. 풍경화를 그리려는데 화구가 준비되지 않았다. 응급처방으로 손수 만들었다. 멋들어진 나의 화구를 보고 누나는 놀라워하였다. 판매하는 화구보다 내가 만든

수제품이 더 좋아 보인다고 하였다. 하여간 어릴 적부터 손으로 뚝딱 만드는 재능이 있었나 보다.

이모님 댁에 가니 봉님이 큰 누나는 나에게 시간을 아껴 쓸 줄 안다며 칭찬을 한바구니 담아 주는 것이 아닌가! 시간을 아껴 쓸 줄 안다는 칭찬은 내 운명을 바꾸게 될 줄은 먼 훗날에 깨닫게 되었다.

지금 생각해도 칭찬은 운명을 바꾸는 진리라는 생각이 든다. 물론 나뿐이 아니라 고래도 칭찬하면 춤을 춘다는 말도 있으니 분명 진리다.

어느 책이라고는 기억이 나지 않지만 칭찬을 많이 듣고 자란 아이는 매우 긍정적이고 사회의 건강한 일원이 된다고 한다. 나는 한 가지 자랑으로 생각하는 것은 매사를 긍정으로 본다는 것이다. 긍정은 또 다른 긍정을 만들기 때문이다. 모든 꽃들은 긍정에서 피어난다고 나는 믿는 사람이다.

봉님이 누나는 공주사대를 나왔다. 교장까지 지내는 교육계의 재원이다. 누나는 문광부에 근무하는 김성인 총감독과 결혼을 하였다. 김성인 감독은 〈대한뉴스〉를 만든 감독으로 유명세를 날리기도 했다. 지금이야 극장에서 영화가 시작되기 전 각종 상품 선전이 전부지만 80년대까지만 해도 극장에서는 시사에 걸맞은 〈대한 뉴스〉라는 것이 있었다. 매스컴이 대중화되지 못한 시절이어서 〈대한 뉴스〉는 매우 인기가 있었다. 특히 월남전이 한창이던 시절에는 월남에 파병된 맹호부대의 전쟁 근황을 알 수 있는 유일한 창구이기도 했다. 그 때는 〈대한 뉴스〉를 보고도 박수를 치기도 하였다. 순수의 시절이었다. 춘미 누나는 홍대를 나와 미술교사가 되었다. 동아제약 사장에게 시집을 간 후로도 미술교사와 화가를 천직으로 생각하고 정년까지 후학을 돌봤다. 누나는 가끔 만나면 교단에 서는 것이 무척 즐겁다고 했다. 퇴직 후에는 매형과 해외를 다니며 그림을 그리고 싶다고 했다. 아니나 다를까 평소의 계획을 실천하면서 노후를 즐긴 것으로 안다.

내가 이처럼 이모님 댁의 누나들 이야기 하는 것은 누나들의 예술적 영향과 격려와 칭찬이 나에게 큰 영향을 미쳤기 때문이다. 외갓집에서 어머니는 7남7녀 중 중간이셨다. 외갓집의 큰형은 일로에서 양약국을 하였다. 이한산 조카는 의사, 치과를 운영하는 조카들을 비롯하여 각자 현장에서 제 역할을 하는 조카들은 나를 좋아하고 따랐다. 지금 생각하여도 어릴 적 누나들의 격려와 칭찬은 나에게 비타민과 같았다. 초등학교시절부터 그린 그림은 중학교에서는 학교의 복도는 나의 그림이 도배가 되다시피 하였다. 이 또한 미술선생님의 남다른 사랑과 아낌없는 칭찬과 격려였다고 생각한다.

탁해진 물은 흐르며 정화를 시킨다. 칭찬은 지나간 것 같지만 운명을 바꾸는 힘이 있다. 세계적으로 유명한 하버드대학교의 학생들의 설문에 의하면 좋은 교수진도 중요하지만 같이 공부하는 학우들이 더 중요하다고 조사되었다.

인간의 유전자는 50%, 노력은 40%, 환경이 10%라고 한다. 여기서 환경의 비중이 가장 작은 것으로 나오지만 나는 10%의 환경은 유전자 50%와 같은 역할이라고 말한다. 어디까지나 나의 지난 경험은 토대로 내린 결론이다.

다시 말해서 학우들끼리 토론을 통해, 친구의 생각과 의견을 들으

며 내 것을 만들었다. 인생이란 혼자만의 성장은 없다. 그래서 무리
라는 것은 매우 중요하다. 꽃들도 무리를 이룰 때 무성함과 아름다
움을 더한다. 맑은 물은 더 맑은 물을 만든다. 맑은 물은 다소의 혼
탁한 물까지 정화를 시키는 힘이 있다. 인생도 마찬가지다. 인생에
서 누군가에게 격려를 받고 칭찬을 듣는다는 것은 또 하나의 힘찬
도약을 가져온다.

성공의 비결은 남는 시간을 어떻게 쓰는가에 달려 있다. 남들이
공부하는 시간에만 공부하고 남들이 일하는 시간에 일을 할 때 성공
하지 못한다는 당연한 진리가 담겨 있다.

모든 학생에게 같은 시간이 주어진다고 가정하자. 어떤 학생은 맥
주를 마시기도 하고, 데이트를 즐기기도 한다. 그러나 성공한 학생
에게는 분명 같은 시간을 다르게 이용했을 것이다.

나는 가장 똑똑한 사람이 성공하는 것이 아니라, 남들보다 더 빨
리, 열심히 노력해야 열매의 맛을 볼 수 있다고 본다.

실천의 계획은 일주일, 한 달, 한 계절, 5년, 10년의 계획을 나누
어 실천하는 습관이 중요하다. 나의 이런 시간 계획은 봉님이 누나
가 시간을 아낄 줄 안다는 칭찬이 한 몫 하였다 본다. 나의 이런 실
천 계획은 나만의 것으로 보았었다. 그러나 성공한 사람들의 실천
계획표를 보면서 나의 시간계획연표와 같은 것에 매우 흥미로움을
가졌다. 어떤 사람은 머릿속으로 계획을 세우는 것이 아니라 바인더
북을 만들어 날마다 보고 확인 하면서 실천하는 경우도 보았다.

나만의 그림, 나만의 창작

　주변의 식재료들에는 고유의 색상들이 존재하고 있다. 그러한 재료에 칫솔이나 깃털로 문질러 본다. 실험이다. 거기에서 나만의 색상을 만날 때의 기쁨이란 말할 수 없을 뿐 아니라 창의력이 솟아난다. 백남준도 그랬고 모르긴 해도 피카소도 그런 과정이 있었지 않나 미루어 짐작한다.

　아리스토텔레스는 인간은 모방에서 새로운 창조를 한다고 했다. 아리스토텔레스는 시인이 시를 창작하는 것까지도 모방에서 나왔다고 주장한다. 모두가 자연을 모방한다는 학설이다. 나는 거기에 '우연'도 한 몫 한다고 생각한다. 내가 우연이라고 하는 것은 어쩌면 불교의 인연설과 비슷한 것이 아닌가 싶다. 불교의 인연설은 인간이 나고 성장하는 모든 것이 인연설에 맞혀 있다고 한다.

　우연은 인간의 창조에서부터 동행되었다. 이러한 우연을 그냥 놓치지 않는 것도 중요하다. 인류의 역사를 바꾼 페니실린도 우연한 기회에 곰팡이 균을 발견하면서 만들어졌다. 이 우연은 의학의 역사를 페니실린 이전과 이후로 나누어지게 했다.

　컵에 이쑤시개 네 개로 사방으로 양파를 꼽거나 고구마를 꼽는다. 얼마 되지 않아 싹이 올라오게 된다. 이러한 것들은 멋들어진 인테리어가 된다. 꽃가게에 유리병에 어묵 꽂이 4개로 반다의 뿌리가 물에 닿을 듯 말 듯 하게 두면 오래도록 진열이 가능한 장식이 된다.

　내가 사소한 일상의 모습을 전하는 것은 우리 모두가 자연과 주변의 재료에 관심을 가지면 창작을 하는 기쁨을 갖게 된다는 것을 일깨우기 위한 것이다.

나는 가끔 동묘에서 옛 물건들을 마주친다. 흙속에 묻힌 부분이 선명하다. 공기로 노출된 부분과 색상이 다르다. 나는 그것을 만지지 않고 그대로를 감상한다. 흙속에서 스스로 진화하는 과정에서 인간이 만들 수 없는 색상을 만들어 냈기 때문이다. 이것은 우연이 아니고 무엇이겠는가? 우리는 주변의 놓치기 쉬운 모습, 환경을 즐길 수 있는 혜안도 필요하다. 물론 그러한 혜안이 그저 생기는 것은 아니다. 관심을 가질 때 혜안도 오는 것이다.

꽃이 예술로서 대접 받기위하여 말없이 무던히도 고진 감내하는 시간을 보냈다. 꽃의 예술을 위하여 나보다 더한 노력을 한사람이 국내에서 있었을까? 나는 감히 묻고 싶다. 나는 그동안 쉼이 없었다. 틈이 나면 춤을 익히고 그림을 꾸준하게 그렸다. 지금도 진행형이다. 어느 날인가 나의 순수한 그림과 춤의 세계를 펼쳐 보이는 시간이 주어지지 않나 싶다.

그동안 꽃꽂이가 한국에 없었던 것은 아니다. 하나의 취미정도로 대우를 받고 있었다. 드라이플라워는 한국에 새로운 장을 열기도 하였다. 방송사의 대형 프로그램에 방식이라는 이름을 걸고 꽃장식이 당당히 서게 되는 것도 꽃이 예술로서 대중에게 다가가는 계기가 되었다. 청와대 행사나 외국정상들의 모임에는 꽃장식이 당연하게 중앙을 차지한다. 꽃장식이 정상들의 시선을 모으는 것은 한국의 이미지에 적지 않게 영향을 미쳤다는 자부심도 뒤따른다. 이러한 자부심의 앞에는 윤정섭 교수(한국종합예술학교)와 표재순 사장(SBS)의 조언과 지도를 늘 감사하고 있다.

올림픽의 전야제에는 예술적 순서가 당연하게 앞서 들어간다. 1988년 한국에서 올림픽이 개최되었던 일화다. 시청광장에서 올림픽 전야제가 열리는데 순서에 시낭송이 빠졌다. 세계올림픽조직위원회 담당자는 순서를 보면서 혀를 찼다. 올림픽이 열리는 나라의 전야제에 시낭송이 빠진 경우가 없었다는 지적이다.

한국의 올림픽 조직위는 급히 황금찬 시인을 불러서 시낭송을 시켰던 일화가 있다. 이것은 우리나라의 예술적 척도를 잘 말해 주고 있다. 꽃 예술도 마찬가지다. 각종 국제 경기에 꽃장식도 나의 노력에 의하여 참여하게 된 것이다. 이러한 문화적 감각은 공무원의 세계를 탓하기 위한 것이 아니다. 모르면 그렇게 되는 것이다. 누군가 모르는 장르에 새로운 예술을 참여 시킬 때 비로소 문화와 예술은 성장시키고 발육하게 만든다. 지금은 국내 수많은 행사에 제자들이 이곳저곳에서 역할을 성실히 하고 있다. 그리고 어느 나라에 뒤지지 않는 수준에 올라와 있다. 심지어 독일에서는 우리가 만든 재료를 수입해 가는 정도에 이르렀다. 이러한 것은 자랑도 아니다. 단지 누군가 해야 할 일을 하였다는 것이다.

나는 꽃 예술의 기본은 소재*와 재료**에 있다고 역설한다. 화훼농가의 활성화는 꽃시장에 영향을 미치기도 한다. 경영의 이론은 경영학자의 몫인 것을 모른 바는 아니다. 그러나 가치는 '노동'에서 나온다고 확신한다. 지식노동자는 가치를 생산하지 않는다. 가치가 자본에 의해 생겨나는 것도 아님에도 자본가가 주인처럼 행세하는 자본주의

* 소재 : 습도와 생명력이 있는 것
** 재료 : 자연에서 생명력이 없어지는 것

는 옳지 않다. 그 사회의 주체는 어디까지나 노동자이기 때문이다. 나는 그래서 예술을 하는 사람들이 지식노동자로만 행세하지 않고 노동을 체험하면서 예술의 가치를 찾는 것에 경의를 표한다. 나 또한 그러한 노동의 자세를 지금까지 견지하고 있기 때문이다. 사람들은 외국의 정상들, 의전에 꽃 장식을 하는 나를 상상한다. 외형적으로 매우 화려한 생활일 것으로 짐작한다. 그러나 나의 일상을 보고는 다소 의아해 한다. 손톱에는 항상 흙이 새까맣게 묻어 있다. 이것이 노동의 가치다. 입으로 주장하고 도로를 점령하고 시위하는 학생이라도 그들은 가치의 주체가 될 수 없다. 노동의 주체가 아니기 때문이다.

독일에서는 같이 공부했던 독일인들은 내가 한국에서 꽃 장식 예술가로서 최고의 자리에 올랐다는 소문이 났다. 그래서 한국에 들리는 길에 내가 살고 있는 대학로의 집을 방문한다. 그들은 내가 한국에서 매우 누리고 살 것으로 기대하면서 온 것이다. 그러나 나의 옥상에 방을 보고는 놀라는 표정으로 돌아간다. 소파도 침대도 없이 생활하는 모습을 보았기 때문이다. 옥상에 가면 펼쳐지는 광경은 연구하는 식물들로만 가득 차 있기 때문이다. 가치란 주장에서 오는 것이 아니다.

가치는 오직 노동에서만 나온다. 그런 의미에서 마르크스는 옳았다. 산업사회의 가치란 투여된 시간 속에서 나온다. 근면과 성실만이 가치를 창출한다.

우리 사회는 다양한 분화를 보이면서 노동자의 가치가 왜곡되고 있다. 노동자가 소외되면서 인간이 소외되는 현상으로 연결 지어 진다. 나아가서 가치가 마치 자본에 의해 만들어지는 것처럼 느껴지는 착시 현상이 일어난다.

내가 살고 있는 대학로에 위치한 하우스를 오려면 서울대학병원 후문을 지나게 된다. 그곳에는 시위를 하다가 의식을 잃은 백남기 노동자의 쾌유를 기원하는 천막이 처져 있다. 이 또한 노동의 가치를 주장하다가 일어난 우리사회의 아픈 상처다.(결국 그는 회복하지 못하고 세상과 이별했다).

꽃은 시장에 나오면서 흙을 모른다. 오로지 수분만을 머금는다. 그러한 꽃을 수 십 년 만져온 나는 한 번도 흙을 놓아 보지 않았다. 노동의 가치를 온몸에 지니고 살고 있다. 이것은 나만의 문제가 아니다. 역사적으로 예술의 가치를 실천하는 사람들의 자세다.

백남준이 아트 예술의 선구자라는 것은 누구나 안다. 그도 노동의 가치에 의하여 백남준 아트가 탄생된 것이다. 그의 손에는 늘 망치와 노동의 도구가 쥐어져 있었다.

〈노인과 바다〉의 헤밍웨이를 세계적 문호로 모르는 사람이 없다. 사람들은 그를 펜으로 가치를 만드는 사람으로 생각한다. 헤밍웨이도 일생을 노동의 가치를 실천하면서 살았다. 그래서 〈노인과 바다〉라는 작품이 탄생한 것이다.

나는 박정희 대통령의 새마을 운동을 잘 알고 있다. 새마을 운동은 지금도 아프리카의 저개발국가에서는 모범사례로 받아들이고 있다. 새마을운동은 매우 마르크스적이다. 새벽부터 일어나 새벽종을 울리면서 일하는 노동 운동이다. 오늘의 한국의 가치는 새마을운동의 노동의 가치라고 해도 무리가 아니다. 자칫 위험한 이야기지만 북한의 별보기운동이나 천리마운동도 이 같은 노동의 가치를 걸었다. 그러나 20세기 초 러시아를 무너뜨린 사회주의는 베를린 장벽도 허물어 버렸다. 다시 말하면 마르크스는 21세기를 맞으며 지구상에서 사라지게 되었다.

안타까운 것은 21세기를 맞으며 노동의 시간이 그 가치를 상실한 것이다. 지식이 가치를 창출한다는 새로운 시대를 도래한다. 나는 이것을 턱없는 낭만이라고 생각한다. 노동의 가치는 지구의 멸망과 함께 공존한다고 믿기 때문이다.

여기서 자칫 잘못하면 지식의 가치는 가치도 아니라고 오해의 소지도 있다. 우리가 요즘 흔히 들고 다니는 휴대폰을 지식의 가치로만 생각해서는 안 된다. 어디까지나 노동의 가치가 결합되어야만 하는 것이다. 우리는 재미를 단순한 오락이라고 생각한다. 재미는 오락이기도 하지만 행복이기도 하다. 재미를 오락으로 단순하게 생각해서도 안 된다.

시대정신이라는 것이 있다. 지금은 오락을 재미로만 만들지 않는다. 재미를 통하여 가치를 만들어 낸다. 예전에는 음식을 만드는 것을 단순한 노동으로만 간주하였다. 지금은 음식 만드는 노동을 재미와 오락이라는 우아함을 포함시켜서 가치를 창출하고 있다. 나는 이것을 시대정신이라고 말한다.

나는 사회주의는 망해야하고 자본주의는 성공해야 한다는 논리에 동의를 하지 않는다. 지금의 자본주의는 노동의 가치를 상실시키고 있기 때문이다. 무엇이 노동의 가치를 인정하고 같이 성장하는 새로운 시대정신을 만들어 가야 한다.

우리는 늘 흑백논리에 젖어 있다. 사회주의는 매우 비합리적이고 자본주의만이 민주주의 만드는 가치로 생각한다. 그러나 자본주의는 언제가 인간 상실리라는 시대정신에 맞지 않는 시간이 올 것이다. 그것은 노동의 가치를 인정하지 않고 지식의 가치만 인정하기 때문이다.

한국의 삼성은 세계적 기업이라는 것을 모르는 사람이 없다. 그러나 나는 요즘 삼성의 체제를 보면서 다소 놀라지 않을 수 없다. 노동의 가치를 보이는 서비스는 모두 삼성이 경영하지 않고 용역회사에 맡기고 있다. 삼성은 지식사업만 가지고 노동의 가치는 버리겠다는 경영방침으로 보인다. 삼성 서비스에 가면 삼성의 브랜드가 붙은 삼성 옷을 입었다. 그러나 엄격히 따지면 그들은 삼성맨이 아니다.

기왕 이야기가 나왔으니 자본주의에 대한 이야기를 조금만 더 하고 가기로 한다. 이번 기회가 아니면 이러한 이야기가 쉽지 않기 때문이다. 우리나라의 기업가들은 자신들이 한국의 경제를 성장시키고 오늘의 부강을 만들었다는 논리를 종종 펼친다. 나는 그러한 논리를 들을 때마다 못마땅하다. 한국의 성장은 엄밀히 말하면 농촌이 만들었고 노동자가 키웠고 성장시켰다. 기업가들이 키웠다는 논리는 노동이 가치라는 것에 정면으로 위배되는 의견이다. 그러기에 그들은 시대정신을 못 읽고 사회의 분란을 일으키는 것이다.

재벌의 2세들이 그동안 일으킨 일들은 모두가 노동의 가치와 시대정신을 모르는 것이 원인이다. 재벌 2세들을 희화한 〈베테랑〉이라는 영화를 보지 않았지만 시대정신을 읽지 못한 그들에게 페널티를 날리는 고발한 영화가 아닌가 싶다.

웃음

인간에게 웃음이 없다면 어떨까? 신이 창조한 동작 중 웃음이야말로 가장 신경을 써서 만든 부분이 아닌가 싶다.

길모퉁이 카페에 앉아서 사람들이 다정한 웃음을 지으며 찻잔을 마주하는 것은 아름답다. 나는 유럽을 다니면서 피부색이 다르고 머리색이 다른 사람을 많이 보았다. 그들의 인상적인 태도는 웃음이 많다는 것이다. 조그만 일에도 감사의 웃음을 잃지 않는다.

휴대폰이 대중화되면서 거슬린 것이 있다. 말하다가도 휴대폰에 시선이 간다. 밥을 먹다가도 휴대폰을 만지작거린다. 상대에 대한 예의가 아니다. 목적이 있어 만났고 잠시 후면 헤어지는 대상이다. 그 순간을 참지 못하여 휴대폰에 시선을 준다는 것은 상대에 대한 예의가 아니다. 낯선 외국에 가서도 마찬가지다. 누가 보지 않더라도 식사의 예절은 정중한 것이 좋다. 우리의 선조들은 식사의 예절을 중시하였다.

20세 때였다. 독일의 본 멕켄하임 백화점 윈도우에 마른 소재로 디스플레이를 하고 있었다. 계절이 바뀔 때 마다 마주친 백화점 사장은 내게 물었다. 당신 나라사람들은 모두가 그렇게 평온한 모습으로 웃느냐?. 아니면, 당신만이 가지는 웃음이냐고 물었던 기억이 난다. 나는 한국사람 모두가 웃음을 가진 민족이라고 답한 적이 있다.

한국 사람이 가지고 있는 은은한 웃음는 세계 어느 사람에게 느낄 수 있는 호감이라고 생각한다. 우리가 잘 알고 있는 하회탈은 한국인의 전형적인 웃음이다. 외국인들은 웃는 하회탈을 좋아하고 기념품으로 즐겨 구입한다. 웃음은 강한 웅변이다. 나를 상대에게 유대감으로 전달하는 방법이다.

역사극에서 장군 역할 배역이 호탕하게 웃지 못하면 배역을 맞지 못한다고 한다. 웃음은 건강에도 좋다고 한 것은 과학적으로 증명이 되고 있다. 그래서 웃음치료사라는 자격증 시대가 되었다. 어느 실험에서 두 그릇의 밥을 따로 따로 분리하여 하나의 밥은 웃음과 음악을 들려주었다. 한 그릇은 싸움하는 소음과 시끄러운 시장의 소리를 각각 24시간 들려주었다. 놀라운 결과가 나왔다. 웃음을 들려준 밥은 변색이 없었고 부패하지 않았다. 싸움 소리를 들려준 밥은 새까맣게 변하고 부패한 밥이 되었다. 이것은 과장도 아니고 과학이다. 실험한 결과를 발표한 것이다.

작은 꽃다발 이야기

영국의 엘리자베스여왕은 하늘에 흰 구름을 뚝 떼서 푸른색과 구름이 합쳐진 듯한 의상을 즐긴다. 거기에 꽃을 단 연분홍빛 모자 쓰기를 즐긴다. 매우 단아한 모습이다. 그리고 대중 앞에는 작은 꽃다발을 들고 나온다. 당연히 꽃다발의 작은 꽃은 앙증맞고 귀엽다. 어색한 손을 감추어주는 역할도 한다. 옷 색깔과도 은은하게 어울린다. 잔잔한 미소는 영국민의 자랑이요, 자긍심이다. 그래서 세계의 몇 안 되는 왕위 계승국으로 자리 잡고 있다.

영국에 가본 사람들은 영국민 모두가 여왕을 존경하는 것에 놀란다. 엘리자베스 여왕이 뒷문으로 나온다는 뉴스가 예고되면 무려 5시간 전부터 런던 시민들은 여왕이 나오길 기다린다. 이처럼 영국 국민은 여왕을 좋아하고 버킹검궁의 왕족을 존경의 대상으로 삼는다.

그런 엘리자베스 여왕이 1999년 4월에 안동 하회마을을 방문한 적이 있다. 안동에는 안동 권씨의 명문가가 집성촌을 이루고 있다.

전두환 정권의 실세인 권정달 씨는 그 지역의 대표적인 권세가이다. 당시 권정달 씨는 여당의 대표 주자였다. 그런데 권정열 씨가 야당의 후보로 나왔다. 권 씨 집안이 여야로 나누어 경쟁구도 된 것이다. 도영심 전의원의 초청으로 엘리자베스 여왕이 안동에 오게 된 것이다.

그 즘 나에게도 초청이 왔다. 나는 꽃꽂이 강의인줄 알고 갔다. 구정에 비행기를 타고 안동에 도착하자 노인정과 각종 단체를 동행하며 김대중 후배가 왔다고 소개하였다. 참으로 난감하였다. 김대중 대통령이 목포북교초등학교 선배는 맞다. 그러나 어떻든 소개의 방법은 당사자를 매우 당황스럽게 하는 경험이었다. 나는 권정열 씨 부인과 대화 중에 엘리자베스 여왕이 오시면 꽃다발은 만들어 드리겠다고 약속했다. 하지만 얼마 후 무슨 이유인지 알 수 없으나 자신들이 꽃다발을 준비하겠다고 했다.

TV를 보니 세로로 써내려간 편지글과 꽃다발을 화동이 건넸다. 여왕은 어색한 모습으로 받고는 바로 내려놓았다. 자신의 옷차림 모습과 어울리지 않는 꽃다발이었다는 인상이었다. 사람들은 꽃다발이나 신부가 드는 부케가 적당하게 예쁜 꽃을 한 다발로 묶으면 되는 것으로 생각한다. 그러나 모든 것이 격이 있고 순서가 있듯이 꽃다발 하나가 그 사람의 품위를 높이게 된다. 꽃다발은 잠시일줄 모르나 거기에 나오는 사진은 오래도록 가는 역사적 자료이기도 하다.

내가 아는 지인은 결혼식 사진을 볼 때 마다 속이 상한다고 한다. 왜 부케를 좀 더 정성으로 만들지 못했던가 하는 마음이라고 한다. 부케는 잠시지만 그날의 모습이 담긴 사진은 오래도록 후손이 보게 된다. 그래서 부케는 평생의 아름다움이라고도 한다.

칡넝쿨과 정원수 에피소드

1980년대의 서울 구파발을 지나면 일영이라는 곳이 나온다.그곳은 칡덩굴이 온통 들판을 덮고 있었다. 그 칡덩굴을 차에 가득 싣고 와서 높은 오브제를 만들기도 했다. 그 때 오아시스에 꽃을 층층이 올린 것이 지금의 3단화환의 원조가 된 것으로 본다. 일영에서 가져온 덩굴은 칡 바구니가 만들었다. 매제인 조인택 사장이 칡 바구니의 수출과 수입을 맡아서 하였다. 그 덕에 드라이플라워 전시회가 널리 소개하는데 도움이 되기도 하였다. 지금은 칡덩굴이나 대나무 조림이 진화되었다. 당시 농민들이 생산한 꽃이 빼곡히 꽂힌 조화가 한동안 성시를 이뤘다.

그런데 그게 길게 가지 못했다. 중국의 조화가 들어오면서 우리

농촌 화훼농가에 검은 구름을 두르게 되었다. 아무도 예기치 못한 결과다. 사회주의 국가인 중국의 각종 상품이 한국의 시장을 넘볼지 그 누구도 몰랐다. 중국의 상품은 매우 빈약하나 가격 면에서 한국의 가격과 차별화로 경쟁하였다.

정원수의 변화

정원수도 큰 나무를 많은 돈을 들여 심는 것이 유행이었다. 좀 과한 표현이지만 나무의 우아함이나 정원의 조형미보다는 대형화에 초점이 된 것이다.

지금의 정원은 전혀 다른 양상을 보인다. 큰 나무는 정원사를 불러서 조경해야 하는 어려움이 따른다. 농약 살포에는 기구가 동원이 되어야한다. 가지를 치는 전문가의 비용도 만만치가 않다. 현대의 정원은 아래로 내려다보는 수종을 선호한다. 낙엽을 관리하기도 편하다.

봄부터 가을까지 피고 지는 다양한 작은 꽃들을 선호한다.

세상은 이렇게 실리주의로 변하는 것이다. 생활의 실리주위는 꽃꽂이뿐 아니라 조경에까지 미치고 있다.

시대를 읽고 예측하는 것은 경영이고 예술이다.

장엄함

성경에는 범사에 "감사하라. 쉬지말고 기도하라"는 구절이 있다. 나는 이 말을 좋아한다. 범사에 감사할 줄 알고 산다는 것을 나는 장엄함이라고까지 표현한다. 장엄함이란 입이 딱 벌어지는 순간을 말한다. 엄청난 풍광 앞에서, 은하수 가득한 밤하늘을 보면서 도무지 말로 표현하지 못하는 순간을 장엄함이라고 한다. 나는 일하는 것을 장엄함! 동트기 전 새벽 같은 것이라고 곧잘 표현한다.

쉬는 시간, 할 일이 없으면 주변의 풀을 뽑는다. 잡초가 제거되고 잘 정돈된 정원의 나무들이 속삭이는 것을 보면서 나는 장엄의 미학을 맛본다.

우리는 흔히 세탁기에 빨래를 하면서 "나 오늘 빨래하느라 힘들어"라는 말을 한다. 물론 널고, 마르면 개는 것이 힘들 수도 있다.

우리는 어느 날부터 자신도 모르는 과장 속에서 살고 있다. 불필요한 전자제품을 들여놓고 문화적 혜택에 당연한 것으로 간주한다. 가볍게 손으로 처리 할 것을 전자제품을 이용하는 과용을 부린다. 한 두 사람이 사는 가정에서 식기 세척기를 두고 혼자 청소하는 전자제품의 힘을 빌리는 세상. 나는 이런 세상은 인간이 스스로를 장엄함의 맛을 버리는 것이라고 본다.

도시에서 별빛을 볼 수 없는 것도 너무 많은 전기불의 문명이다. 이러한 주장이 현실적이지 못하다고 반론을 제기 할 줄도 모른다.

그러나 우리는 문명의 위기를 맞고 있다. 앞의 부분에서 장갑에 관한 이야기를 한 적이 있다. 의사가 장갑을 낀다는 것은 환자의 위생을 위한 것이다. 어디까지나 필요에 의한 도구다. 그런데 우리는 가벼운 일, 흙을 만지면서 장갑을 필수로 생각한다. 꽃을 다듬고 꼽을 때도 장갑을 낀다.

음식에서 어머니의 손맛이라는 말이 있다. 우리는 흙을 만진다는 것은 자연과의 교감이며 대화다. 흙을 만지며 식물을 돌볼 때 나무와 교감이 되는 것이다.

자동차를 진정으로 아끼고 사랑하는 사람은 자신이 직접 세차를 한다고 한다. 자동차의 구석구석을 파악하며 돌보기 위해서다. 식물을 돌보는 사람은 식물이 먹고 눕는 흙을 만지고 살펴줄 때 진정한 교감이 이루어진다. 동떨어진 이야기 같지만 나폴레옹은 "내 비장의 무기는 이 손안에 있다. 그것은 희망이다!라는 말을 남겼다. 손이란 이렇게 중요하다. 물론 여기서 나폴레옹이 이야기 한 것은 장갑과는 별개의 손을 말하고 싶어서 이다. 그러나 손안의 희망 이라는 말은 같은 의미다. 사람의 손에는 오감이라는 것이 있다. 머리에만 뇌가 있는 것이 아니다. 꽃꽂이를 하는 사람의 손바닥에는 뇌가 입력되어 있어야 한다.

아이들은 엄마가 쓰다듬어주는 순간을 좋아한다. 이성에서 사랑하는 사람이 손으로 만지는 것을 사랑의 표현방법이다. 사랑하는 사람들이 극장에서 영화를 보며, 또는 산책 중에 손을 잡는 것은 서로의 사랑의 교감이다. 손이란 이렇게 중요한 교감의 부분이다. 식물의 활동을 느끼는 것은 흙과의 교감이 무엇보다 중요하다. 의사가 인턴을 거치면서 환자의 대, 소변의 냄새를 맡으며 병의 위중을 알아 간다.

이광수 소설의 〈흙〉은 우리 근대 소설의 역작이다. 이광수는 흙을 통하여 척박한 우리농촌을 계몽하였다. 박정희 대통령이 주장한 새마을 운동의 효시다.

석가모니가 보리수(Ficus religiosa) 밑에서 오랜 동안 명상하고,

기도할 때 중창에 걸리지 않았다. 보리수나무의 뿌리에서 24시간 공급되는 산소가 체내에 전달되었기 때문이다. 이것은 어디까지나 과학이다.

꽃과 흙을 만질 때 우리는 흙의 에너지가 전달된다. 간혹 등산에서 맨발로 오르는 사람이 있다. 그들은 오랜 시간을 통하여 흙이 인체에 미치는 영향을 경험한 사람들이다. 물론 도심의 도로에서 맨발은 위험하다. 각종 오염으로 가득 찬 도로 때문이다.

흙은 꽃들에게 밥이다. 식물을 쉬게 하고 잠재우는 침대다. 그리고 나무를 키우는 학교다.

흙은 신이 천지창조에 가장 신경을 쓴 부분이라고 나는 굳게 믿고 신봉한다.

15
어머니의
손금

어머니는 일만하다 돌아 가셨다. 내가 가진 농학박사, 조경마이스터, 플로리스마이스트 자격은 어머니의 것이다. 어머니는 천상농장에서 일하시는 현역 식물학자다.

　세상의 모든 자식은 어머니의 손금을 먹고 자란다. 어머니의 된장국이나, 고등어 구이라는 말을 들어봤어도 손금을 먹었다는 무슨 말인가 할 것이다.
　어머니가 만든 송편을 비롯한 모든 음식은 어머니의 손금이 들어 있다. 어려웠던 시절에 전구에 넣어서 수선했던 양말에도 어머니의 손금이 들어 있다.
　그래서 우리는 어머니의 손금을 먹고 자란 셈이다. 어린이들이 그림을 그리기 시작하면 제일 먼저 그리는 것이 어머니 얼굴이다. 이어서 아버지, 형제를 그리게 되는 게 순서라고 한다.
　시인들에는 유독 어머니에 관한 주제가 많다. 인터넷에 '어머니'

를 검색하면 수많은 이야기가 화면에 뜬다. 노랫말도 그렇다. 어머니를 소재로 한 내용들이 헤아릴 수 없다.

간혹 가수나 인기인들이 어머니에 관한 이야기를 하다가 눈시울을 적시는 것을 왕왕 본다. 누구에게나 어머니에 관한 회한은 주저리가 들어 있다.

내게도 예외가 될 수 없다.

푸른 시대의 청년기에 양치기를 하는 시간이 있었다. 듣기에 따라서는 제법 낭만의 시절이다. 양들을 들판에 인도하기도 하고 다시 양들을 집으로 몰고 와 젖을 짠다. 그리고 우유배달을 한다. 하여간 당시의 목포시민들의 눈에는 재미있는 현상으로 보였을 수도 있다. 도심을 가로지르며 청년의 뒤에 흰 양들이 우르르 따르는 장면이 목가적(牧歌的)이고 낭만으로 보일 수도 있다.

지금의 체계화된 목장 형식과는 사뭇 달랐다. 생산부터 유통까지를 모두 1인의 손으로 하는 것이다. 지금은 초지에 양들이 자유롭게 풀을 뜯게 하다가 축사로 들어온다. 그리고 우유는 기계로 짠다. 이른 아침이면 전문 유통업자가 우유를 나른다.

1960년대는 그렇지 못했다. 우유를 먹는다는 것 자체가 대중화되지못한 시대였다. 그런 시절이었으니 양을 치는 데부터 우유배달까지를 다 해야 했다. 어찌 보면 그 때는 그런 시절이었다.

나는 하루 일과를 마치면 파김치가 되기 일쑤였다. 일어나야 할 시간에 일어나지 못하고 잠자리에 있으면 어머니는 뚜벅뚜벅 걷는 시늉을 하시며 일어나기를 기다리셨다. 어머니의 마음은 나의 생활에 들어와 계셨다.

독일에서 유학을 마치고 본격적으로 꽃을 만지는 일을 하게 되면서 자연히 농장에서 꽃들을 기르게 되었다. 당시 농장은 목포의 갓바위 쪽에 있었다. 어머니는 내가 필요한 식물의 재료들을 그렇게도 정성으로 재배하셨다. 뜨거운 태양이 어머니에게는 장애가 되지 못했다. 오로지 아들이 필요한 소재를 위하여 하루의 일과를 보내셨다. 지금 생각해도 놀라지 않을 수 없다. 어머니가 기른 식물의 재료들은 그렇게 튼실하고 좋을 수가 없었다. 물론 주말이면 나의 손이 들어가기도 했으나 어머니의 손은 식물에 관한 마이더스였다. 그러고도 부족한 재료가 있다면 인근의 무안, 일로장터에 나가서 재료를 구입하셨다. 지금이야 교통이 원활한 시대를 살고 있지만 1990년대 지방의 교통은 그야말로 뚜벅이 시절이다. 뚜벅이란 터벅터벅 걸어서 다니던 시절을 말한다. 식물의 재료를 협소한 교통수단을 이용한다는 것은 보통 눈치를 보는 정도가 아니었다. 그럼에도 어머니는 아들이 하는 일이라면 기쁨이고 자랑이었다.

나는 파주의 농장을 가다가 강아지풀을 보면 한동안 시선을 멈추고 만다. 강아지풀이 익기 전은 여름이 한창일 때다. 장마가 지면 시간을 놓치기에 장마가 오기 전 강아지풀을 말려야 한다. 낮에는 너무 더워 새벽에 강아지풀을 뽑아야 한다. 가로등에 전등이 채 꺼지기 전에 강아지풀 단을 묶어 올려주신다. 그리고 일로장과 무안장을 다니시며 조 씨앗, 수수씨앗을 구하시어 리어카에 실어 고속버스 편에 서울로 부치셨다. 당시 고속버스는 지금처럼 많지도 않았다. 마침 광주고속에 윤영기라는 친구가 소장으로 근무하고 있어 신세를 졌다. 지금 생각함 친구의 역할이 크기도 했지만 한국의 플로리스트 아트에 발전에 지대한 역할을 한 셈이다. 지금도 자주 만나는 친구. 이야기를 하다보면 그날로 돌아간다. 추억은 늘 아름답다.

어느 해였다. 독일에서 구해온 밀짚꽃(Helchrysum bracteatum), 일명 헬리크 섬(태양의 여신)을 어머니의 밭에서 거두도록 부탁하였다. 어머니는 처음 보는 꽃을 얼마나 정성스럽게 가꾸셨는지 독일의 본고장보다 더 아름답고 탐스러운 색깔로 재배하셨다. 어머니는 밀짚 꽃 외에 한국에 없는 꽃들을 즐겨 재배하셨다. 성하(盛夏)의 한창일 무렵에 숨이 막히는 더위에도 농장을 기쁨으로 돌보셨다.

지금도 생각 하면 나의 팔 할의 성공은 어머니께서 일구어준 소재의 꽃들 덕이었다고 하여도 무리가 아니다. 무더위, 뜨거운 날임에도 방에 불을 지피고 색깔이 그대로 보전 되도록 철사를 끼우고 꽃다발을 만들기도 하였다.

늘 새로운 소재를 사용할 수 있었던 것은 모두가 어머니의 정성어린 뒷받침이었다. 보석같이 빛나는 마른 꽃들을 만질 수 있는 것은 나만의 행복이었다. 그 시절을 나의 가장 아름다운 시간이었다고 회상한다.

어머니는 일만하다 돌아 가셨지만 내가 가진 농학박사, 조경마이스터, 플로리스트마이스터의 자격을 어머니의 것이라고 생각한다. 어머니는 천상, 농장에서 일하시는 식물학자이셨다.

모르긴 하여도 여건이 되었다면 우장춘 박사보다 더 많이 식물학을 국가에 기여 했을 것으로 믿는다.

밭에서 일하시다 향년 84세로 3일만 병원에 입원하시고 돌아가셨다. 어머니는 태양아래 모든 생명체는 자식의 예술세계의 재료로 생각하셨다. 나의 순간순간 순발력의 예술적 재치는 어머니에게서 받은 유산이라고 생각한다. 어머니께서 돌아가신 후 한동안 세상의 모든 것들이 허무하였다. 그러나 나는 생각을 바꾸었다. 어머니는 하늘나라에 가셨으나 어머니가 남기고 보이지 않는 예술혼은 계속된다는 것이다. 공자의 가르침이 후학들에게 계속되듯이 어머니의 예술혼은 나의 손끝과 행동으로 살아나고 있는 것이라고 믿고 있다.

지금은 흔적을 찾을 수 없는 집이 되어 버렸다. 그렇지만 어머니의 손길은 계속되고 있는 셈이다. 집과 농장 터는 목포시에서 국립박물관 부지를 넓히기 위해 사들였다. 그 보상금은 오늘의 성북동 집을 구하게 되었다.

성북동집의 정원을 바라보면 어머니께서 늘 웃고 계신다. 어머니는 내가 하는 일이 인간적으로 가당하지 않아도 해보라고 하셨다. 그 시대의 어머니상은 아니셨다. 아들이 하는 일에는 먼저 지지하고 뒤에서 혼신을 다하여 뒷받침하시는 도전자셨다.

누군가 말했다. 세상의 어머니는 가장 강한 자라고. 나에게는 어머니는 참 스승이었고 '나그네길 세상' 인도자였다.

나는 오늘도 어머니가 만드신 음식들. 어머니의 손금을 먹으며 행복해 한다.

나의 손금은 어머니가 만드셨기에 어머니의 손금이다.

16
아름다운 것은 모두
거울을 보지 않는다

예쁜 꽃도 스스로 자신을 볼 수 없다.
사람을 통하여 아름다움은 표현된다.

백두대간을 넘어 너의 손을 잡는다

오백년을 한자리 지켜온 너의 손길이 따뜻하기만 하다

그리고 곧장 하늘에 스카이 라인을 긋는다

거친 삭풍(朔風)을 거쳐/사계(四季)의 모진 시간을 거쳐

어느 가을 날은 가벼운 모습이 되었다가

봄날은 새로운 희망의 푸른 잎새도 만든다

허공을 움켜쥔 내 손이 바람에 흔들린다

동구(洞口)밖에 서 있지만 마을에 기쁘고

슬픈 이야기를 모두 어깨에 나누고

먼 길 떠나는 철새들에게 휴식을 된다

어느 날은 나그네 새들의 처소가 되어준다

나는 하루도 서 있는 것이 힘겨운데

오백년 팽나무는

속상한 할머니의 미열을 식혀주고

오백년을 하루같이 먼 산을 올려보며 하루같이 서 있구나

최창일 시인의 '팽나무' 전문(全文)이다.

외할머니 댁에 가는 길목에 시의 내용처럼 오백년이 넘은 팽나무가 서 있다. 팽나무는 항상 해와 바람과의 대화를 한다. 때때로 백두대간의 소식을 듣기도 한다. 때로는 외롭기도 한 팽나무는 삼한사온(三寒四溫)으로 되어 있는 계절의 율동, 가파른 추위 속에서 억센 인내를 배우기도 했다. 여름의 작열하는 태양 속에서 팽나무의 목마름의 시간도 있었다. 그러나 팽나무는 한 번도 반항을 하지 않았다. 혁명에 가담하지도 않았다. 서울로 떠나는 갑식이의 뒷모습을 부러워하지 않았다. 한 곳에서 불평을 한 번도 하지 않고 시대와 대화를 한다. 이렇게 팽나무는 멈추지 않는 삶으로 잎새를 통해 수천 개의 귀를 열어젖히며 바람에 섞인 웃음소리가 허공에 물결쳐 나가도록 했다. 팽나무는 소파에 앉지도 않는다. 노력하는 사람을 당해 낼 수 없다. 나는 젊은 시절에 10개의 일을 하면 9개는 실패는 했다. 그래서 일하는 양을 열 배로 늘렸다.

조지 버나드의 〈세일즈맨의 수기〉라는 책에는 방문 고객 당 2,3명 꼴로 계약에 응해 주었다. 하루 방문자 수를 열 배로 늘렸더니 열

배의 실적이 늘어났다는 내용이 나온다. 노력은 배신하지 않는다는 말을 대변한다. 노력하는 사람을 당해 낼 수는 없다.

　나무가 인식을 꿈꾸고 눕기를 원한다면 장작으로 생을 마칠 수 있다. 그러나 팽나무의 뿌리는 보이지 않는 지하수와 소통을 한다. 비가 오지 않고 가뭄이 들면 몇 배의 노력을 해야 한다.결과는 보이는 것들의 푸르른 꿈이 된다. 팽나무의 부지런함이다. 보이는 가지들은 자나가는 나그네의 쉼터가 된다. 들판에서 일하시다가 돌아오는 할머니의 뜨거운 가슴과 미열을 식혀주기도 한다.

　여행 중일 때도 팽나무의 교훈을 생각한다. 오백 년 팽나무는 오늘도 수만 가지의 줄기에 물길을 열기 위해 얼마나 수고가 많을까? 그래서 나도 소파에 앉는 것도 죄스러워진다.

　지금도 팽나무는 허공에 수묵을 덧입혀 놓고 청맹과니* 눈을 떠서 하늘을 빨아들인다. 가만히 앉아서 천리를 내다본다는 말은 오백 년 팽나무에서 비롯된 것인가?

　어느덧 이런 습성은 팽나무의 교훈이 내 것이 되어 버렸다.

　사람들은 자기가 하는 일에 행복을 가진다.

　꽃을 만지는 일을 항상 행복하다. 꽃들의 아름다움을 다시 조명시켜준다는 것이 얼마나 기쁜 일인가!

　꽃은 한 번도 스스로를 보지 않는다. 거울도 보지 않는다.

　그래서 아름다운 것들은 언제나 선하고 거울도 보지 않는다.

* 청맹과니 : 겉으로 멀쩡하면서도 실제로 앞을 보지 못하는 것

사람의 손에 의해서 아름다움이 표현될 뿐이다.

그래서 꽃은 사람은 꽃보다 아름답다고 답해준 것일까?

고무나무(피쿠스)

17
사람의 향기에
홀리다

마음이 없으면 보아도 보이지 않는다.
마음을 주지 않으면 오지도 않는다.
향기는 무리로 있을 때 크고 멀리 간다.

사람들은 나에게 성공한 사람이라고 한다.

무엇이 성공했느냐고 물으면 방 교수의 주변에는 늘 사람이 모인다는 것이다. 틀린 말은 아니다. 주변에는 격물(格物)*을 이야기 하는 사람들이 있었다.

어제 오늘의 사람들도 아니다. 목포의 어린 시절의 죽마고우도 있다. 물론 생활에서 만난 사람들이 더 많다. 가까이 있는 사람들은 그동안 꽃을 통하여 같이 연구하고 공부한 제자들이 많다.

김학주, 김숙자 부부는 아예 내가 살고 있는 집 근처로 옮겨와 살고 있다. 전직 경찰서장이었다. 그의 아내는 군인 중사 출신으로 말

* 격물(格物) : 사물의 이치를 깨달음.

하는 모란**이다. 플로리스터 술래 1기생들이다. 마음을 보기도 하는 사람들이다. 물론 같이 나이가 들며 인생사를 나누는 사이가 됐으니 플라워 동지들이다. 명동시절부터 꽃꽂이를 같이 연구하고 기쁜일은 물론 큰 행사가 있으면 손을 걷어올리고 일하는 사람도 있다. 대표적인 사람이 윤정옥이사장이다. 교회의 권사직분을 가지고 교회의 꽃꽂이를 맡아서 하기도 한다. 나의 명동시절을 말하면 방식꽃예술원을 시작하는 단계니, 초창기 시절이다. 윤이사장은 내가 해외를 나가게 되면 한결같이 안부를 주는 배려도 잊지 않는다.

형문숙 이사장은 로마교황 한국방문시, 명동성당의 꽃꽂이 장식을 하였다. 성당전래꽃꽂이 이사장을 역임한 형문숙은 천주교의 꽃꽂이 발전에 큰 역할을 하였다.

여행사를 운영하는 홍광민 사장은 20년이 넘게 해외여행에 안내자다. 마치 자신의 여행길처럼 일정을 꼼꼼하게 챙겨준다. 모든 것이 주어진 복이라고 생각한다. 주변을 둘러보면 여행사를 곧잘 바꾸기는 것을 보면 잘 이해가 되지 않는다. 뒤돌아보면 이끼처럼 맑고 투명한 오래된 정원의 사람들이다.

누군가 그런 말을 했다. 그 사람을 진면목을 보고자 하면 주변에 사람이 얼마나 오래된 친구인가를 보면 된다는 것이다. 오래된 구두를 신고 여행하면 발이 편하다. 새 구두는 발이 탈이 날 수 있다. 사람도 오래된 사람이 좋다는 말이다. 그런 면에서 성공한 사람이라고 말하는 이에게 흔쾌히 동의해 주고 싶다. 나는 곧잘 "난 성공한 사람

** 모란 : 부귀, 영화를 뜻하여 조선시대 문인들이 즐겨 그린 꽃.

이야!"라는 말을 한다.

앞에서도 언급한 적이 있다.

첫 번째, 삶을 깨달으며 산다는 것은 성공하는 것이다. 늘 감사하고 물건을 아끼고 나눔의 삶을 준비한다.

두 번째는 성공한 것이 많은 사람이 주변에 있는 것이다.

여행을 나서는 길이면 지인들이 홍어를 싸 들고 오기도 한다. 여행에서는 쉽게 접하지 못하는 홍어를 준비해 오는 정성을 본다. 몇 주 동안 먹고 싶어도 먹지 못하는 홍어를 마음껏 먹고 가라는 것이다.

여의도에서 큰 회계사를 경영하는 문명숙 회계사는 누룽지를 가져와 넣어주기도 한다. 가족의 안부를 묻고 대소사를 알리는 등 사소한 것도 의논하는 사이다. 김학주 서장은 말을 나누고 꽃 계(플라워 아티스트를 지칭하는 말로 김학주 서장이 만든 문장이다)의 장인(匠人)을 형님이라고 부르는 것을 행복으로 생각한다고 즐거워한다.

성북동의 박물관 근처에는 중학교동창 송수양과 박혜강부부가 살고 있다. 성북동에서 관음대학을 운영하는 송수양동창은 오가며 목포시절을 이야기하며 파안대소 하기도 한다. 부부는 스리랑카에서 박사학위를 받았다. 박혜강부인은 성북구의 복지위원장을 맡아서 재능을 기부하는 생활이 자랑스럽다.

명동시절부터 꽃장식을 연구해온 문현선, 조창기, 김형인을 빼 놓을 수 없다. 문현선은 대학강단에서 후학을 위하여 헌신한다. 조창기, 김형인은 MBC의 무대 장식을 나의 뒤를 이어 유감없이 하고 있다. 김형인은 전국에 있는 신세계백화점 꽃장식도 한다. 조창기는 아산병원의 꽃장식을 담당하고 있다. 이들과 꽃장식에 이야기 하다

보면 시간가는 줄 모르는 연구파들이다.

김명화 작가는 수채화작가협회 이사장으로 나의 수채화 수업을 사사해주고 있다. 예술가의 삶이 순수하다는 것은 김명화 이사장을 통하여 깨닫고 있다.

문채원 플라워아티스트는 국제 꽃장식대회(독일) 수상을 하고 방식꽃예술원에서 강의를 하고 있다. 문채원 아티스트를 보면 강의도 정직함과 맑은 인상을 줄 수 있는 것을 알게 된다.

함석헌 선생님은 늘 주변에 젊은이가 동행을 하였다고 한다. 젊은이들은 외출이나 강의에 가방을 들고 뒤따르는 것을 영광으로 여기고 자랑스러워했다고 한다.

정치의 거인들은 정계를 떠나도 그를 추종하는 사람이 많으면 성공한 정치이라고 한다. 물론 학자도 그렇고 예술가도 마찬가지다. 후학이 따르고 인생을 논하고 음식을 나눈다는 것은 큰 축복이다.

유럽의 상류사회라는 것은 우리로 치자면 양반사회다. 그들도 단체로 모여서 음악회를 열고 토론을 즐긴다. 셰익스피어에게는 멀리 사는 워즈워드라는 시인 친구가 있다. 워즈워드는 셰익스피어를 보기 위해 말을 타고 배를 타고 보름 남짓의 여행길에 올랐다는 이야기도 있다. 교통이 발달하지 못한 시절의 이야기다.

삶이 잘못이라면 삶이 가엾다는 것이라고 한다. 삶이 아름다운 것은 삶이 아름답다는 것이라 한다. 삶이 잘못이라면 삶이 한 번뿐이라는 것이라 한다. 그렇다고 보면 한 번의 삶이 두 번 오지 않는다. 사람도 그렇다. 곁을 떠난 사람이 다시 오기가 쉽지 않다. 유행가 가

사처럼 있을 때 진정성으로 대하는 것이다.

꽃은 늘 자신을 살피지 않는다. 히야신스(이스라엘 원산지)는 한 주 또는 몇 시간을 피우기 위하여 어둠의 흙 속에서 1년이라는 시간이 필요하다.

삶도 그러하다. 꽃피는 것과 다르지 않다.

세속과 성시(聖市)는 어디에 있는가? 하늘과 땅 사이에 있다.

사람과 사람 사이의 행복은 어디에 있는가? 사람과 사람 사이의 행복은 사람이 만든다. 만드는 과정은 하루 아침에 흘리지 않는다.

꽃이 피는 과정과 너무나 닮았다.

마음이 없으면 보아도 보이지 않는다. 마음을 주지 않으면 오지도 않는다.

문을 열었다. 봄이 오고 있다.

구름이 가고 구름이 와도 산은 다투지 않는다.

성공한 것은 또 아름다운 것은 오늘도 두런두런 나눔의 친구가 있다는 것이다.

Ⅱ

—

꽃과 사람

Bang Sik

01 색은 일생을 거쳐 나누는 인연이다

녹색은 청춘의 색이다.

녹색혁명이라는 말이 있다. 녹색은 생명을 의미한다. 나에게는 녹색에 관한 특별한 의미의 시대가 있었다. 목포에서뿐만 아니라 갓바위라는 지명(地名)으로 전국으로 알려졌던 시절의 이야기다. 그곳이 지금은 박물관이 자리를 잡았지만 당시의 갓바위는 목가적(牧歌的) 풍경이었다. 나는 그것에 보금자리를 틀고 동네 입구에 '푸른지대'라는 거대한 안내 기둥을 세웠다. 동네에 들어오는 사람들은 푸른 지대라는 간판에 보고 저절로 생동감이 든다고 했다. 거대한 부족사회에 들어오는 느낌이라는 것이다.

당시 녹색에 대한 구체적인 해석을 가지고 한 것은 아니다. 본능적으로 열정, 진취성의 의미를 가지고 무언가 최선을 다하자는 의미로 생각된다.

녹색은 학문적 어원을 보아도 희망, 생명, 성장, 그리고 자연을 상
징한다. 이런 것을 두고 본능은 무섭다고 하는 것 같다. 관대함도 조
력 의지, 신선함과 같은 성질은 녹색으로 연관된다.

지금은 칠판이 하얀 보드 판으로 바뀌었지만 과거에의 철판은 녹
색이었다. 학생은 학업을 마치는 순간까지 녹색철판을 바라보아야
진리를 펼칠 수 있다.

녹색은 청춘의 색이다.

명도의 값으로 보면 녹색은 빨간색과 같이 분류된다. 중간명도의
회색과도 많은 공통점을 갖는다.

빨간색은 능동적이다. 파란색은 수동적이다.

녹색은 안정감을 준다. 주황색은 따뜻하다.

파란색은 차갑다. 녹색은 편안하다.

빨간색은 건조하다. 파란색은 축축하다. 녹색은 촉촉하다.

녹색은 모든 극단의 것들 사이에서 완전한 중립을 취한다.

녹색은 국가가 만든 거리의 안내 간판의 색이다. 시내버스의 색이
기도 하다.

커피의 명가로 유명한 스타벅스의 컵이나 간판 글씨가 녹색이다.
뜨거운 커피에 녹색은 아이러니한 콘셉트이다. 기업이나 버스가 녹
색을 사용한다는 것은 녹색이 주는 이미지가 시각에 매우 건강과 밀
접하다는 것을 의미한다.

녹색성장이라는 말은 지구촌의 화두이다. 지구에 녹색이 사라지면 멸망이 오고 만다.

차가움의 상징은 파란색이다. 파란색은 짓누르는 느낌을 주며 매우 정적이다. 밝은 파란색 안에는 먼 거리의 동경심이 보인다. 몰디브의 끝없는 수평선에는 파란 물결이 넘실거린다. 상상만 해도 온몸이 전율한다. 그곳 원주민들은 해지는 시간에 파란 바다에 노을이 내릴 즈음이면 꽃은 가슴에 안고, 꽃을 머리에 이고 파란바다로 쏜살같이 달린다. 신께 기도하는 것이다. 수평선의 파란색은 남녀를 불문하고 선호하는 것은 곧 파란색이 주는 신의와 신뢰의 덕목이라고 할 수 있다. 예술에서는 파란색을 현대성을 상징하는 것으로 여기지만 다른 사조시대의 예술가들에게도 역시 파란색 시대가 있었다. 의복에서는 왕의 파란색에서부터 청바지의 파란색까지 그 의미가 있다. 원래 파란색은 자연 상태에서는 파란색의 꽃을 찾아보기가 힘들기 때문에 소중한 색이다. 파란색의 청바지는 세계적으로 가장 선호하는 바지 색이다. 젊은이부터 노년에 이르기까지 사랑을 받고 있다. 미국의 대통령도 별장에서는 스스럼없이 청바지 차림으로 기자회견을 하는 것을 볼 수 있다. 근엄한 대학 교수도 청바지 차림으로 강단에 서는 것을 종종 볼 수 있다. 그만큼 청바지는 대중적으로 친근하게 다가왔다. 요즈음은 정장 재킷에 청바지는 멋스러움의 패션이 되었다. 시내버스는 색은 세 가지로 구분된다. 파란색, 빨간색, 녹색이다. 파란색은 대중 속에 깊이 안식의 색으로 앉아 있다.

노란색은 가볍고 반짝이는 느낌을 준다. 노란색 주는 가벼움은 아이와 같이 순진함을 의미한다. 노란색은 반짝이면서도 고유한 형태를 확장시킨다. 개방성, 흥미로움, 경험에 이르게 하는 준비를 상징한다. 빛, 태양, 그리고 황금은 노란색과 동일하게 연결된다. 노란색은 부유한 색이다. 구중궁궐의 왕들 의상은 노란색으로 한없이 부유함과 크기를 연상시킨다. 역사적으로 각인된 상징성은 부정적이다. 노란색은 이기주의를 대변한다. 그러나 처음에 주는 인상은 긍정적이다. 노란색(양초의 빛)이나 노란색을 함유하고 있는 빛은 평안한 느낌을 준다. 한국에서의 노란색은 특별함이 있다. 평화의 상징으로 노동자들이 현수막에 메시지를 전달하는 도구가 된다. 김대중 정부가 평민당을 만들면서 당을 상징 색으로 노란색을 선택했다.

그 후에 세월호 사건에서는 노란 리본이 전국을 휩쓴 역사적 사실도 있다. 그뿐 아니라 인상파 화가로 알려진 고흐가 대표적인 색으로 해바라기에 사용한 것이 노란색이다.

파리의 몽마르트르 근처에 위치한 그의 집(아파트) 뒤뜰에는 해바라기가 가득 찼다. 그는 해바라기가 서 있는 풍경을 그리기도 하고 해바라기를 따놓고 자세히 관찰함 연구하고 습작을 하였다. 이렇게 노란색 해바라기와 치열한 씨름을 하였다.

고흐는 해바라기를 소재 삼아 대가의 기법으로 표현했다. 해바라기 하나를 그리는데 꽃잎 이파리와 씨를 표현하는데 풍부하게 질감을 살린 배경에 입체적인 채색기법으로 독특한 그림을 그려내는데 노란색의 화가처럼 특징을 가지게 되었다.

지금도 많은 화가들이 고흐의 영향을 받아 노란색 해바라기 주제를 즐겨 사용한다. 인사동에서 고흐 그림이 아닌 노란색의 해바라기

몽마르뜨 언덕의 화가들

를 소재로 한 그림을 흔하게 대할 수 있다. 좀 지나친 표현으로 노란
색은 고흐의 노란색이라 하여도 과언이 아니다.

　한가지 중요한 사실은 세상의 모든 해바라기는 한국을 바라보고
핀다는 것이다. 한국의 해바라기는 독도를 바라보고 핀다는 사실도
알았으면 한다.

02 자연에서 배우는 삶

자연은 결코 서두르지 않는다. 촉박하지 않다.
인생도 결코 단거리 경주가 아니다. 나무는 호들갑을 떨
지 않고 꽃을 피우고 열매를 맺는다. 천둥을 쳐도 꼼짝하
지 않고 의연할 뿐이다.

군락을 이루는 식물들이 있다. 5월의 보리밭은 하나의
방향으로 출렁인다. 보리밭의 군무(群舞)를 보노라면 아무리 아름
다운 춤꾼도 감히 흉내낼 수 없는 공동체다. 머리를 풀어 헤치고 바
람의 소리를 머금어 내고 천고의 신비를 간직한다.

그 많은 보리밭의 식물들은 하나의 형제처럼 보이지만 홀로 생각
하고 홀로 커간다.

정원의 식물 중에는 겨우내 구근으로 있다가 봄이 되면 일어나는
것들이 있다. 마치 독립운동이라도 하듯이 만세를 부르고 일어선다.
하루가 다르게 아우성치는 새싹들을 보고 있으면 자연의 신비에 숙
연해 진다.

대나무, 죽순은 밤사이 무슨 경쟁이라도 하듯이 수년을 키워온 소나무나, 자작나무의 키를 넘어서버리기도 한다.

나는 대나무를 유독 좋아한다. 잎새가 바람에 흔들리는 장관을 즐긴다. 그래서 대작의 작품을 만들 때는 대나무를 곧잘 사용한다. 사과나무에는 수많은 열매들이 열린다. 사과가 같은 크기로 커가는 같지만 각기 커가는 모습은 다르다. 햇빛을 대하는 자세도 각자 홀로 다가서고 옆의 사과에 신경을 쓰지 않고 나름의 과실(果實)의 꿈을 꿀 뿐이다. 누구의 허락을 받지 않고 제 나름의 계획 속에 추수의 시간으로 달려간다. 정원을 바라보노라면 신의 섭리에 동의하고 겸손할 수밖에 없다.

과학자들은 자연의 모습에 신이 살아 있다는 것을 더욱 확신한다고 한다. 닐 암스트롱이 달 표면에 도착할 때도 그랬다. 제일 먼저 신에게 감탄사를 보냈다. 그 후로도 달에 간 우주인들은 지구의 불빛을 보면서 "오! 신이시여"라는 찬사를 보낸다. 나도 예외는 아니다. 정원을 거닐며 혼자서 비바람과 태풍을 견디는 식물들의 자세에 경의를 보낸다.

마마보이라는 말이 있다. 부모에게 의존하는 젊은이를 두고 하는 말이다. 홀로 서기를 하지 못하는 부끄러움이다. 그러나 요즘의 젊은이는 부끄러워하기보다는 당연한 태도라고 생각한다. 군대를 가서도 수시로 부모와 상의를 하고 묻는다고 한다.

대학에서 숙제를 준다. 학생들은 혼자서 하는 것이냐고 흔히 묻는 것을 경험한다. 혼자서 하기에는 버겁다는 두려움의 표현이다.

안쓰럽다. 정원에 홀로 자라는 식물들에게 보내고 싶어진다.

자연은 결코 서두르지 않는다. 촉박하지 않다. 인생도 결코 단거리 경주가 아니다. 과일나무는 호들갑을 떨지 않고 꽃을 피우고 열매를 맺는다. 천둥을 쳐도 꼼작하지 않고 의연할 뿐이다.

어느 시인은 대추 한 알에 천둥소리가 들어 있고 비바람이 들어 있다고 표현한다. 대추가 붉어지기까지 어느 누구에게도 허락을 받거나 전화를 하지 않는다. 묵묵히 제 갈 길에 도달 할 뿐이다. 먼저 익으려고 서두르는 과일이 있다면 주인의 손에 의하여 솎아 내지고 만다. 사람도 과일도 욕심을 내고 빨리 익으려 해서는 안 된다. 빨리 익으려 하지 말고 더 고민하고 더 생각하면서 홀로 성장해야 한다.

팡세는 "군중 속에 있을 지라도 홀로 고독 하는 것이 인간이다"라고 말했다.

저 눈밭에
구근(球根)이

플라워아티스트들은 자연의 나무, 꽃의 소리를 듣고 보는 것이 행복이다. 그들을 더 빛나게 배치하는 것이다.
플라워아티스트들은 보이지 않는 것들의 실상들과의 대화 할 때 진정한 아티스트로 거듭나게 된다.

견기이작(見機而作)이라는 말이 있다. 낌새를 살펴서 미리 예비하고 조치하라는 뜻이다. 옛사람들은 한 잎 떨어지는 낙엽을 보고 한 해가 저무는 것을 알고 항아리 속의 얼음을 보고 다가올 천하의 추위를 안다고 했다. 예측을 하고 미래를 이야기는 하는 사람에게 선각자, 또는 지혜(知慧)자라 한다.

성북동의 정원은 금년에도 어김없이 함박눈이 내렸다. 저 눈밭에 나무들도 수많은 센서들이 작동되고 다양한 분석에 의하여 각각의 기능이 이루어지고 있다. 세상은 다양한 조직에 유기적으로 연결되어 있고 이들을 통해 정부(政府)가 운영되고 가정도 이루어진다. 나무들도 다양한 조직과 수많은 정보를 통하여 하나의 세계를 이룬다.

뿌리식물, 구근은 철학자처럼 봄을 위하여 수많은 사색을 즐긴다. 만물이 기지개 켜는 봄이 되면 어떻게 의연한 모습 보일 것인지 고민한다. 지난 가을에 주인이 허락한 다양한 영양분을 충분히 마셨으니 튼튼한 동작도 생각한다.

　나무는 욕심을 부리지 않는다. 주인이 준 양분을 적당량 취한다. 섭취하고 남은 양분을 또 다시 외부 세계로 배출한다. 자연처럼 철저하게 노블레스 오블리주(Nobless oblige)를 지키는 경우가 있을까? 노블레스 오블리주는 프랑스어로 귀족들이 도덕적 의무를 다한다는 것을 의미한다. 부와 명성, 권력자들은 사회에 대한 책임과 함께한다. 로마의 귀족들은 절제된 행동과 납세의 의무를 다하면서 평민에 대한 귀감이 되었다. 영국의 앤드류 왕자가 헬기 조종사가 되고 전쟁에 나가서 죽을 수도 있다는 자세를 보인 것이 본보기다.

　자연은 참으로 신비롭다. 자신이 가진 역량의 이상을 늘 인간에게 전해준다. 건조한 기후와 토양에서 살기에 적합한 침엽수는 물의 배출량은 미미하다. 반면에 활엽수 또는 속씨식물의 물의 배출량은 매우 많다. 참나무가 한 계절 동안 뿜어내는 물의 양은 100톤이 넘는다. 자신의 몸무게의 225배에 해당한다. 이와 비슷한 크기의 단풍나무(고로쇠)는 같은 기간 동안 자기 몸무게의 455배에 해당하는 물을 배출한다. 너도밤나무 숲은 매일 3,500~5,000톤의 수증기를 대기로 배출하기 때문에 숲이 있는 곳에서는 자주 안개와 구름이 생기기도 한다. 저 눈 밭의 구근들, 한 주일, 아무리 길어도 10여일의 생을 위하여 긴 동안거(冬安居)와 하안거(夏安居)를 수행한다. 어찌 보면 성직자의 수행보다 더한 수도자의 생활이다.

나는 늘 자연을 대하면서 내가 자연을 가지고 창작 한다고 생각하지 않는다. 자연을 다시 분해하고 조립하며 배치한다는 생각을 가진다. 자연에 대한 겸허함이다. 독일의 유학시절에도 자연에 대한 정신은 그랬다. 동료 학생들이 다소 손상되고 볼품이 없다고 쉽게 꽃을 버렸다. 나는 그 꽃들을 알뜰하게 살려내어 제 모습을 만들어 내었다. 하루면 한 리어카에 가득한 양의 꽃들이 버려졌다. 나는 그 꽃들이 다시 작품이 되게 하고, 고객들에게 상품으로 돌려주었다. 절약, 근검을 실천하였던 칼라이 스승도 나의 이런 모습에 놀라움을 보였다.

자신의 경영에 도움이 되니 그럴 수밖에 없었을 것이다. 그러한 행동은 나의 경제적 유익과는 아무런 상관이 없었다. 그저 나의 자연스러운 행동의 부분이었다. 지금도 나는 늘 이런 것들을 학생들에게 강조한다. 자연은 우리가 다시 배치하는 것일 뿐이다. 내가 자연을 앞선다고 생각하는 것을 금하고 있다. 그리고 하나의 꽃들을 소중하게 대하는 자세를 보인다.

한국에서 처음 시도하였던 드라이플라워도 버려져 나간 꽃들을 다시 제생하기 위한 것이다. 시인은 언어를 통하여 인간의 감성을 살찌운다. 성직자는 인간의 영혼을 다치지 않기 위하여 기도한다.

플라워아티스트들은 자연의 나무, 꽃의 소리를 듣고 보는 것이 행복이다. 그들을 더 빛나게 배치하는 것이다. 플라워아티스트들은 보

이지 않는 것들의 실상들과의 대화 할 때 진정한 아티스트로 거듭나게 된다.

정원의 구근들, 저 눈밭에서 오늘도 희망과의 대화이다.

⁰⁴
꽃에 순위가
있을까요?

꽃은 아름다운 현장에서는 분위기를 고조시키고
슬픈 현장에선 고요히 위로하는 위력을 가진다.
꽃은 우열이 없다.

끼리끼리 논다는 말이 있다. 얼핏 들으면 비하의 단어 같
지만 이 단어를 긍정적인 측면에서 자주 사용하고 있다. 요즘 들어
이 말을 실감하기 때문이다. 내게는 끼리끼리라는 말이 친근하다.
 들꽃들은 무리를 지어 핀다. 홀로 피는 꽃보다 무리의 꽃들이 건
강하고 오래간다. 산행에 마주친 무리를 지은 군락의 나무를 보고
있으면 저절로 탄성이 나온다. 나무들도 살대고 사는 것이 위로가
되고 격려가 되어 보기에 좋게 살고 있다.

 예술을 하는 사람의 주변엔 같은 무리가 항상 같이 한다. 이종 사
촌 동생들 중에 시인이 있다. 동생은 끼리끼리라는 말의 대상이다.

그는 내가 하는 말에 유난히 맞장구가 많다. 그는 대화를 하던 중에 간간히 무릎을 치고 웃어대며 좋아한다.

어느 날 그가 내게 "형님은 신이 꽃을 만들었다면 무슨 꽃을 제일 먼저 만들었을까요?"라고 물었다.

내가 꽃을 가까이 하는 플로리스트마이스터라서 할 수 있는 질문이라고 생각했다.

나는 웃기만 하고 아무 말을 하지 않았다.

동생은 "동물도 만든 순서가 있는데 꽃들도 있을 거 아니냐?"고 다시 답을 재촉한다. 그 말에도 대답하지 않고 그저 웃기만 했다.

시인은 나에게 꽃들의 순서를 끌어내기 위하여 말을 이어간다.

"동물들을 하나님이 만들어 놓고 맨 마지막에 눈을 주기 위하여 모이라 했대요. 모든 짐승들은 세상을 볼 수 있다는 호기심에 잠을 설치고 모였대요. 호랑이는 맨 먼저 와서 몸에 맞는 눈을 받아갔고요. 이어서 사자도 다녀갔어요. 토끼는 조금 늦게 와서 빨간 눈을 받아갔어요."

그래서 토끼 눈은 붉은색을 띤다고 하면서 웃는다. 그가 다시 말을 잇는다.

"늦은 시간에 허둥지둥 코끼리가 왔대요. 아무리 봐도 눈이 다 떨어지고 없었어요. 하나님은 바구니 털고 털어보니 단추보다 작은 눈이 두 개 나왔대요. 거대한 코끼리에게 맞지 않지만 어쩔 수 없이 작은 눈이라도 줄 수밖에 없었대요. 그런데 더 늦게 오는 놈이 있었어요. 지렁이였어요. 늦게 온 지렁이는 미안해서 문 앞에서 들어오지도 못하고 머뭇거렸어요. 눈치 챈 하나님은 바구니를 다시 흔들어보았어요. 아무리 흔들어도 눈이 하나도 없는 겁니다. 결국 지렁이는 눈을 받지 못하고 돌아서야 했어요. 그래서 지렁이는 지금까지 눈이 없이 살아요."

시인은 꽃도 동물들처럼 만든 순서가 있지 않겠냐는 것이다.

시인이 할 수 있는 위트, 우스개동화라는 생각이 든다.

나는 말없이 웃고 말았다.

꽃을 가까이 하는 사람으로서 모든 꽃이 사랑스럽고 좋다. 비록 장미가 꽃집매상의 75%를 차지한다고 하여도 장미만을 사랑하지 않는다.

겨울의 추위를 이기고 맨 먼저 꽃피운 매화(梅經寒古發淸香)라고 특별하게 사랑하지 않는다.

하얀 얼굴로 결혼식장에 가장 많이 등장하는 백합도 그렇다.

꽃들은 크고 작음이 없다. 들꽃이라고 하등(下等)하게 여기는 것도 싫다. 꽃은 모두가 자신의 무게에 의하여 아름답고 귀하다. 길가에 피는 민들레를 보면서 감탄을 보낸다. 찌든 공해 속, 사람들의 발길에 채여도 노란 얼굴로 피어나는 모습이 천상의 하얀 우유 빛이 나는 아이 손이다.

누가 저 꽃들의 우열을 가리겠는가! 설령 신(神)이 꽃들을 만든 순서 있다고 해도 나는 그것을 극비로 하고 싶다.

"열 자식 귀하지 않는 자식이 있느냐?"는 말이 있다.

아름다운 꽃에게 무슨 우열이 있겠는가?

시인의 말은 우열을 가름이 아니라는 것도 안다.

어떻든 꽃에게 우열의 이야기를 전하고 싶지도 않고 알게 하고 싶지도 않다.

시인들은 꽃에 비유하여 자신이 하고 싶은 내면도 이야기 한다.

대표적으로 김춘수 시인은 '꽃의 시인'이라는 닉네임을 가진다. 예수님도 "들판에 백합화를 보라 누가 심지도 않고 거두지 않아도 아름답지 아니하느냐?"고 말씀하셨다. 이처럼 꽃은 신에게 있어서도 특별한 비유의 대상이다.

꽃은 합법적 아름다움을 통한 마음의 표출이다.

전신의 아름다운 기품을 통하여 인간들이 기쁘거나 슬픔의 현장에서 톡톡한 몫을 해낸다. 세월호의 슬픈 현장에서는 하얀 국화가 바닥이 나서 꽃시장에 품귀현상이 나기도 했다.

꽃은 아름다운 현장에서는 분위기를 고조시키고 슬픈 현장에선 고요히 위로하는 위력을 가진다.

꽃은 우열이 없다.

꽃은 그림자도 아름답다.

삶을 그리는
꽃이어야 한다

어두운 색은 이승과 죽음을 상징한다고 하지만 창작의 시간은 어두운 밤이 많다는 것은 아이러니하다. 한국화에서 두드러진 특징 중의 하나가 묵화다. 검은 색을 가지고 수많은 농담(濃淡)을 표현해 낸다.

세상에 색(色)이 없다면 어떻게 되었을까? 색은 문명세계의 척도다. 색을 이야기 하려면 한국의 TV 역사를 빼 놓을 수 없다. 한국에서 색을 이야기하려면 흑백TV와 칼라 TV 이후로 구분한다. 1980년 전두환 정권이 들어서면서 흑백에서 칼라 TV시대가 열렸다. 어찌 보면 한국의 색의 역사에 신기원이 시작되었다고 해도 과언이 아니다. 지금이야 타성에 젖어서 모르겠지만 당시의 상황은 그야말로 대단한 충격이었다. 그뿐이 아니라 북한은 준비되지 않는 상황에서 체제경쟁차원에서 남한 따라잡기로 칼라TV 방영하느라 경제적 기술적 곤욕을 치루기도 하였다.

나는 색에 관한 책을 여러 권 출판하기도 하고 강의에 학문적 접근을 하는 것이 본분이다. 색에 대하여 전문적인 이야기를 하는 것은 강단(講壇)의 몫으로 두고 가능한 재미난 색의 이야길 하고자 한다. 색은 다양한 인자를 통하여 그 영향력을 가진다고 이야기를 시작하면 벌써 책장을 덮는 소리가 들리기 때문이다.

색은 빛깔이다. 빛깔(cooler)인데, 또 색사(色事)와 여색(女色)과 같이 섹스와도 관련이 있다.

색계(色界)는 불교에서 삼계(三界)의 하나로 욕계(欲界), 무색계(無色界)의 중간세계로 욕계처럼 탐욕은 없으나 아직 색법(色法)을 벗어나지 못한 세계를 말한다. 순 우리말로 '색'이란 감돌, 복대기(slag), 감흙 따위를 조금 넣어 빻고 갈아서 사발 따위에 넣고 물에서 금분이 있고 없음을 시험하는 일을 말한다.

색각(色覺)은 빛의 파장을 감각하여 색채(色彩)를 식별(識別)하는 시각(視覺)의 한가지다.

꽃들은 고유의 색들을 뽐낸다. 우주공간에는 다양한 색들이 빛에 의하여 돌아다닌다. 꽃들은 빛과 바람이 실어다 준 색을 먹고 예쁜 색을 만들어 낸다면 너무 시적 표현일까? 그러나 그것은 사실이다. 빛의 조명에 의하여 빛은 다양하게 실사된다. 영화의 촬영에서 빛을 이용하는 반사판을 흔히 보았을 것이다.

김혜자라는 재독 화가는 빛의 화가로 불린다. 빛에서 색을 얻고, 빛을 통하여 아름다운 그림을 완성한다고 생각한다. 빛이 열리는 시간에 그림을 그리고 빛이 끝나는 시간에는 그림 작업을 하지 않는다. 이처럼 화가에게는 빛이란 곧 색을 의미한다. 물감은 색을 나타내지만 색의 아름다운 표현은 빛이라는 세계에서 이루어지기 때문이다.

빨강색은 가장 세고 강한 표현을 지닌 색이라고 말하지 않아도 감각으로 느낀다. 정치인들이 강렬한 인상을 주기 위하여 빨간 넥타이를 선호하는 것도 그와 같은 것이다. 중국의 식당들은 빨간색을 선호한다. 물론 중국의 문화 자체가 빨간색 문화다. 중국의 기름진 음식에 빨간색은 심미적으로 중화(中和)작용을 하는 것인지 모른다. 과학적으로 증명은 되지 않았으나 분명히 기름진 음식을 느끼하지 않게 하는 심리적 영향이 있을 것이다.

사랑하는 연인에게 빨간 장미는 강렬한 인상을 준다. 말하지 않아도 심장의 소리를 빨간 장미로 전한다.

빨간색은 부유한 색이다. 중세에는 높은 지위의 귀족이나 법관들, 성직자들이 착용하였다.

세계적 잡지인 타임지가 빨간 표지를 택한 것은 멀리서도 식별이 되기 때문이다. 수많은 잡지더미에서 타임지는 빨간 색으로 눈길을 잡는다.

한국의 축구선수들이 월드컵에서 붉은 옷을 입었고 붉은 악마라는 응원구호에서도 빨간색의 강렬함은 여지없이 드러냈다.

많은 사람들과의 사진을 찍는 데서 인상적으로 남고 싶다면 빨간색의 옷을 선택할 필요도 있다.

연분홍색은 빨간색에서 그리 멀리 떨어져 있지 않은 색이다. 그러나 그 효과는 완전하게 다르다. 빨간색이 도전적이고 능동적이라면 연분홍색은 다정하고 수줍은 색이다.

'봄날은 간다'는 유행가 가사에도 연분홍치마가 휘날리며 봄날은 간다고 표현한다. 말만 들어도 수줍은 시간이 보이고 새색시의 수줍음이 연상된다.

과거 색동회는 아동문학과 아동운동을 위한 문화 애국단체였다. 1922년 일본 도쿄에서 방정환, 마해송, 윤극영, 손진태, 조재호등이 주동이 되어 창립되었다. 1923년 기관지 〈어린이〉를 간행하여 새로운 사조(思潮)에 입각한 동요와 동화를 발표하였다. 색동회를 떠올리면 색상 중에서도 연분홍색이 떠올린다. 그만큼 연분홍색은 부드러움의 색이다. 설날이면 어린이들이 입는 색동저고리의 옷들은 연분홍색이 주종을 이루었다.

흰색

색에서 흰색을 빼놓을 수 없다.

한국을 백의민족이라고 한다. 무색옷을 좋아했다는 데에서 기인된다. 엄격하게 말해서 채색이 발전하지 못한 시대에 흰색 옷을 즐겨 입었던 데서 나왔던 것도 사실이다. 어떻든 많은 예술가가 즐겨 이용한다. 청결의 상징으로 흰색은 가장 우아한 색이 아닐까 싶다. 성경에 나오는 백합은 순결의 흰색이다.

축제의 색이다. 우아함을 넘어서 거룩함의 상징이다. 이상이 표현되고 부활을 의미한다. 흰색의 꽃은 장엄한 고요함을 불러일으키기도 한다. 실내건축에서 흰색은 객관성과 기능성을 대변한다. 유행을 타지 않기 때문이다. 호텔 침대 시트는 세계 모든 나라가 공통으로 흰색이다. 흰색은 청결을 의미한다. 한번 사용해도 교체하고 사용한 것은 세탁을 해야 한다. 그런 의미에서 고객에게 설명이 필요 없다. 방금 정돈하였다는 표현이 저절로 된다.

회색

회색은 흰색과 검정색 사이에 있는 중간 단계로서 회색은 색의 전체다. 회색은 특징도 표현력에 의해서도 무조건 지워지지 않는다. 그래서 회색분자라는 말도 있다. 공산국가를 말할 때도 회색의 도시라고 상징하기도 한다. 요즘이야 색의 문화가 이념을 벗어났지만 어떻든 회색이 갖는 이미지는 불친절을 의미하기도 한다. 화가들이 가장 많이 사용한다. 다른 색과의 조합된 색으로 매개체의 역할과 균형을 잡아주기 때문이다. 꽃집에서 꽃이 돋보이게 회색의 벽을 이용한다.

검정색

검정색은 어떤 광선에도 반사되지 않는다. 어둠의 색으로 검정은 무한대를 상징한다. 모든 역사는 밤에 이루어진다는 말이 있다. 어두운 시간에 중요한 일들이 진행된다는 실증이다. 많은 작가들은 어두운 밤에 작업을 한다. 어두운 색은 이승과 죽음을 상징한다고 하나 창작의 시간은 어두운 밤이 많다는 것은 아이러니 하다. 한국화에서 두드러진 특징 중의 하나가 묵화다. 검은 색을 가지고 수많은 농담(農談)을 표현해 낸다.

음악회에 가면 연주자들은 검은색 정장을 입는다. 범접하기 힘든 느낌을 주고 관객에게 침착한 안정감을 주면서 연주의 극대화를 낳는다.

법관들이나 목회자들이 검정 가운을 입는 것은 권위의 상징이기도 하지만 거룩함 상징이기도 하다. 건축에서도 흰색과 동일한 위치를 갖는다.

반면에 검정색은 부도덕함, 불신, 난폭함, 위협, 강함을 의미한다.

영화나 연극에서는 복면을 한 난폭자가 검은 옷을 입는 것을 흔히 본다.

검은색 정장에 하얀 손수건을 가졌다면 당신은 멋쟁이다.

06 칭찬도
조심하라

삶은 진정성이다. 역사의 칭송을 받는 정조대왕은
아침이면 하루도 빼지 않고 다짐하는 일이 있었다.

한 인물이 빛을 보기 까지는 숱한 역경을 견뎌내야만 한
다. 그것이 역사의 정칙이다. 〈택리지〉를 쓴 이중환도 그렇고 우리
강산의 지도를 완성한 김정호가 그렇다. 당대는 누구나 절망한다.
기교가 절망을 낳고 절망이 기교를 낳는다고 시인 이상은 말했다.
큰 빛의 사람들은 나름의 부대끼는 삶에서 성공한다.

성공한 사람이 안주하거나 초심을 잃고 겸손하지 못한가 하면 검
소한 생활인이 되지 못하여 패가망신한 사람들이 많다.

한국의 재벌 2세들이 가업을 성공시키는 확률이 매우 적다. 통계에
의하면 불과 2%에 불과하다. 대학은 설립자의 2세가 대를 잇는 경우

도 마찬가지다. 손으로 꼽을 정도로 적다. 거의가 다른 기업에 넘어가거나 자만에 의하여 법적인 문제를 낳고 손을 놓는 경우가 많다.

지난 해 공전의 히트를 친 영화〈베테랑〉도 그렇다. 재벌 2세가 겸손한 생활이 아니라 세상을 제 마음대로 휘젓고 사는 모습을 고발한다. 세상은 그를 들어 망나니라고 손가락질한다.

그랜드캐니언에 갈 기회가 있었다. 미국의 유명국립공원이다. 입구에 조그만 한 기도처가 있었다. 미국은 기독교국가다. 아름다운 경관에 기도원이 자리한다는 것은 어색한 일도 못된다. 가이드의 안내에 의하면 이름을 대면 알 수 있는 미국의 스티븐잡스가 결혼식을 올린 기도처라고 한다. 몇 평이 안대는 아주 조그마한 건물이었다. 그의 결혼식 부케는 아주 소탈한 들꽃이면 족했을 것이다.

예수님의 생전의 주변에는 늘 가난하고 미천한 사람들이었다. 창녀나 이방인들이었다. 당시의 사람들이 곁에도 가지 않고 손가락질하는 사람들이었다. 예수님은 과부와 소경, 세상에서 버림받은 자들과 늘 같이 하였다. 요즘 세상은 끼리끼리 논다는 말이 있다. 끼리끼리라는 말에 의미를 두는 것은 아니다. 단지 부자가 가난한자들을 가벼이 여기며 마치 자신들이 상류사회의 누림의 전형으로 구분하고 산다는 것이다.

벌써 시간이 지났지만 국내 최고의 항공사의 2세가 비행기 이륙 전 비행기를 되돌리게 한 사건이 있다. 자신의 제공하는 기내식에 불만을 가지고 사무장을 내리게 한 사건이었다. 뉴스를 접한 국민들은 큰 공분을 샀다. 있는 자의 겸양이 부족하거나 교육이 되지 못한 대표적 사례다. 결국 2세는 형사적 책임을 지고 옥살이를 하게 되었다. 아무리 가진 자라도 겸손하지 못하면 패가망신을 당하는 사례다. 그도 한 가정의 주부요 어머니다. 사람들의 손가락질에 고개 숙이고 수형생활에 들어가는 장면에 자식들에게 천형의 충격이었을 것이다.
사람이 어느 위치에 오르는 것은 수 십 년이 걸린다. 내리막길에 치닫는 길은 하루아침에 일어난다. 공자는 600전에 행사의 상석에 오르는 일에도 신중하라고 한다. 가슴에 꽃을 다는 것도 조심하라고 했다. 참으로 신기하다. 600전에도 상석에 오르기를 좋아하고 가슴에 꽃을 달고 군림하는 사람들이 있었던 모양이다. 요즘 정치인들이 들으면 딱 좋은 말이다.

꽃이란 가까이 하고 즐기면서 마음의 여유를 가지면 된다. 꽃을 가슴에 다는 것도 나무라는 이야기가 아니다. 어머니, 아버지 잔치에 가슴에 달아주는 꽃은 얼마나 아름다운 모습인가! 딸아이가 부케를 들고 식장에 걷는 모습은 천사의 날개 짓이 아닌가! 오는 봄에는 꽃 화분에 물을 주며 정서를 기르면 좋겠다.

600전의 겸양의 충고가 지금까지 유효한 교훈이 되는 것은 사람들의 마음이 시대가 바뀌어도 그대로이기 때문일 것이다. 공자는 이어서 말한다. 웃을 때, 칭찬받을 때 조심하란다. 어느 위치에 오르고 사람들의 칭송에도 늘 겸손 하라는 말일 것이다. 조금 잘나간다 하면 허세의 사람들을 쉽게 본다. 삶은 진정성이다. 역사의 칭송을 받는 정조대왕은 아침이면 하루도 빼지 않고 다짐하는 일이 있었다. 정조는 죽은 아버지 사도 세자를 생각하며, '초심으로 정치를 하자' 다짐하였다.

초심!

07 기억과 사랑

한국에는 언제부터인가 부모 산소에 조화가 등장하였다.
국립묘지에 가면 조화가 만개한다. 이러다간 제사음식도
조형음식이 나오지 않을까?

〈동물농장〉이라는 방송을 보면 가슴을 찡하게 하는 경
우가 있다. 얼마 전에 〈동물 농장〉의 이야기 한 토막이다. 개가 매일
등산을 한다.

개는 비가 오나 눈이 오나 산위의 절간에 가서 하루 종일 앉아서
산 아래를 내려 보다가 귀가 한다. 궁금한 주인이 따라 나서기로 작
정을 한다. 뒤따른 주인은 너무나 신기해한다. 어미개가 자주 들리
던 산등성이에서 멍하니 앉아 있다가 가는 것이다. 그리고 절간의
모퉁이에 앉아서 시간을 보내고 다시 귀가한다. 어미개와 늘 같이
하고, 산책도 같이 했다. 2달 전 어미개가 강아지를 낳다가 죽었다.
주인은 산에서 내려와 이런 저런 궁리를 한다. 그리고 어미개가 깔

고 자던 방석을 강아지의 집에 넣어주자 강아지는 너무나 행복해 하면서 제집을 지키는 것을 보았다.

기억이 사랑이라면 그 사랑에는 '나'와 '너' 가 머문 자리가 눈처럼 쌓인 것이다. 부모가 죽으면 종교를 가진 자는 추도식을 통하여 예배를 드리고 평소의 부모님을 기린다. 종교가 없는 사람들은 제사를 지낸다. 그리고 명절이나 부모의 생신 일에는 산소에 가기도 한다. 그런데 기이한 일이 언제부터인가 한국에서는 보편화되고 있는 일이 되었다.

산소에 가는 길에 8활이 조화를 사들고 간다. 공동묘지가 있는 길목에는 조화를 파는 곳이 있다. 너무나 자연스럽게 조화를 들고 산소 앞에 놓는다. 과연 부모와 자식 간에 기억의 사랑이 어떻게 자리 잡은 것일까? 나와 너라는 사랑이 쌓여 있는 것이 사실일까? 그렇다면 조화는 무엇을 의미 하는 것일까? 산소에 조화를 놓는다면 제사에도 조화 같은 조형 과일과 조형 음식을 놓아야 하는 것이 아닐까? 역설을 이야기하는 것이다.

조화를 놓는 사랑의 기억을 어떻게 해석할까?

〈동물 농장〉의 강아지는 엄마개의 채취를 '너'와 '나'라는 기억의 사랑으로 보듬고 살고 있다. 그렇다면 산소의 꽃은 '조화'가 아닌 '생화'여야 맞지 않을까 한다.

교회는 부활절이면 부활을 의미한 달걀을 나누어 준다.

성당에선 사순절에는 나뭇잎을 나누어 준다. 예수님의 부활을 기넘하는 뜻이다. 어버이 날이면 카네이션을 청년들이 복도에서 직접 가슴에 달아준다. 너무나 아름답고 소중한 모습이다. 그런데 어느 날부터인가 카네이션이 조화로 대체되었다. 더 가난하고 어려웠던 시절에도 카네이션, 생화를 구해와 가슴에 안겼던 시절이 아슴하다.

카네이션을 구하지 못하면 다른 동네까지 가서 사오기까지 하였다.

조화의 형식은 사랑이 아니다. 〈프라하에서 울고 다니는 여자〉실비 제르맹의 소설은 그녀가 사랑 안에서 울고 있는 모습을 너무나 잘 그렸다. 어느 평론가는 그를 거인이라고 말하기도 한다.

나는 여기서 "사랑이라는 기억은 어떻게 가꾸어 가느냐"는 문구에 중요한 밑줄을 치고 싶다. 무작정 눈물을 흘리면서 죽은 사랑을 찾아 헤매는 것에 박수를 보내자는 것은 아니다. 단지 살아있는 기억을 하자는 것이다. 산소에 생화를 놓는 것은 기억이 숨 쉬는 사랑이다. 어버이날에 카네이션을 생화로 가슴에 안기는 것은 너와 나의 숨 쉬는 것을 의미한다. 죽은 것은 가장 비통한 것이다. 그런데 죽은 것도 아닌 모조의 꽃을 묘소에 놓는다. 어버이날에 조화를 달아주는 일은 조용하게 거두어져야 한다.

너와 나라는 기억을 잘 간직하는 상가(喪家)에는 하얀 국화가 가는 고인을 편하게 한다. 문상을 하는 사람에게도 흐뭇하다.

조화. 만약에 이런 것들이 거두어들이지 않으면 세상은 갈수록 각박해지고 가정 범죄는 늘어난다.

요즘 늘어나는 가정 내의 범죄는 너와 나라는 사랑이 죽어가기 때문이다.

무서운 인습(因習)을 털어 버려라

비행기도 항공모함도 꽃장식의 재료가 되어야 한다고 강조한다. 재료의 유한을 극복하는 것이 인습을 벗어나는 것이다. 이것이 인습을 벗어난 품격 있는 업(業)이라고 강조한다.

인습과 전통은 어떻게 다른가?

인습도 전통도 과거로부터 오는 것이다. 전통은 현재의 문화 창조에 이바지하는 것이다. 인습은 현재 문화 창조에 이바지하지 못하는 것이다.

좀 더 쉽게 설명해줄 수 없을까?

세종대왕의 훈민정음 창제, 천주교 신앙, 겸제정선의 김홍도 그림, 연암의 노력 등이 전통이다.

인습은 반대로 훈민정음 창제를 반대하는 유학자들, 천주교가 들어오는 과정에 반대하거나 박해하는 경향(천주교 4대 박해 신유박해, 기해박해, 병오박해, 병인박해), 조선의 산수화 인물화 등이다.

로젠페스트

인습이 무섭다는 것은 새로운 경향에 두려워하거나 새로운 발상에 늘 반대하기 때문이다. 자신의 생각과 살아온 방식만을 옳다고 주장한다.

어떤 사람이 나에게 "당신이 땅을 산 것은 재산을 증식하기 위한 것이냐?"고 물었다. 평소 마음에 두지 못한 생각이어서 선뜻 대답을 하지 못했다. 그리고 한참 후, 그렇지 않다고 대답한다. 사실 내가 땅을 구입한 목적은 분명하다. 작품을 위한 식물을 기르기 위한 농장으로 쓰기 위해 구입했다. 물어 본 사람은 땅을 구입하였으면 재산 증식이라고 단정을 하였다. 농장을 위한 것과 부동산투기는 엄연하게 목적이 다르다. 농사를 짓는 농부의 땅을 강남의 부동산 투기하는 사람과 비교는 하는 것은 농부의 입장에선 부당할 것이다. 인습이란 바로 이런 식으로 사람을 재단하고 묶어버린다.

전통과 인습의 차이를 쉽게 알 수 있다.

미국의 레이건대통령은 링컨다음으로 인기는 물론 정치를 잘한 것으로 평가받는다. 그가 대통령이 된 것은 칠순이 넘어서다. 정치학자들은 노령의 레이건이 인습으로 인하여 미국의 정치를 망치는 것이 아닌가, 몹시 걱정하는 부류도 있었다.

나이가 들면 노욕으로 인한 인습에 잡힌다는 생각이었다. 그러나 레이건은 재선에 당선이 되었고 지금까지 미국에서 매우 추앙하는 대통령상의 귀감이 되고 있다.

그가 가진 것은 인습이 아니라 창의적인 전통을 가졌기 때문이다.

내가 이렇게 사니까 타인도 나처럼 살 것이라는 생각은 매우 위험한 발상이다.

일본의 꽃꽂이가 그렇다. 전통의 우두머리가 인습에 따르는 것을 중시한다. 가르치는 선생이 인습을 중요시하고 그것을 중심이 되어 평가하기 때문이다. 인습에서 벗어나게 하는 것도 중요한 교육이다.

교육은 스승의 모방으로 시작한다. 모방은 새로운 창작을 위한 과정이어야 한다. 선진교육이란 창의적 교육을 의미한다. 몇 년 전부터 한국의 입시가 수시입학을 중요시하고 그렇게 가고 있다. 수시의 입학전형은 고등학교에서 배운 성적이나 기록을 중요시한다. 여러 가지 수상경력도 중요시 한다. 선진국의 교육은 현재의 실력을 보는 것이 아니라 학생의 미래를 들여다본다. 창의적 학생인가를 검증한다. 이것은 창조적 전통을 의미한다.

미술을 전공하는 입학생이 입학실기에서 완성의 그림을 제출하지 않고 미완의 작품을 내놓았다. 선생은 그 수험생의 미래를 예견하고 미완성의 실기작품이지만 합격시켰다는 이야기가 그것을 증명한다.

나는 늘 "답습을 통하여 배우되 자신의 창작을 하라. 자연을 통하여 소재를 찾고 작품을 완성해야한다"는 것을 강단에서든 만나는 사람들의 대화 가운데 강조한다.

해외에 나가서도 나는 갑작스럽게 전시회를 개최할 때가 종종 있다. 주제는 해당나라의 소재와 환경에 맞는 작품을 하라는 것이다. 물론 우리가 머무는 숙소의 방문자이외의 관객은 없다. 그러나 주어진 환경에서 나만의 창작물을 만들게 한다. 학생은 언젠가 혼자만의 작품을 해야 한다. 환경에 지배받거나 구애 받지 않아야 한다. 중국 요리사는 비행기와 항공모함 외에는 모든 것이 식재료라고 한다. 나는 비행기도 항공모함도 꽃장식의 재료가 되어야 한다고 강조한다. 재료의 유한성을 극복해야한다.

이것이 인습을 벗어난 품격 있는 업(業)이라고 강조한다.

세종과 정조대왕은 인습을 털어낸 대표적 정치인들이다.

09 나만의 발광체(發光體)

타인의 시선을 의식하며 산다면
그것은 나의 발광체가 아니다.
높은 가치의 삶은 나만의 발광체를 가지는 것이다.

엊그제가 그의 탄생 4백52주년. 셰익스피어는 하나의 발광체다. 어느 곳에서 둘러 보아도 반짝 반짝 빛이 난다. 꿀단지인 인도와도 바꾸지 않겠다고 대영제국이 큰소리쳤을 만큼 그의 영광은 사해(四海)를 떨쳤다. 그러나 그도 생존 시에는 성가(聲價)와 영예를 누리지 못한 비운의 작가였다.

삼류작가의 서열에서 맴돌고 있던 그를 '베이컨'같은 이는 사정없이 혹평을 퍼부었다. 이를테면 라틴어는 조금 알지만 희랍어는 거의 모르는 시골뜨기라는 식으로 무시했다.

그의 진가는 사후 200년 후에 괴테가 발굴해 냈다고 한다.

진정한 작가와 작품은 동시대의 평가와 영예를 관심을 갖지 않는

한일중 정상회담 영빈관 장식

(방식, 김성은, 문명숙, 김세은, 박진두, 강재규, 이윤희,
강민경, 방정선, 이혜연, 김인한, 한아름, 김용관, 정혜린)

데서 탄생하는지도 모를 일이다.

　시인 이상이 말했듯이 당대는 언제든지 절망하는 법이라면 굳이 가변적인 당대의 붓이나 혀끝에서 불멸의 가치나 찬사를 거두어들이려고 조급해 할 일은 없다는 것이다.

　사후 200년 만에 햇빛을 본 셰익스피어의 경우, 억울한 지하의 동면을 안타까워는 할망정, 그 불멸의 작가적 생명이 2백년 뒤늦었다 해서 소멸되거나 녹이 쓴 것은 아니었다.

　생전의 셰익스피어는 주변의 시선이나 시류의 영합 되는 삶을 살지 않았다고 보여 진다. 그가 걸었던 길은 자신만이 좋아하는 길이었을 것이다.

　누가 뭐라 하든 묵묵하게 상대의 눈치는 아랑곳 하지 않았다.

강단에서 바라본 동시대를 살고 있는 젊은이들은 너무나 타인의 시선을 생각한다. 나 자신의 내면은 거부하는데 주변의 분위기에 휩쓸려 가는 안타까움을 지켜볼 때가 있다. 만약 셰익스피어가 당시의 사회의 분위기에 휩쓸렸다면 〈베니스의 상인〉, 〈로미오와 쥴리엣〉, 〈햄릿〉, 〈리어왕〉, 〈한 여름 밤의 꿈〉 같은 대작들을 내놓지 못했을 것이다. 주변의 시선을 의식하지 않고 나만의 작품에 빠져들었든 셰익스피어.

그가 보여준 작품들은 심리에 대한 깊은 통찰을 보여주었다. 〈로미오와 쥴리엣〉은 가로놓여 있는 사랑의 갈등을 아름다운 대사와 극적 구성을 통해 치밀하게 표현해 낸 희곡이다. 400년이 지난 지금에도 대문호의 작품으로 높이 평가되고 있다.

이 같은 결과는 자신만의 길을 고고히 걸었기에 이루어낸 결과물이다. 행동에도 그렇다. 미지근한 태도로 마뜩잖지 않는 일을 하고 후회하거나 우울증까지 빠지는 경우를 본다.

서울의 명물 청계천.

청계천은 이명박 시장과의 큰 인연이 있다는 사실은 모르는 이가 없다. 청계천을 성과를 가지고 대통령까지 오른 사람이다. 청계천이 완성되기까지 많은 사람의 노력이 있었을 것이다. 일이란 결과에 최종 책임자에게 영광은 돌아간다. 나에게도 청계천은 이런 저런 인연이 있다.

청계천이 완성되는 날 회원들은 정성을 들여 꽃장식 전시회를 가졌다. 하필 전시기간에 청계천에 폭우가 많이 쏟아졌었다. 꽃장식이

망칠까봐 옮기는 일도 있었다. 이 시장은 시장실에 청계천준공에 공로자를 초청하였다. 점심을 대접하고 와인 축배 순서도 가졌다.

앞에 놓인 잔에 와인이 채워지고 건배의 순서가 있었다. 평소에도 점심에 와인을 하지 않았지만 그날은 더더욱 오후 일정이 계속있었다. 나는 와인 잔을 채우지 말라고 서빙을 하는 사람에게 일렀다. 브라보를 외친 이 시장은 나의 잔을 보며 "왜 와인이 없느냐?"고 물었다. 나는 "낮에는 술을 먹지 않습니다"라고 의사를 표현하였다. 이런 경우 별나다는 말을 할 수 있다. 그러나 형식에 치우치며 먹지 않는 와인을 채워서 낭비하고 싶지 않았다.

솔직히 일하는 시장으로 소문은 나 있는 사람이 점심에 와인 건배는 순서에도 맞지 않다는 생각이다. 그것도 공적인 시청청사에서 더더욱 아니라는 생각을 했다.

며칠 전, 스승의 날에 제자들이 개량한복을 선물로 가져왔다. 평소에 개량한복을 달갑지 않게 생각하고 있었다. 개량한복을 입지 않으니 상품권으로 교환하는 것이 좋겠다고 일렀다. 마음에 없는 선물을 받고 언짢아하는 것보다는 분명한 의사를 밝히는 것이 옳다고 판단하였다. 한편은 제자들에게도 그러한 태도를 익히도록 교육하고 싶기도 하였다.

얼마 전에 수영을 하면서 노래하는 김민기 뮤지션에게 들은 이야기다. 김대중 대통령이 취임 후 청와대에 김민기 뮤지션을 초청을 하였다. 김민기 씨는 거절을 하였다. 내가 초청받을 이유도 없고 가야할 아무런 이유가 없었다는 것이다. 보통 사람 같으면 대통령의 초청이라면 매우 벅찬 감정으로 갔을 것이다. 그의 진실한 태도, 분명한 삶에서 '아침이슬' 같은 명곡이 나왔을 것이란 생각이 들었다.

젊음의 패기와 객기는 다르다. 하고 싶은 말을 하는 것과 감정을 조절하는 것은 다르다. 요즘의 교육은 워워 소리가 필요하다. 시골에서 소가 쟁기로 밭을 간다. 소가 너무 빠르게 갈라치면 주인은 "워워"하고 자중을 시킨다. 밭을 가는 소는 주인의 말에 침착하게 천천히 앞으로 간다. 요즘의 우리 사회의 곳곳에는 그 "워워" 소리가 필요하다.

어른의 말을 억압이나 구식 세대의 이야기쯤으로 받아드리는 모순은 범하지 않아야 한다. 감정을 컨트롤하는 것은 지식인의 덕목이다. 세상에 감정으로 사는 것은 짐승이 하는 짓이라 한다. 그런걸 개같다고 한다. 어제는 전철에서 맹인안내견을 보았다. 안내견은 너무나 침착하게 혼잡한 전철에서 주인을 안내하였다. 개도 훈련에 의하여 침착성을 보이고 앞이 보이지 않는 주인의 충실한 눈과 발이 되고 있었다.

타인에게 배려는 중요하다. 그러나 타인의 시선을 의식하며 산다면 그것은 나의 발광체가 아니다. 높은 가치의 삶은 나만의 발광체를 가지는 것이다. 나만의 발광체는 무리와 가지 않는 것이다. 무리 속에 가는 것은 나의 발광체를 망각하는 것이다. 한국은 언제부터인가 무리 속에 휩싸이는 문화가 곳곳을 휘젓고 있다. 나만의 발광체는 개개인의 자존이다.

10 마이스터, 철학자, 시인을 읽다

만약 꽃이 게으름을 피우고 꽃피우지 않는다면 벌은 어떻게 될까 벌을 기르는 양봉업자는 어떻게 될까?

생각하고 움직이는 동물인 인간의 입장에서 보면 감각 없이 그저 바람이나 물결 가는 데로 흔들리는 식물을 만지고 연구하는 마이스타와 철학자, 시인은 같은 무리라고 생각하는 것은 너무나 자연스럽지 않을까?

추운겨울에 유리창에 성에가 낀다. 시인은 한 송이의 성에꽃에서 어제 이 버스를 탔던 처녀, 총각, 아이, 어른 미용사, 외판원, 파출부, 실업자의 입김과 숨결이 간밤에 은밀히 만나 피워낸 번뜩이는 아름다움을 느꼈기 때문이라고 시인은 표현한다. 버스 안의 성에꽃은 인간이 만들어낸 숨결이 아니었다면 만들어 질 수 없을지도 모른다는 시적 발상을 한다.

마이스터, 시인, 철학자는 모두가 내면을 들여다보는 같은 종(種)이라는 것에 동의할 것이라고 본다. 고독한 산책자 루소로부터 칸트와 괴테, 라이프니츠, 콩도르세, 콜리자에 이르기까지 철학과 식물학은 익숙하면서도 낯선 모순적인 존재다.

17세기 이후 식물학과 관련된 문제들은 각기 이른바 철학적인 이론을 양산해 냈던 자료들을 접한다.

너무 딱딱한 이야기 같아 현실로 나와 본다.

목포에서 광주 방향으로 가면 무안비행장이 있는 현경면에 톱머리 해수욕장이 있다. 해송이 바다를 향하여 손을 벌리며 여유로운 풍광의 톱머리, 그렇다고 시선을 끌만한 화려한 해수욕장도 아니다. 그저 소박한 바닷가다. 그런데 해송이 끝나는 자락에 적산가옥이 있다. 적산가옥은 일본인이 살던 집을 말한다. 집의 뒤뜰과 주변으로는 대나무밭이 무성하다. 전원적인 가옥이다. 일제강점기에 식물을 연구하는 일본인이 살았다고 전해진다. 근처에 일본의 관청이 있거나 일본인들이 집성으로 살던 곳도 아니다. 단지 식물을 연구하는 일본인이 거처하던 집만이 덩그러니 그 흔적만 있다.

나는 지극히 일본에 대한 반일 감정을 가지고 있다. 민가와 많이 떨어진 곳에서 식물을 연구하기 위하여 살았다는 것에 큰 공감을 갖은 적이 있다. 일본의 왕족들의 전공은 현재의 왕을 비롯하여 식물학자들이다. 일본의 지도자들이 식물학자라는 점에 매우 아이러니를 갖는다.

한국에서 민주화의 큰 역할을 한 김영삼, 김대중 대통령의 회고록에는 식물과의 대화가 많이 등장한다. 그들은 군사정권에 투옥이나 집안의 감금생활을 오래도록 하였다. 감금 생활 중에 유일한 친구요 대화 상대는 식물이었다. 김영삼 대통령의 나팔꽃이 노끈을 타고 오르는 생명력에 대화가 되었다는 부분이 있다. 식물을 사랑한 사람은 사람을 더 사랑하게 된다는 점에 도달한다. 김대중 대통령은 인동초라는 호도 있다. 인동초는 '금은화'라고도 했다. 꽃에 금색과 은색이 있어서다. 무령왕의 왕관의 문양이기도 하다.

식물의 가냘프고 여린 잎새를 돌보는 사람은 사람의 생명을 사랑할 수밖에 없는 것이란 확신이 있다.

식물학자는 누가 가르치는 분야도 아니다. 스스로 연구하고 터득해 가는 길이다. 농부도 마찬가지다. 귀농자들도 배운 것은 이론에 불과하고 실제로 작물을 기르면서 터득해야만 진짜 농부의 길로 접한다. 한 걸음 더 들어가면 마이스터가 되기 위하여 수강하는 학생들 모두가 의식을 가지고 배우러 온다.

자신이 공동체로 살아가는데 어울리며 진실한 사람들이 모인다. 공동체의 생각이 부족했다고 해도 식물을 만지면 그렇게 변하는 것이 식물과의 교감하는 사람들이다.

꽃꽂이 분야를 좁은 곳으로 볼 수 없는 곳이다. 직관이 필요한가 하면, 무성한 아이디어를 붙잡는 곳이다. 마이스터들은 부지런하다. 자신이 모든 것을 챙기고 실천하는 버릇을 가진 사람들이다. 설령 그러한 태도가 아니라고 해도 마이스터가 되면 그렇게 변하게 된다.

강단에서 시간 관리에 중요성을 강조한다. 하루, 한 주, 계절, 1년을 나누어 기획하는 습관이 중요하다. 시간 속에 펼쳐놓은 일들은 자신이 책임을 져야한다. 순간순간 마무리를 다 할 때 나와의 약속은 자연스럽게 이루어진다. 자연은 순간을 놓치면 그만이다. 수년의 수령과 1년을 지녀온 식물들. 순간순간 돌보지 않으면 영영 이별이 된다.

이것은 우리는 품격의 생활이라고도 한다. 꽃 예술 세계, 마이스터는 늘 진행형이다. 끝이 없다. 자연이 늘 움직이듯 자연과 함께 호흡하며 이어지는 삶이다. 만약 꽃이 게으름을 피우고 꽃피우지 않는다면 벌은 어떻게 될까. 벌을 기르는 양봉업자는 어떻게 될까?

이렇게 자연은 순환의 고리 속에서 움직이는 세계다. 그래서 철학자와 시인까지 식물도감, 자연 속을 돌아다니며 살아가는 것이다.

꽃과 나무 심고 기르며
터득하는 삶

밀레가 농촌에서 생활하며 현실과 진실을 담았듯이 꽃의
일생을 터득하는 삶이야말로 꽃을 통해서 삶을 배우는 것
이 아닐까?

공자는 배우기만 하고 생각하지 않으면 얻는 것이 없고,
생각만 하고 배우지 않으면 위태로우니라(學而不思則罔 思而不學
則殆/학이불사즉망 사이불학즉태)라는 말을 했다.

사람들은 배움을 성공을 위한 것이라고 흔히 생각한다. 내가 말하
고자 하는 것은 학문적(學問的)인 것과 사고(思考)를 말한다. 사고
의 학문은 사랑, 인내, 용서, 두려움을 배우는 것이다.

학문은 지식이라면 사고의 배움은 지혜라고 본다. 공자는 배우기
만 하고 생각하지 않으면 위태롭다고 경계하였다. 꽃과 나무를 심고
기르는 것은 생각하는 삶이 된다. 요즘 현장 학습이라는 것을 매우

중요시하는 교육방침을 매우 환영한다. 방학이면 외가에 가서 시골 정서를 즐기는 자연학습은 산교육이다.

나무를 기르다보면 시간 시간이 공자가 말하는 '사이불학즉태'(思而不學則殆)를생각하며 깨달음을 얻는다. 성공하고도 너무나 쉽게 무너지는 것을 본다. 고위직 검사장을 지내고 오피스텔을 1백채가 넘게 소유한 검찰청출신의 변호사가 결국 감옥으로 가는 것은 배움의 성공은 알았으나 사고하고 생각하는 깨달음이 되지못한 경우다. 깨달음은 지식이 아니다.

깨달음은 행동하며 걷는 것이다. 내가 똑바로 서지 못하면 비록 앉아있는 사람에게도 말할 자격도 없다. 교회나 절을 욕하는 사람이 있다. 교회가 무엇인가? 절이 무엇인가를 알아보지 않고 욕하는 것은 무식을 드러내는 태도다. 비판을 하려면 먼저 사정을 정확하게 알아야한다.

조정민 목사는 MBC앵커와 기자 생활을 25년이나 하였다. 25년 동안 뉴스를 하였으나 세상은 변하지 않았다. 갈수록 난폭한 사회를 보게 되었다. 그는 실천하는 삶이 되고자 과감히 방송국에 사표를 내고 신학을 공부했다. 자신의 세상을 과감히 내려놓았다. 그리고 사람들과 대했다. 그제야 사람들이 달라지는 모습을 경험하게 됐다. 내려놓는 삶을 통하여 체험, 터득하는 삶이 되고 깨닫게 된 경우다

사람 중에는 일찍 깨닫는 사람이 있는가하면 늦게 깨닫는 사람이 있다. 늦게 깨닫는 것은 매우 애석하고 시간을 낭비하는 경우다. 나는 늘 기적이나 행운을 바라는 것은 시간의 낭비라고 강조한다. 틈

이 나면 기술을 습득하는 것이 터득하며 깨달아가는 과정이 된다.

용서의 삶

용서는 미루지 말아야한다. 한국 사람의 대다수는 잘못하고 사과를 하는 것이 패배라고 생각하는 사람이 있다는 자료를 보았다. 나는 반대로 생각한다. 용서는 강자만이 할 수 있다. 용서는 자신의 상처까지 치유하는 놀라운 사실이다.

어린이는 남에게 피해를 주면 미안하다는 말이 쉽게 나온다. 나이 들며 잘못을 인정하지 않는다. 특히 권력을 가진 사람들은 유치장에 들어가는 순간까지 잘못을 인정하지 못한다. 공통적인 것은 정치인과 중죄를 지은 범죄자 일수록 자기를 인정하거나 용서를 하지 못한다.

차를 타고 가다가 작은 사고에도 먼저 소리 지르며 공격적인 언행을 본다. 나이 들며 깨달음과 생각은 깊어지는 것이 옳은 일이다. 그러나 행동이 뒤따르지 못하는 것은 자신을 내려놓지 못하는 삶이다.

실수란 용서를 배우는 것이다. 나의 실수가 타인을 용서하게 된다. 인간은 용서와 실수를 반복하는 것이 터득의 삶이다. 인간이 동물과 다른 것은 용서하는 생각을 가질 수 있다는 것이다.

행복을 느끼는 것

행복은 삶을 자연스럽게 받아들이는 것이다. 나의 할머니는 늘 오늘이 행복하다고 말씀하셨다. 얼굴의 주름까지도 아름다워 하셨다. 사람들은 얼굴에 주름을 보면서 보톡스를 맞아야 하나하는 고민에 주름진 얼굴을 보면서 한숨을 쉰다. 할머니께서는 자신의 주름 덕에 나의 소중한 손자의 모습을 본다고 늘 말씀하셨다. 생각이 깊은 공자의 말씀을 실천하는 것이다.

사람들과의 대화중에 과거로 돌아보는 습관을 본다. 할머니께서는 미래를 내다보셨다. 내가 몇 살이면 내 손주가 스무 살이 되겠다고 하시면서 나의 미래를 보듯 웃고 계셨다. 내 머릿속에 할머니! 그분은 주름진 과거를 돌아보지 않았다.

할머니는 인생에는 후회도 없고 실패도 없다고 했다. 실패와 후회는 인생의 자연스러운 호흡이라고 하셨다. 그런 할머니를 생각하면 마치 심리학을 전공한 교수나, 철학자가 환생한 것이 아닌가 생각이 미치곤 한다.

반 고흐의 삶과 예술적 스승

내가 좋아하는 밀레는 평생을 노동의 신념 속에 살며, 농민의 생활 그대로를 보여준 위대한 농민화가다. 농민의 생활을 역사상 최초로 그린 밀레는 파리를 떠나 농촌마을 바르비종에서 가난한 농부처럼 살면서 농촌생활을, 그리고 순수한 인간의 삶을 화폭에 담았다.

지금에서 밀레를 보면 별반 대단하게 볼 수 없다. 화가가 자연 풍경을 화폭에 담는 것은 너무나 자연스럽기 때문이다. 그러나 밀레가 농촌풍경을 그리는 것은 당시 화단에서는 새로운 혁명이자 새로운 시도였다. 당시의 화단에서는 이단아로 보았다. 더욱이 파리의 몽마르트를 떠나서 그림을 그린다는 것은 당시로서는 센세이션을 일으키는 사건이었다.

한국에서도 화원(畵員)을 떠나 그림을 그리는 화가를 경원시하는 풍조가 있었다. 화원의 소속된 화가만이 화가라는 분위기를 말한다. 밀레도 파리를 떠나 농부 화가로 그림을 그리는 것을 경원시하는 분위기를 감내해야 했다. 그래서 밀레의 예술은 물론 자연과 인간, 노동자의 현실을 이해하고 사랑했다. 빈센트는 자연과 노동자 농민의 가치를 일깨워준 밀레만이 삶의 스승이라고까지 극존칭을 쓰면서 존경하였다.

시간이 흐르면서 빈센트가 밀레를 존경하듯 많은 화가들이 자연을 그리고 자신들이 겪은 '현실과 진실'을 이해하고 사랑하는 방법을 일깨우게 되었다.

다시 부연하면 지금의 시각으로 밀레가 농촌의 자연을 그리며 현실을 이해하고 그렸다는 부분에 이해가 쉽지 않을 수도 있듯이 꽃이 시장에 나오기까지는 농부의 사계의 노동이 들어 있다는 것을 잊고 있는 경우가 많다. 꽃이 시장에 나가려면 운송이라는 전달과정이 뒤따른다. 그리고 판매의 수단까지가 꽃의 일생이 포함이 된다. 밀레가 농촌에서 생활하며 현실과 진실을 담았듯, 꽃, 나무를 심는 삶이야말로 꽃의 일생을 통해서 삶을 진지하게 터득하는 것이 아닐까?

12
꽃무늬 몸뻬 바지

사람은 한번 지면 다시는 꽃이 피지 않는다고 생각한다.
그러나 자연의 꽃처럼 몇 번이고 더 꽃을 피우는 것이
사람이라고 생각한다.

한주간이 고양이 코, 물방울 적실 시간 없듯 지나간다.
한주간의 분주함, 틈 없는 몸과 몸에 위로 겸 주일이면 이른 성당미
사를 마치고 산책을 나선다. 풍물장이 들어선 동묘에 들어서면 유난
히 눈에 띄는 것이 있다. 잔무늬 몸뻬 바지에 꽃무늬 옷들이다.
어느 날은 포천을 지나다가 운 좋게 5일장을 만났다. 여지없이 마
주치는 할머니들의 무늬 꽃무늬 몸뻬바지다. 할머니들은 각종 과일
과 나물들, 푸성귀를 앞에 놓고 손님을 기다린다.
할머니들이 꽃무늬를 좋아하시는 것을 보면 나이 들면 촌스러워
지는가보다 생각했던 것이 잘못이라는 생각을 오래전에 던져버렸
던 게 다행이다.

자연에 피는 꽃들이 너무 예뻐서, 어린 것들이 너무 안쓰러워서 좋아하시는 것이다.

분홍, 노랑, 심홍, 다홍, 산수국, 진달래, 개나리, 영산홍, 석류꽃 무늬 옷을 입고 있는 할머니는 아름답다. 장터에 걸린 옷들은 꽃무늬 옷들로 지천이다. 꽃집의 꽃들이 생화라면 시장의 꽃무늬 옷들은 걸어 다니는 할머니의 모습이다. 꽃무늬 옷 속에는 손주의 장난감도 있고 알사탕도 있다.

주머니가 있는데도 할머니의 비밀 주머니는 안속에 깊숙이 다시 넣는다. 거기에는 우리 할머니의 종자돈도 들어 있다. 종자돈은 손주 놈에게는 조건이 없이 나간다.

사람은 한번 지면 다시는 꽃이 피지 않는다고 생각한다. 그러나 자연의 꽃처럼 몇 번이고 더 꽃을 피우는 것이 사람이라고 생각한다.

Platycodon grandiflorus

우리나라의 할머니들은 노래도 좋아하고 꽃무늬 옷도 좋아한다. 다른 나라에 가서 할머니의 무늬 꽃 몸뻬바지를 보지 못했다. 다른 나라 할머니의 옷들은 원색은 있어도 꽃무늬 몸뻬바지는 아니다. 아마도 우리나라 할머니는 꽃 무늬 옷이 할머니들의 문화인가 보다. 마치 K팝이 세계의 문화가 되듯이 할머니의 꽃무늬 몸뻬바지가 한류의 바람이 불 날이 멀지 않는 것 같다.

할머니가 없는 나라는 없다. 할머니의 웃는 얼굴은 꽃이다. 수없이 피고, 또 핀다. 내가 그저 얼굴에 핏기만 없어도 할머니의 꽃은 활짝 피어 내 새끼를 연발하고 꽃을 피우며 어깨를 토닥거려 주신다.

생각하기 따라 사물이나 세상은 달라 보이기 마련이다. 같은 꽃을 보고도 여러 마음으로 갈라지는 것과 같다. 할머니의 꽃무늬 몸뻬바지는 할머니만의 꽃무늬 몸뻬바지가 아니었다. 자식들에게 선물의 꽃이었다. 몸뻬바지는 비록 기력이 쇠하여도 여전히 나는 이렇게 활짝 꽃을 피울 수 있다는 항변을 할 수 있는 꽃무늬 옷이다.

13 나만의 정원

> 인류의 학문의 근간이 되는 〈시경〉과 〈시학〉이 정원의 산책 중에 나왔다는 것은 정원이 인간에게 미치는 것은 지대함을 볼 수 있다.

동양의 시는 〈시경〉(詩經)에서 비롯됐다. 공자가 311편을 편집한 것이다. 서양의 시의 역사는 아리스토텔레스가 편집하여 만든 〈시학〉(時學)이다.

아리스토텔레스나 공자는 〈시학〉과 〈시경〉을 편집하면서 사색하고 산책하던 곳이 정원이다.

인류의 학문의 근간이 되는 〈시경〉과 〈시학〉이 정원의 산책 중에 나왔다는 것은 정원이 인간에게 미치는 것은 지대함을 엿볼 수 있다. 지나친 표현이지만 정원의 덕이 아니었다면 천금의 자료를 우리는 접하지 못했을 수도 있다.

하나님께서 천지를 창조하면서 아담과 이브에게 선물한 것이 에 덴동산임을 우리는 익히 알고 있다. 인류 최초 정원이 에덴동산이기 때문이다.

한국의 대표적인 삼대정원은 창덕궁 후원, 전라도 담양의 소쇄원, 완도의 부용동정원이다. 이들 정원의 역사를 다 이야기 할 수는 없어서 유감이다. 다만 한국의 정원은 이어졌으며, 주위의 자연과 어울려 졌으며 한국정서적인 독특함을 지니게 되었다. 정원의 목적은 두말할 나위 없이 우리 몸을 위한 것이다. 인간의 활동을 위한 것이다. 마지막으로 인간의 정신세계를 위하여 만들어졌다. 우리 인간의 몸을 위한 정원의 대표적인 형태는 야채와 채소를 기르는 키친 가든이다. 약용식물을 키우는 약용식물 정원, 그리고 우리가 흔히 말하는 정원은 식물원, 스포츠공원, 수목을 정원이라 일컫는다. 우리의 정신 수양은 식물과 떨어질 수 없는 '신전'이 바로 정원이라고 해야지 않을까?

조선시대에 서원(書院)이 있다. 지금으로 말하면 사립학교다. 당시의 서원은 전국에 1000여개가 있었던 것으로 대략 전하고 있다. 지금에 현존하는 서원은 모두가 정원 속에 있다. 나아가서 서원을 조금만 벗어나면 물과 산이 연결되어 자연을 정원 삼아 서원이 들어섰음을 알 수 있다. 이처럼 인간에게 정원이란 정신세계의 교육장이다. 서양에서도 당대의 철학자로 명성을 날린 플라톤이 세운 학교도 정원 속에 있었다.

어려서부터 정원은 나의 꿈이었고 이상 실현이기도 하였다.

그래서 지금의 성북동 슐레(School)는 애착의 정원이며 정성의 식물들이 매일 같이 숨 쉬며 이야기를 나누는 곳이다. 300평의 정원으로는 여러 가지 식물을 기르기에는 부족하다. 생각다 못해 동해안이나 서해안 전국을 일주하며 적당한 정원(농장)을 물색했다. 집이 있으면 농장을 만들만한 여건이 되지 못했다. 물론 넉넉지 못한 경제적 여건도 좋은 농장자리를 잡지 못한 요인도 됐다.

한동안 숙고한 끝에 오래전 사두었던 파주의 임진강 강변에 2000평 정도를 이용하기로 결심한다. 그리고 농장에 식물들을 심기 시작했다. 군사분계선 안이라 불편을 감수하며 심고 싶은 나무를 구하여 가꾸어가고 있다.

매번 고민하고 겪는 일이지만 전시회에 큰 작품을 제작하려면 재료를 확보하는 것이 쉽지 않다. 봄에는 전시회가 많아 꽃꽂이 행사가 겹치게 된다. 고양시 꽃 박람회, 승마경기장 전시회, 구례 압화 경진대회 심사 등이 몰려 있다. 그래서 요즘은 틈 없는 시간을 쪼개어 주2회는 파주 농장에 숙근초, 연꽃, 수련, 개미취, 옥잠화, 버드나무 등 독일에서 직접 가져온 사할린 석화버들(Salix sekka)를 심고 기르고 있다.

정원의 크고 작음을 떠나서 여건을 만들어 '나만의 정원'을 권한다. 그래서 자신이 원하는 식물을 심었으면 굉장히 좋을 일이다. 지금 심으면 10년 20년 후에는 누군가 아름답게 볼 수 있는 정원이 될 것이다. 정원은 나만의 수채화다. 파랑, 보라, 약간의 분홍 계통의 꽃도 심어보자. 나무도 푸른 빛이 나는 침엽수면 좋겠다.

불편함을 먼저 생각하면 되는 것도 없고, 모든 것은 벽이 되지 않겠는가? 그러한 벽을 넘는 방법은 꽃이 피고 자라는 미래이다. 나무들만 생각하면 좀 더 쉽게 다가 갈 수 있지 않을까? 멋진 무궁화를 입구에 심으면 들고 나서며 늘 새로운 기분을 만끽할 수 있을 것이다. 무궁화를 사랑한다고 하면서 국기 게양대나 도로변에 심는 것은 나라꽃에 대한 예의도 아니다. 가장 잘 보이는 곳에 심으면 족히 70년은 멋있게 볼 수 있는 것이 무궁화다.

유럽의 조그만 집들에 정원수가 옹기종기 있는 것을 부러워 말고 나만의 정원을 만들어 볼 것을 권해본다.

왕*들은 죽어서도 정원을 거닐고 있다.

*왕들의 정원 능(陵) : 영혼이 숲속에 머물기를 바라는 마음에서 수문장을 세운다.

14 나무의 뿌리는 인간과 너무 닮았다

뿌리는 지상의 변화무쌍한 것도 보지 않는다. 그러나 늘 분주한 환경에서 가지와 잎을 위하여 노력한다. 낙엽의 아름다운 가을 빛깔은 뿌리에 의하여 결정된다. 추수의 결과도 뿌리에서 결정 된다. 과육의 당도도 모두 뿌리가 책임을 진다.

1767년 서부 아프리카 감비아에서 노예사냥꾼에게 붙잡혀 미국으로 끌려간 쿤타 킨테의 수난과 자유를 찾는 여정을 그린 〈뿌리〉소설과 영화가 있다. 실화를 바탕으로 한 〈뿌리〉가 1976년에 나오자 세상은 그야말로 같이 울고 같이 아파한 소설이다.

저자인 알렉스 헤일리는 쿤타 킨테의 7대손이다. 헤일리는 외할머니에게서 들은 이야기를 10년간의 현지답사 등으로 자신의 뿌리를 더듬어 소설을 완성시켜 펴낸 것이다. 우리 한국 사람들은 뿌리의 개념이 유달리 강한 민족이다. 같은 성의 집성촌이 있다. 그리고 그 집성촌 문중은 그야말로 뿌리의 근본이다. 심지어 진돗개도 족보를 만들어 뿌리의 중요성을 강조한 민족이다.

이러한 우리 민족성으로 영화 〈뿌리〉에서 두 손에 족쇄가 채워진 흑인노예 쿤타 킨테의 당시 모습은 상당한 반향을 가져오기에 충분했다. 미국에서도 방송으로 제작되자 시청률 44%를 넘는 기록을 남겼다. 이때부터 미국사회와 전 세계에 인간의 존엄성이란 깊은 화두를 던지게 되었다. 이 뿌리로 인하여 미국의 흑인 대통령 오바마가 탄생되었지 않나 싶은 생각도 든다.

실은 하고 싶은 이야기는 쿤타 킨테의 뿌리가 아니라 생명력의 나무, 뿌리를 이야기한다는 것이 쿤타 킨테의 소설로 번지고 말았다. 그러나 사람의 뿌리나 나무의 뿌리는 다르지 않다. 사람도 어디엔가 뿌리를 내리고 살듯이 나무도 뿌리를 내리고 사는 것이다. 생명체라는 것에 같은 의미를 둔다. 나무의 뿌리처럼 분주한 활동을 하는 것도 없을 것이다. 뿌리가 허약해지면 나무는 바람에 의하여 뽑히고 만다. 태풍의 계절이 오기 전 뿌리를 내리고 흔들리지 않아야 한다. 뿌리에 의하여 잎새들의 건강이 좌우된다. 주변의 땅에 따라서 뿌리의 계획도 달라진다. 모래가 많은 땅이라면 더 많은 뿌리를 옆으로 만들어야 한다. 사람들은 그 사람은 근본이 된 사람이라고 말한다. 근본의 뜻은 뿌리를 말한다. 일본은 지진의 나라다. 일본은 뿌리가 강한 대나무를 많이 심는다. 대나무의 뿌리로 지진을 보호 받는 것이다.

우리나라에는 4500~5000종의 식물과 나무가 있다. 선진국에서는 나무의 특성과 성장속도를 파악하여 목재산업으로 활용을 한다.

우리나라의 대다수 목재들이 수입목이다.

우리나라는 국토의 2/3가 경사가 심한지형이다. 뿌리식물들이 자생하게 되는 지형조건이다. 정부도 이 같은 지형을 감안하여 연구하고 새로운 수립사업 계획을 내놓고 있다. 국민의 열정은 머지않아 선진국의 조림 산업에 버금가는 시간이 올 것이다.

앞에서 쿤타 킨테의 뿌리를 이야기로 시작하였듯 우리 국민성처럼 뿌리의 근성이 강한 국민도 드물다. 전쟁으로 인하여 초토화된 나라를 세계의 부국으로 이끈 것은 모두가 뿌리의 근성으로 본다. 뿌리는 지상의 변화무쌍한 것도 보지 않는다. 그러나 늘 분주한 환경에서 잎을 위하여 노력한다. 낙엽의 빛깔은 뿌리에 의하여 결정한다. 추수의 결과도 뿌리에서 결정한다. 과육의 당도도 모두 뿌리가 책임을 진다.

나무와 인간의 뿌리의 역할은 너무나 흡사하다. 뿌리는 가지나 잎의 사고를 위하여 늘 영양분을 저장해 둔다. 지상에서 노루나 동물들이 가지를 먹어치우는 사고를 당하기도 한다. 뿌리는 저장하여둔 영양분을 보내어 원상회복을 서둔다. 마치 인간사회에서 형제가 어려움에 처하면 다른 형제들이 돕는 것과 너무나 닮아 있다. 시간이 나면 다시 이야기 하겠지만 주목 같은 나무가 3000년 이상을 살아남는 방법은 모두가 뿌리에 원원이 있다.

15 무소유

여름을 지낸 나무, 너무 많이 가졌다는 후회로 잎새를 다 떨구고 가을을 맞는다.

자연에 속한 것들을 모두가 무소유일까?

아름다운 꽃들, 나무들, 마지막 가는 길은 무소유다. 가을 나무들은 동안거(冬安居)를 위하여 어느 것 하나 준비하지 않는다. 흔하다는 방한복 하나를 준비하지 않는다. 눈보라가 치면 치는대로 견디고 스스로 자유함을 만끽한다. 이래서 선인들은 자연에서 배우고 느낀다는 말을 하는 것인가?

무리한 소유욕에서 오는 불행을 수없이 본다. 어느 직종에 국한하지 않는다. 정치인은 국민의 안위를 위하여 출발한다. 공약이라는 것도 그렇다. 그러나 권력을 가지면 약속을 버리고 소유욕에 잡혀서 불행의 담을 오른다. 비단 정치인만이겠는가? 성직자도 마찬가지다. 영혼(靈魂)을 위하여 신과의 대화자며 목장(牧場)지기이다. 그럼에도 일부 대형교회 성직자들이 소유욕에 사로잡혀 불미스러운 일들을 종종 세상 사람들의 입방아에 오른다.

동물의 왕국을 보면 참으로 배울 점이 많다.

사자나 호랑이 경우의 사냥을 한 먹잇감을 배부르게 먹으면 더 이상 먹지 않고 미련 없이 남겨 두고 떠난다. 그렇다고 먹다 남은 먹기 위해 다음날 다시 찾지 않는다. 다른 동물들이 와서 먹을 만큼 먹고 마지막에서는 하이에나나 독수리가 최종 마무리하는 것을 볼 수 있다.

이것이 자연에 순응하는 하는 것이 아니겠는가?

여행을 떠나는 짐 가방 하나 없이 천으로 된 가벼운 가방을 보고 의아해 한다. 여행을 하는 데에 비싸고 멋진 가방을 끌고 다니는 것을 지적하고자 하는 것이 아니다. 여행이란 부담 없이 자유로워야 한다. 짐에 예속되면 여행의 본질이 흐려진다. 없어져도 무방한 준비물을 가지고 여행을 떠나는 것이 여행자의 지혜이다. 여행지에서 물건을 사는 것도 그렇다. 자신이 연구하는 분야의 것이나 꼭 필요한 것을 구입하는 것도 당연한 처사다. 여행의 목적에서 벗어난 지나친 소유욕은 생각해 볼 점이 많다. 여행지에서 최고로 비싼 호텔을 이용하는 것도 그렇다. 목적이 비싼 비용을 들여야 하면 그렇게 해야 한다. 그러나 그렇게 할 필요가 없을 때는 크게 불편하지 않는 이상 비싼 호텔에서 짐을 풀 필요가 없다.

나는 스리랑카에 가면 비교적 비싼 호텔을 이용한다. 보고 연구해야 할 조경을 위해서다. 해발 2000미터의 높은 곳에 위치한 호텔의 조경은 어디에서도 쉽게 접근할 수 없고 볼 수 없는 곳이다.

영국이 대영제국시절에 만든 정원은 연구하는 사람에게는 몇 번을 봐도 호기심이 가는 곳이다. 큰돈을 들여도 목적이 분명하니 비용이 아깝지가 않다. 목적을 위해서는 많은 경비를 수반하는 경우가 있다.

한 예로 한 사람의 연수를 위해 정부는 큰 투자를 감행한다. 한 사람의 연수자는 다시 많은 사람의 밀알이 된다. 그런 의미에서 내가 정말 필요한 여행 경비는 주저하지 않고 아낌없이 사용한다. 그러나 여행지에서 싹쓸이라는 오명을 가지면서까지 소유욕에 사로잡힌 행동은 생각해볼 여지가 있다.

법정 스님은 생전에 늘 무소유를 이야기했다. 그러나 정작 자신도 소유자였음을 반성하며 눈을 감았다는 기사를 보았다. 법정은 차(茶)를 좋아했다. 즐겨 사용하던 다기(茶器) 세트가 10여개 있었다. 소유욕은 자신도 모르게 좋은 다기를 갖게 되었다는 것이다.

여행은 생각을 버리는 것이다. 그리고 내가 가야 할 길에 새로운 시작을 구상하는 것이다. 비워야 산다. 이제까지 이 방법을 모르면 나를 만족시키지 못한다. 아이디어도 생각을 비워야 나온다. 아이디어가 막혀 있을 때 아무런 생각 없이 걷는 것이 충전이다. 링거주사만 치유가 아니다. 내려다보이는 높은 곳을 오르는 것도 하나의 방법이다. 선인들은 선답(禪答)이 막히면 배낭을 메고 산에 올랐다. 그리고 답이 나올 때까지 자신을 비워냈다. 나의 아이디어의 80%는 비움에서 다시 채워졌다.

여름을 보낸 나무도 너무 가진 후회로 가지에 잎새를 버리고 가을을 보낸다. 영원한 것이란 없다. 소유가 때론 삶을 짓누른다.

테레사 수녀의 마지막 가는 길에 유품을 보고 사람들은 놀랐다. 기워진 옷 두벌에 불과했기 때문이다. 평생을 두고 두벌 이상의 옷을 가져 본 적이 없었던 삶을 살았던 것이다.

무소유는 물건이 있고 없고의 문제가 아니라 필요 없는 것을 더 가지는 문제이다.

16 오래된 정원

마치 나무가 습기를 머물고 있다가
건조기에 유용하게 뿜어 내 놓듯이.
우리는 그런 사람을 준비된 사람이라고 한다.

성북동 정원은 오래된 정원이다. 일제 강점기에 심겨진
담벼락 덩굴은 역사의 뒤안길을 움켜쥐고 오늘도 오르고 있다. 수
백 년 된 향나무는 성북동의 역사를 나무 나이테에 담고 커나간다.
이곳에는 김광섭 시인의 '성북동비둘기'가 모이 줍는 소리도 들어
있을 것이다. 아니 지금도 비둘기들은 쉼터가 되어 살고 있다.

성북동 정원은 어느 날부터 또 다른 대화를 시작하게 되었다. 내
가 소유한 날부터다. 한국에는 없는 수종들이 향나무와 식구가 되어
대화를 시작하게 하였다. 아마도 외국에서 온 나무들은 외국어를 할
것이다. 그래서 모국어만 고집한 성북동 나무들은 혼란을 거듭할지
도 모른다. 땅속 많은 수종들이 적당한 시간에 나오겠다고 쫑그리고

들 앉아있다. 그들도 잔뜩 긴장을 하였는지 모른다. 그래도 그들은 계산된 시간들을 어기지 않았고 반갑게 고개를 내민다. 외국에 나갈 때 한국에서 마주치기 어려운 나무를 보면 귀국길에 같이 입국한 나무들이다.

도심의 정원에서는 드물게 많은 종(種)들이 스스로 역할을 한다. 모르는 사람들은 그저 평범한 나무들로 볼 수도 있다. 나무들은 앞집과의 칸막이 역할은 물론 먼지도 차단한다. 수분을 적당하게 간직하고 있다가 내 보내주기도 한다. 사람들은 정원의 온도가 외부의 온도와 다른 것을 느낀다고 한다. 나무들은 한국말을 제법 익혔는지 재잘거리며 잘들 자라고 있다. 그들에게 필요한 장소와 환경, 공간을 만들어 주기 때문이다. 독일에서 공부 중 잠시 수영을 하게 되었다. 수영을 하고 나오는데 그날따라 비가 많이 쏟아졌다. 처마 밑에 서있는데 빗물이 없는 건조한 곳에서 Cariopteria clandonensis식물을 발견하였다. 문득 이렇게 강한 종은 우리나라언덕에 적합하게 보였다. 꽃 색깔도 푸른색 층층이. 10cm 정도의 한 가지를 꺾어 귀국 후 대학로 옥상 정원에 심었다. 번식력이 좋았다. 건강하게 보여도 3년에 한번은 영양식과 관리가 필요하다. 습한 곳을 좋아하는 나무. 햇빛을 싫어하는 수종들에게 그들이 즐기는 공간을 마련하여 주었다.

나는 스토리가 없는 정원은 죽은 무덤과 같다고 한다. 흔히들 관리가 편한 회양목, 주목, 소나무 등을 심는다. 그래도 성북동 주변에는 비교적 관리가 잘된 정원들을 마주 친다. 지나는 발걸음도 가볍고 시선이 즐겁다.

우리가 사는 세상도 이와 같지 않을까 싶다. 속도가 느린 사람은 나름의 규칙 속에서 섬세한 작업을 한다. 오늘은 책을 읽다가 웃음이 나왔다. 소설과 시는 어떻게 다르냐고 황동규 시인에게 기자가 물었다. 황시인은 날카로운 송곳이 시(詩)고 좀 무딘 송곳이 소설이라고 대답하였다. 그 비유가 재미 있었다.

사람도 성미가 급한 사람은 덜렁거리는 것 같지만 추진력이 있다. 리더십도 있다. 느리다고 나쁜 것도 아니고 빠르다고 좋은 것도 아니다. 나무도 습식을 좋아하는 나무, 건조한 것을 좋아하는 나무는 각기 역할을 한다.

나무와 사람은 비슷하다. 자신이 서있어야 할 곳에 있어야한다. 직원이나 학생을 대해도 그런 것을 느낀다. 어떤 사람은 자신이 해야 할 일을 준비하고 있다가 필요한 시간에 내놓는다.

마치 나무가 습기를 머물고 있다가 건조기에 유용하게 뿜어 내 놓듯이, 우리는 그런 사람을 준비된 사람이라고 한다.

17
내가 만나는 사람이
나를 만든다

내가 살고 있는 거리가 나를 만든다.
사람을 만나는 것은 쉽지만 대화는 결코 쉽지 않다.
예술가를 만나는 것은 삶의 방식이 거울 앞에 선 자신이
된다. 식물은 바람을 만날 때 어제보다 키가 커진다. 같은
길을 걷는 것은 내 영혼에 의미를 새기는 것이다.

정신과 의사들은 입고 있는 옷의 색감과 디자인을 통해
서도 내담자의 심리상태를 파악한다고 한다. 늘 검정색 터틀넥과 청
바지를 입었던 스티브 잡스에게서 남들과 특별함을 느낀다. 사람들
이 매일 입는 옷을 통해 무엇을 하고자 하는 것을 알 수 있듯, 누구
와 대화하고 만나는 사람이 누구인가는 매우 중요한 삶이 된다. 나
는 하루일과를 수영으로 시작한지, 어언 수 십 년이 된다. 다양한 직
업군을 가진 분들이 아침의 물살을 가른다.

수영장에서 하루의 대화를 시작하는 이재규 회장이 있다. 4대째
동묘의 지주로 살고 있다. 동묘에 가면 이회장의 땅을 밟지 않고는
지나갈 수 없다 하면서 웃기도 할 정도의 부동산을 소유했다. 이 회

장은 문충공파로 4대째 동묘를 지키고 있다. 이 회장은 동묘의 지주의 아들로 태어나 동묘의 산역사라고 해도 과언이 아니다. 내가 이 회장을 이야기 하는 것은 이유가 있다. 사람이란 맥락이 같은 사람끼리 대화가 된다. 이회장의 자녀들은 예술을 한다. 예술 가족이다. 큰딸 이원신 재원은 소프라노성악가로 명성을 높인다. 국제 콩 쿨 경력도 화려하다. 사람들은 부를 누리는 경우, 경제 분야로 연결되어 경영에 종사하는 경우가 많다. 이회장의 자녀들은 예술분야에 남다른 소양을 보였다. 이 회장은 자녀들이 원하는 취향을 지원하고 뒷받침을 하였다. 그런 가운데 자녀들은 각자의 위치에서 제몫을 하고 있다. 내가 대학로에 거주 하며 수영장을 드나들며 유일하게 대화를 많이 하는 분이 이회장이다. 이유는 예술가족으로 소통이 되기 때문이다.

   가을 나무는 가을을 먹고, 단풍이 든다는 말이 있다. 사람은 같은 방향을 지향 하는 사람끼리 대화를 할 때 소통이라는 말이 된다. 나는 동묘에 가면 이 회장을 비롯, 수많은 역사와 대화를 나눈다. 골동품들이 즐비한 골목길을 걷노라면 시간가는 줄 모른다. 골동품 중에는 이태리, 태국, 인도등지에서 온 물건들도 있다. 손길이 가지 않다가 이름 모를 주인을 만나서 따라가는 물건도 허다하다. 나는 얼마 전부터 일요일이면 이회장이 소개하여준 국밥집에서 시(詩)인인 이종 동생과 몇 사람의 지인을 만난다. 동묘? 국밥집은 매우 깔끔하고 맛은 고향의 맛이다. 막걸리 한 순배와 한 주간에 있던 일들을 두루 나눈다. 그리고 옛 물건들을 만나는 시간에 마음이 끌리고 있다. 간혹 상상도 못하는 옛 것들을 만나, 설렌 적도 여러 번이다. 수 백년을 묻힌 청동기가 있는가 하면 멀리 이태리에서 건너온 촛대나 소품가구도 만난다. 어느 귀족, 또는 소탈한 시민이 사용했어도 반가운 것은 마찬가지다. 장인의 손길이 깃든 소품에서 수 백 년의 지나온 이야기가 수런거린다. 새벽 수영장에서 만나는 이회장도 마찬가지다. 성악가 딸의 안부를 묻는 것에 이 회장은 늘 좋아 한다. 나또한 세계를 무대로 넘나드는 예술가족의 이회장이 소통이 즐겁다. 앞에서 이야기 했지만 임동진 배우 목사, 가수 남진, 한복연구가 이수동, 대학교 총장 홍길동등도 모두가 예술이라는 방향이 같아서 만나면 반갑고 소통이 즐겁다. 가끔 동창회를 나가면 낮 설은 이국땅에 서 있는 것처럼 지루하다. 대화의 재료가 마땅하지 않기 때문이다. 학창 시절의 추억이 들어 있어도 그 시간은 왠지 낮 설기만 하다. 인생의 길을 가면서 같은 분야의 사람들, 종(種)들이 만남이 소통이라는 것이다. 여행지에서 만나는 예술작품이나 식물들의 만남도 마찬가지다. 말하지 않는 고흐의 작품, 말없는 식물들을 보고 무안한 황홀을 느낀다. 말을 하지 않아도 그날의 고흐와 피카소의 작품들이 말을 걸어온다. 우리가 여행을 하면서도 가는 곳의 지식이 어느 정도 필요하다. 여행지의 지식을 알면 즐거운 여행의 배가 된다. 나는 대학로에 사는 것도 늘 행복해 한다. 대학로는 365일 연극공연이 있고 작품전, 다양한 예술이 펼쳐지고 있다. 거리를 지나며 연극 포스터만 보아도 오감이 즐겁다. 수많은 포스터는 새로운 창작으로 나를 바라본다. 대학로 뿐 아니라 문화 시설, 문화의 장이 열리는 곳에 산다는 것은 '나 자신에게의 경쟁력'이다.

내가 만난 수많은 예술가를 다 기록은 할 수 없다. 그러나 예술의 길에서 중요한 동행인들이 있다. 그 가운데 박금자 숙명여자대학교 교수다. 교단의 선배로서 많은 것을 일깨우게 하였다. 부군께서도 육군사관학교의 교수로 부부학자다. 늘 배움의 자세를 가지는 박 교수. 누님과 같기도 하고 꽃 장식에 토론하고 연구하면서 시간이 가는 줄 모르고 열정을 쏟았다.

고하수 회장은 한국의 꽃꽂이의 정석을 말하라 하면 빼 놓을 수 없다. 수많은 단체가 있지만 올곧게 꽃꽂이 예술을 한 차원 끌어 올린 증인이다. 많은 사람들은 연구하기보다는 얼굴을 내미는데 열중을 한다. 고하수 회장은 묵묵히 한국의 꽃꽂이의 푯대를 바르게 세운 분이다.

나는 늘 생각한다. 내가 만나는 사람들은 한국을 이끈 분들이라고. 이것 또한 큰 행복이 아닌가 한다.

내가 살고 있는 골목이 나를 만든다. 내가 만나는 사람은 거울 앞에 선 내가 보인다.

Ⅲ

—

바다 건너 온
파랑새

01 칼라이 스승의
어머니의 시선

칼라이 선생님의 어머니는 연로하셨다.
몸이 불편하여 늘 집안에서 거동하시며
창밖을 보는 것이 일상이었다.

정적인 내용이 충족될 때에야 비로소 그것이 끼어 들 수 있다. 동서독이 통일이 된 계기도 결정적 뜻밖의 우연이라는 것이 있었다. 동서독이 통일이 되기까지는 통일이 될 수 있는 완벽한 요인들이 작용이 되었을 때 우연이라는 것이 개입된다는 것이 전제된다.

1) 동독 외무장관이 기자회견을 함

2) 기자회견의 앞으로 동서독 간에 더 자유로운 왕래가 가능할 수 있도록 도모한다는 것을 담은 내용인데 장관이 전날 과음을 해서 감성적인 것을 곁들여 오버해서 발표를 함.

3) 독일어가 서툰 이탈리아 통신의 신입기자가 착각하고 본국에 '이제부

터 동서독 간에 자유로운 왕래가 가능, 즉 통일이 되었습니다! 라고 타전함.

4) 영국과 프랑스, 서독 미국의 기자들은 의례적인 친선 도모 발표이기에 급히 타전할 이유가 없다고 판단, 타전 하지 않음.

5) 그런데 이탈리아에서는 일제히 모든 방송이 중단되고 뉴스속보로 독일이 통일되었다고 보도하기 시작함.

6) 특파원에게 관련내용을 받지 못한 영국과 프랑스, 서독의 방송사들이 엄청난 특종을 놓치게 될까 봐 일단 이탈리아 통신을 인용해 독일 통일을 보도함.

7) 당시 독일의 베를린에서는 서독의 방송 시청이 가능했기 때문에 평소처럼 서독의 방송을 보던 동독의 주민들이 깜짝 놀라서 모두가 바깥으로 뛰어나옴.

8) 뉴스를 보고 통일이 되었다고 생각한 동서독 수백만 인파가 서독의 경계초소로 이동함.

9) 동독의 경계병들이 상부에서 보고 받은 것이 없다며 다가오지 말라고 총을 겨누면서까지 위협했으나 수백 만 명의 인파를 보고 정말로 통일이 되었구나 싶어 경계를 하던 동독의 병사들이 먼저 서독으로 넘어감.

10) 그리고 경계병이 없는 초소 문을 부수고 수백 만 명이 서독으로 넘어가서 뒤섞임. 시간이 지나면서 베를린이 아닌 동서독 경계선이 무너짐.

11) 이미 서독으로 끝도 없이 넘어가는 것을 막을 수 없다는 것을 알게 된 동독의 정부는 바로 서독에 통일 협상을 제의하고 그날 협상을 완료해 통일이 합의되었음을 발표함.

이같이 현상만으로 볼 때, 독일이 통일이 된 것은 우연인 것으로 보이나 평상시 통일의 요건이 준비된 상황 하에서 우연이라는 것이 뛰어들었다는 것이다. 민간단체나 정부의 다양한 채널은 통일이 될 수 있는 준비가 착착 되고 있었다.

내가 이와 같이 우연이라는 단어에 밑줄을 치고 강조하는 이유가 있다. 칼라이 스승과의 돈독한 사제가 것에는 칼라이 어머니의 시선이 한 몫 하였기 때문이다.

칼라이 선생의 어머니는 연로하셨다. 몸이 불편하여 늘 집안에서만 거동하시고 2층방 창으로 밖을 보는 것이 일상이었다. 학생들은 기숙사의 불을 켜놓고 퇴근하는 것이 다반사였다. 나는 평소처럼 소등하고 그들이 아무렇게나 버린 담배꽁초를 모두 주워서 정리하였다. 이 같은 일은 하루가 아니라 일상의 생활처럼 계속되었다. 그런데 2층에서 창밖으로 이런 내 행동을 칼라이 선생님의 어머니는 눈여겨보셨다. 나는 그러한 시선을 알 길이 없었다. 선생의 어머니는 칼라이 선생에게 그 같은 사실을 이야기 하였다. 동양에서 온 젊은 이의 태도가 예사롭지 않다는 것으로 보셨던 같다. 이렇게 나와 먼저 나에 대해 성실한 사람이라는 신뢰가 전제된 가운데 칼라이 스승과 돈독한 관계를 맺게 했다.

카랴얀,
비즈니스 감각을 들여다 보다

그의 공연이 시작되기 15분전쯤으로 기억한다.

카랴얀은 공연시간이 임박함에도 사인한 음반을 손수 판매하고 있었다. 분명 그는 탁월한 비즈니스 감각을 지닌 예술인이었다. 아니 예술가보다 비즈니스감각이 앞설 수도 있다는 장면이다.

한국에는 예술가가 돈을 알면 점잖지 못한 것으로 인식하고 있다. 돈을 알면 예술가로서의 품격이 떨어진다는 의미다. 한 걸음 나아가 가난한 예술가가 천직처럼 여기기까지 한다.

나는 그러한 주장에 동의할 수 없다. 마땅치 않은 생각들이다. 경영이 없는 정치, 종교, 교육은 없다. 말할 나위 없이 예술은 경영과 밀접하다. 모든 예술의 공간이 비즈니스에 의하여 완성된다.

독일에는 '젊은 베르테르의 슬픔'(1774) 괴테가 있는가 하면 세계적 지휘자 카랴얀(1940~89)이 있다. 클래식 문외한 조차 지휘봉을 들고 명상에 잠긴 카랴얀의 사진은 낯설지 않을 것이다. 무려 35년간이나 베를린 필하모닉을 지휘한 카랴얀은 클래식 녹음에 본격 나섬으로써 클래식 대중화를 일궈냈다. 그로 인해 그 자신 엄청난 부를 거머쥐었으며 '장사꾼'이라는 비난도 피할 수 없었다.

독일은 물론 일부 호사가들은 카랴얀을 가리켜 "위대한 선지자인가? 약삭빠른 장사꾼인가?"라고 묻기도 한다. 그렇게 카랴얀을 싫어하는 사람조차 20세기 클래식 음악계가 헤르베르트폰 카랴얀(Herbrt von Karajan)이전과 이후로 나눈다는 명제에 이의를 제기하지는 못할 것이다.

카랴얀은 세계최고 오케스트라 베를린 필하모닉에서 살아있는 신화로 명성을 가졌다. 카랴얀의 1930년부터 50여 년 동안 주옥같은 클래식 음반 900여장을 녹음하였고 2억장의 음반을 판매를 하였다. 카랴얀이 지휘자로서만 명성이었을까? 그의 어떤 점이 어느 지휘자와 달랐던 것일까?

베를린 필하모닉 극장에서 카랴얀의 명성을 현장에서 확인하는 기회가 있었다. 그가 공연을 시작하기 15분전쯤으로 기억한다. 카랴얀은 공연시간이 임박함에도 사인한 음반을 손수 판매하고 있었다. 분명 그는 탁월한 비즈니스 감각을 지닌 예술인이었다. 아니 예술가보다 비즈니스감각이 앞설 수도 있다고 보인다.

나의 스승 칼라이도 그러했다. 농장에서 먼지 묻은 옷을 입고 일하다가도 정치행사 스케줄에 유유히 나갔다. 아침부터 옷매무새를 고치고 허둥대는 것이 아니라 경영 현장에서 열심히 일하다가 자연스럽게 나가는 것이다.

성공한 예술가들은 그런 것일까?

카라얀은 1980년대 들어 CD라는 새로운 매체의 가능성까지도 먼저 알아본 천부적 경영마인드를 가졌다. 당시 클래식 업계에선 차갑고 기계적인 음색의 CD가 LP를 대체할 수 없다고 보았다. 그러나 카라얀의 앞을 보는 감각은 달랐다. LP시대는 끝났다는 사실을 알아차리고 CD녹음에 앞장섰다.

여기서 또 하나 카라얀의 동물적 비즈니스 감각이 나온다. 처음 CD를 상용화한 필립스와 소니 기술진들은 CD 1장 불량으로 60분이 적당하다고 생각했다. 카라얀은 "60분으로 하면 '베토벤교향곡9번 합창' 전곡을 녹음할 수 없다"며 74분을 주장하였다. 이러한 일화들은 카라얀의 예술성과 비즈니스능력이 탁월함을 인정하고 있다.

한국에서 예술가들은 후원금에 의존하는 것이 몸에 배여 버렸다. 유명 시향 J모 지휘자는 음악독재자 카라얀이 필하모닉에서 받지 못한 전권과 재정 지원을 받은 것으로 언론들이 지적하고 있다.

카라얀은 천부적 비즈니스로 필하모닉을 돈방석에 앉게 하였다. J시향 대표적 지휘자는 유료관객동원 실패는 물론 그가 받은 재정은 카라얀도 받지 못하는 큰 대우라고 말하고 있다. 그는 예술가가 경영을 모르는 것이 자랑이라고 생각할 수도 있다.

나는 학생들에게 경영을 모르는 예술은 존재하지 않는다고 단호히 일러준다.

아름다운 장미는 농장주에게 돈으로 보답한다.

03 내 마음의 풍경 크레타

내 마음의 풍경, 크레타의 하얀 집들. 어린아이의 천진함
처럼 그려진다. 코발트 빛 지중해를 떠안은 환상의 섬.
푸른 여운이 가슴에 펄럭인다.

누구나 마음의 풍경을 가지고 있다. 마음의 풍경은 여행
지나 고향이 되기도 한다.

나는 학생들과 여행을 통하여 많은 것을 연구하고 깨우치며 실천
하였다. 그 나라의 식물로 전시회를 열기도 하여 다양함을 통하여 열
하일기(熱河日記)처럼 식물견문록을 만들어 마음에 넣기도 하였다.

베드로의 전도지였고 바울의 여행지였던 그리스 크레테(크레타)
섬은 매우 인상 깊은 여행지다.

세계적 뮤지션으로 알려진 나나무스쿠리가 1934년 10월 13일 태
어난 곳으로도 유명하다. 나나는 어릴 때부터 친구들이 나나라고 불
러서 나나무스쿠리라고 지어졌다고 한다.

크레타섬(화장실 내에서 바다를 바라보는 정경은 독특한 풍경이다)

　나나는 어느 뮤지션보다도 많은 나라의 언어로 노래하였다. 그리스어, 불어, 영어, 독어, 네덜란드, 이태리, 포르트칼, 스페인, 웨일즈, 중국, 콘시카, 터키어를 비롯해서 한국어로 불려진 뮤지션이다.

　주후 1세기 무렵의 크레타는 유대인이 거주하여 일찍이 기독교 복음(행2:1)이 전해졌다. 베드로가 크레타에서 전도한 것으로 유명하지만 바울이 로마로 호송되어 갈 때도 잠깐 들렸고(행27:12~13) 감옥에서 석방된 후 마지막 4차전도 여행 때 디도를 크레타에 전도자로 남기고 떠난 곳이기도 하다.

　크레타는 에게해 섬들 가운데 가장 크다. 그리스 남쪽에 있다. 지중해 전체로 보면 5번째로 큰 섬이다. 풍요로운 지형과 기후에서 생산해 내는 농산물 수확으로 크레타를 그리스 섬에서 가장 부유한 섬으로 만들었다.

크레타 섬은 그리스문명의 발상지다. 최초로 인간이 살기 시작한 것은 아시아계 민족이라고 볼 수 있는 것이 크레타(미노아)인이다. 기원전 3000년경에는 이미 문명이 발생했고 기원전 18세기~기원전 15세기에는 크노소스, 페스토스, 말리아에 화려한 궁전이 세워지고 크레타문명의 꽃이 피는 전성기였다. 건축, 벽화, 문학, 과수재배 등이 뛰어났다. 당시 세계 최대 문명을 지녔다.

기원전 100년경부터는 화재로 파괴되며 폐허가 되는 안타까운 일도 있었다. 정확한 원인은 알 수 없지만 산토리 섬에서 발생한 화산폭발과 시기가 겹치는 것으로 보아 재해이거나 마케도니아인들의 공격이 원인이었을 것으로 본다.

크레타 섬의 최대 도시 이라클리온 아우구스트 거리를 지나면 그리스조르바 작가 니코카잔차키스의 묘에 오른다. 우리가 흔히 달력이나 그림으로 보는 에게해 하얀 해변의 집들이 한눈에 볼 수 있다. 카잔 스킨스는 1885년 크레타섬 이라클레이온에서 태어났다. 호메니스와 베르그송, 니체, 부처의 영향을 받았다.

카잔 스킨스의 묘지 아래 하얀 해변의 집들은 사진작가나 화들이 즐겨 이용하는 풍경이다. 카잔 스킨스는 로마 가톨릭으로부터 파문을 당했다.

공동묘지 묻히지 못하고 베네치아의 남쪽 성벽 위에 묻혔다.

'나는 아무것도 기다리지 않으며

나는 아무것도 피하지 않는다.

나는 괴팍한 사람'

그의 묘비에는 이렇게 기록되어있다.

격동의 청년시절을 보내고 이후 세계대전과 내전까지 겪으면서 한계에 저항한 사람이다. 전후의 아픔을 겪어온 한 사람으로 젊은 카잔차키스의 묘를 보는 순간 그의 생이 애잔하게 그려졌다. 그의 저서는 〈그리스도 최후의 유혹〉, 〈그리스인 조르바〉, 〈오딧세니아〉, 〈예수, 다시 십자가에 못 박히다〉 등의 많은 작품이 있다. 1951년과 56년에 노벨상 후보에 지명되는 등 세계적으로 문학성을 인정받았다.

크레타 섬의 화장실도 인상적이었다. 마치 첨성대를 보는듯한 건축 구조물이었다. 돌로 만들어졌고 딱 트인 바다를 바라보게 만든 것도 좋았다. 나는 앞으로 짓게 될 농장에 크레타의 인상적 화장실 건축을 재연하여보고 싶다. 내 마음의 풍경, 크레타의 하얀 집들. 어린아이의 천진함처럼 그려진다. 코발트 빛 지중해를 떠안은 환상의 섬. 푸른 여운이 가슴에 펄럭인다. 어디선가 2008년 내한, 나나가 한국어로 부른 '하얀 손수건'이 들린다.

그녀의 하얀 손수건.

유학시절에 만난
가톨릭농민회

농촌문제에 애착이 같았던 나와 이길재 형은 가까워 질 수
밖에 없는 운명이 되었다. 늘 대화의 중심은 한국의 농촌을
어떻게 하면 부강한 마을로 만드는가?

한국의 농촌계몽운동의 선구자였던 가톨릭농민회를 독
일 유학시절에 만났다. 어려웠던 유학시절, 가톨릭농민회로부터 장
학금을 받아서 좋은 인상을 받았다는 이야기를 하려는 것이 아니다.
유학의 짐을 내려놓은 다음 날부터 나는 귀국준비를 하면서 공부를
하였다.

내가 한국에 할 일이 무엇인가를 하루도 머릿속에서 놓지 않았다.
더욱이 원예학을 전공하는 사람으로서 농민들에게 수익창출이 되
는 작물에 관심을 가졌다.

당시 박정희대통령의 집권할 때는 새마을운동과 중화학을 동시
에 추진하는 격동의 시기였다. 두 마리의 토끼를 잡는다는 것은 경

제학 논리에서 늘 숙제로 남는다.

박정희 대통령은 중화학에 중점을 두다 보니 아무래도 농촌의 발전은 뒷전이었다. 중화학에 중점을 둔 것이 문제가 있었다고 지적을 하는 것이 아니다.

한국의 현실이 그럴 수밖에 없었다. 그러나 내가 바라본 농촌은 늘 누군가가 적극적으로 관심을 갖는 것이 우선이라는 생각을 가졌다. 마음의 염원은 먼 이방의 나라에서도 이루어지는 것일까? 독일에서 가톨릭농민회의 이길재 씨를 만나게 되었다. 후일 나이가 연배라서 형이라고 불렀다. 길재 형은 국회의원을 지내기도 한다.

여기서 잠시 가톨릭농민회를 이야기하지 않을 수 없다. 한국사회의 농민운동은 1960년대 한국 가톨릭농촌청년회의 태동과 함께 시작됐다. 본격적으로 1970년대 들어서면서 국가정책으로 시작된다. 독재의 모순과 농민운동은 한국가톨릭농민회라는 조직을 통해 전개되었다.

한국 사회의 농민운동은 1980년대 후반까지 대부분 한국가톨릭농민회의 조직 역량에 의존해 전개됐다. 한국가톨릭농민회의 활동은 한국농촌에 큰 영향을 끼쳤다.

한국가톨릭농민회는 1964년 10월 17일 가톨릭 노동청년회 내에 설치됐던 농촌청년부을 기반으로 하고 있다. 당시 노동청년회에서 활동하던 도시 노동자들은 대부분 농촌출신이었다. 어려웠던 농촌 살림을 견디지 못한 청년들이 도시에 몰려들었다. 이후 광주대교구 함평, 전주교구화산, 함열, 진안, 남원, 등지와 수원교구 양지본당을 중심으로 'JAC 교재', 'JAC 개요' 등의 자료를 발간해 교육홍보 활동도 전개했다.

농촌 청년부가 자리를 잡아가던 1966년 농촌청년부 전국 대표였던 이길재는 왜관 감목 대리교국장이던 베네딕도 수도회의 하스(O.Hass)아바스로부터 구미에서 활동해 달라는 제안을 받는다. 이에 이길재 대표는 왜관 감목대리구를 중심으로 활동의 범위를 전국으로 확대하기로 결정, 경북구미로 사무실을 이전했다.

1966년 8월 노동청년회 전국평의회는 농촌 청년부를 완전 분리하기로 결정하고 10월17일 전국 남녀 대표들이 참석한 가운데 경북구미에서 '한국가톨릭농촌청년회'를 창립하게 된다. 그리고 1971년 8월 '선진국 농업생산과잉과 한국농업'을 주제로 토론회를 열고 본격적인 조직운동을 전개하기로 결의한다. 그리고 11월에는 가톨릭 농민 운동 조직강화위원회를 결성하고 이듬해 4월 제3차 전국대의원회에서 청년회의 명칭을 '한국가톨릭농민회'로 개칭하게 된다.

이때 길재 형은 선진국의 농촌문제를 살피기 위하여 독일에 오게 된다. 농촌문제에 애착이 같았던 나와 길재 형은 가까워 질 수밖에 없는 운명이 되었다.

늘 대화의 중심은 한국의 농촌을 어떻게 하면 부강한 마을로 만드는가? 높은 수익의 농작물을 생산하고 겨울에도 하우스를 통하여 쉬지 않고 생산하는 것에 의견을 나누었다. 독일에서 많은 대화를 나누고 바자회를 통하여 수익금을 농민회에 전하기도 하였다. 처음에 받은 장학금을 다시 후원하는 경우가 된 셈이다. 시간은 흘러 독일 생활을 마치고 귀국한 나나 길재 형은 각자의 현장에서 쉼 없이 농촌문제에 관심이 깊어졌다.

 TV를 보고 있으면 가끔 울화통이 터지는 경우가 있다. 외국에서 수입한 산세베리아 같은 식물들을 마치 집안 환경과 전자파에 지대한 개선 효과가 있는 것처럼 과대 선전을 하면서 판매한다. 문제는 외국산이다 보니 우리 농민들 수익과는 전혀 무관하다는 것이다. 수입하는 업자와 외국의 농촌만 살찌우는 것이다. 이렇게 TV를 보면서까지 뼛속까지 농민을 위한 운동에 매진하여 왔다.
 지금도 길재 형은 수시로 나의 하우스에 들려서 독일유학시절의 이야기와 농민을 위한 수익창출에 열을 올리곤 한다.
 길재 형이나 나나 농촌문제에 관한 한 영원한 숙제이며 그들과 가야 할 길이다.

05
왜
"장미의 이름"인가

'장미의 이름' 남기고 떠난 시대의 지성 잠들다
작가이지 기호학의 대가
편견부조리에 맞선
움베르토 에코 1932~2016

〈장미의 이름〉이라는 소설을 어지간한 독자는 알 것이다. 꽃을 다루는 사람으로 가장 대중적인 꽃인 장미를 내세운 책의 제목 〈장미의 이름〉이다.

이 책에 호기심을 가졌다. 그런데 이 책의 저자가 눈을 감았다는 소식을 접했다.

지난날의 장미 이제 그 이름뿐,
우리에게 남은 것은 그 덧없는 이름뿐

〈장미의 이름〉 중 마지막 구절

　저자는 이탈리아 출신이다. 21세기를 산 위대한 르네상스인이 이름을 아로 새기고 2월 19일 오후 9시30분(현지시간) 별세했다고 외신은 전했다. 장미의 이름은 중세 말 수도원을 무대로 아리스토텔레스의 〈시학〉제2권의 필사본을 둘러싸고 벌어지는 연쇄 살인 사건을 다뤘는데, 세계적으로 40여개 언어로 번역돼 5,000만부 이상이 팔렸다.

　그가 추리 소설의 책 제목을 왜 '장미의 이름'이라고 붙였을까 궁금했다. 소설의 내용과 접목하기 쉽지 않기에 평소 독자들은 궁금증을 가질 수밖에 없었고 움베르토 에코가 기자나 사석에서 독자들에게 가장 많이 받았다고 한다.

　"독자들로부터 이 책의 말미에 실린 6보격(步格)(그리스시대에 시인들

이 시 형식으로 교훈시에 사용되었다. 19세기 세계적 시인 워즈워드나 휴플러스가 사용하였으나 널리 이용되지 않았다)시구의 의미는 무엇이고, 이것이 어째서 책의 제목이 되었느냐는 질문을 받았다. 그래서 대답하거니와, 우리에게서 사라지는 것들은 그 이름을 뒤로 남긴다. 이름은, 이 세상에 존재하지 않는 것은 물론이고 존재하다가 존재하기를 그만둔 것까지도 드러낼 수 있음을 보여준다. 나는 이 대답과 더불어, 이 이름이 지니는 상징적 의미에 대한 해석을 독자의 숙제로 남기고자 한다.”

원래 이 소설의 씌어질 당시 제목은 '수도원의 범죄사건'이었다고 한다. 그러나 움베르토 에코는 그 제목을 파기했다. 그 이유에 대해서는 이렇게 밝힌다.

“독자들의 관심을 미스터리 자체에만 쏠리게 할 가능성이 농후하고,

독자들이 액션으로 가득한 약간은 황당무계한 책으로 오해하고 책을 살까 두려웠기 때문이었다."

작가들은 작품을 만들고서 제목을 붙이는데 무던한 심사숙고를 거듭한다. 몇 번을 고민하다 못해 주변의 지인들의 의견을 경청하고 가제의 제목을 몇 개 만들어 가까운 작가들에게 조언을 듣기도 한다.

얼마 전 〈명량〉영화가 천만 관객을 동원하는 공전의 히트를 날렸다. 〈명량〉 이전에 '성웅 이순신'이라는 제목의 영화가 여러 차례 나왔다. 그러나 모두가 흥행에 실패하였다. 영화의 제목이나 예술장르의 제목은 매우 중요하다.

에코가 '장미의 이름'을 만들면서도 무던히 고민하였던 흔적을 보인다. 에코가 처음 만든 '수도원 범죄사건'이라는 제목이었어도 책은 베스트셀러가 되었을까하는 의문을 가질 수 있다.

행여, 장미라는 꽃이 꽃시장에서 85%의 점유율을 가지는 대중성일까? 사람들이 사랑의 표현으로 장미꽃을 선호하기 때문일까? 하는 생각을 해 본다.

에코는 한국과 특별한 인연을 가지고 있다. 그는 지난 2002년 계간지〈세계의 문학〉여름호에 실린 한 대담에서 개고기 문화를 비판한 프랑스 여배우 브리지트 바르도에 대해 파시스트라고 일갈했다. 에코는 "어떤 동물을 잡아먹느냐는 인류학적문제다. 그런 면에서 바르도는 한 마디로 어리석기 짝이 없다는 우둔함의 극치'라며 상이한 문화권에서 서로 다른 관습이 존재한다는 사실을 많은 사람이 이해하도록 노력해야 할 것"이라고 강조했다.

에코는 2012년 한 국내 언론과 인터뷰에서도 한국에 대한 애정을 드러냈다. 그는 당시 자신의 책이 42개 언어로 번역됐다며 "한국은 내가 쓴 모든 책을 번역한 몇 안되는 예외적인 나라"라고 고마워했다. 에코는 지난해 일곱 번째이자 마지막 소설인 '누메로 제로'를 출간하기도 했다. 이 소설은 타블로이드 언론과 음모론 등을 다루며 현대 이탈리아 사회를 비판했다. 에코가 떠난 것은 아쉽지만 그가 '장미의 이름'이라는 제목을 남기고 간 연유를 우린 속 시원하게 알고 싶다.

초두에 말했듯 제목이 주는 뉘앙스는 독자들을 끌어 모으는 중요한 표적일 수밖에 없다. 마가렛 미첼의 〈바람과 함께 사라지다〉도 그렇다. 전혜린의 〈그리고 아무 말도 하지 않았다〉나 최근 흥행몰이의 〈검사 외전〉 같은 제목도 같은 맥락이다. 군이 궁금하다면 와서 보라는 것이다. 그리고 제작자와 같이 고민해 보자는 것이다.

에코는 기호학자이면서 소설을 집필하였다. 기호란 언어학이다. 기호학자가 가지는 원리들을 적절하게 녹이는 특수한 능력을 가졌다는 에코의 능력도 무시할 수 없다. 그러나 소설로 독자를 불러 모으기 전에 제목이 먼저 불러야 한다. 에코는 기호학자로서의 책임을 소설 속에서 놓지 않았다.

신념과 고집은 다르다는 것. 독단과 확신도 다르다는 것이다.
신념은 내가 믿는 바를 확신하면서도 다른 의견을 수렴해 물음표를 찍어보는 단계를 거친다. 그리고 고집은 다른 의견, 생각에 귀를 틀어막고 마음을 닫아버린다. 독단은 기억의 고집이다. 내가 믿고 있는 것을 남들도 따라야 한다고 고집한다. 그러나 확신은 나 혼자 믿어도 좋은, 그러나 타인의 생각도 존중하는 마음의 지혜다. 에코의 이 같은 태도는 개고기를 놓고 배우, 브리지트 바르도를 꾸짖는 모습에도 보인다.

언젠가 지고 마는 장미일지도 모르는데, 가시가 앙상한 그 장미를 꼭 쥔 채 놓지 못하고 있는 인간들.

에코가 붙인 '장미의 이름'의 질문이 들어 있지 않을까.

06 플로리스트의 손,
농부의 손

칼라이 스승은 늘 손톱 밑에 흙이 묻어 있었다.
그것이 너무나 아름답고 깨끗한 손으로 내 눈에 비쳐졌다.
플로리스트의 손톱 밑에 흙은 영혼을 살리는 흙이다.

'장 프랑쇠 밀레'는 그의 이름보다도 〈만종〉으로 더 유명하다.

인간이 대지와의 투쟁이 끝나고 저녁놀에 물든 시간의 쓸쓸한 시정(詩情)과 광막한 들판에 서 있는 소박하고 겸손한 기도자의 모습을 담고 있다. 어쩌면 인간의 최후의 모습이 바로 '만종'이 아닐까?

거장 '밀레'의 생애는 우리에게 많은 감동과 교훈을 안겨준다. 한 예술가가 가질 수 있는 가장 완벽한 고독과 창조의 경지를 보여준다. 뿐만 아니라 그는 그가 태어난 프랑스 땅 노르망디의 흙에 깊이 애착하고 체험적 노동을 통하여 흙의 진실과 농민의 애환을 통감하여 숱한 작품 속에 그것을 형상화 하였다.

슈미트수상영부인과 방식

　착하고 아름다운 노르망디인. 중키보다 약간 크며 우람한 체격, 소와 같은 머리와 어깨 그리고 손을 갖고 있었다. 그의 체험은 바로 위대한 자연이었으며 우직한 석공의 자세로 자연 속에 창조적 영혼을 불태우고 새김질해 나갔다.

　풀을 베기도 하고 가축먹이의 건초를 만들기도 했으며 타작한 곡식을 깨끗이 바람에 불리기도 했었다. 때로는 밭을 매고 거름을 주고 씨를 뿌리기도 했었다.

　예술가가 체험이 없이 내면을 그린다는 것은 음악가가 가슴에서 소리를 내지 않고 목청에서 가성을 내는 것과 같다. 사람들은 나에게도 꽃을 형상하는 순간의 예술가로만 생각하는 경우가 많다. 현재의 위치에 오른 나를 보는 사람들은 그저 가위만 들고 꽃 장식을 하는 경우로 본다. 그도 그럴 것이 청와대의 행사나 각국에서 온 정상들의 중요 행사에 꽃 장식만을 지켜 본 사람들은 아름다운 꽃만을 만지는 사람으로 생각하기도 한 모양이다.

나는 꽃을 생산하고 꽃을 내놓는 땅과의 대화를 한시도 놓지 않았다. 내가 만드는 소재들은 최대한 직접 농장에서 기른 재료들을 이용하는데 노력하여 왔다. 어머니의 생전에는 어머니가 직접 농장에서 꽃들을 기르고 살펴왔다. 나는 시간이 날 때마다 갓 바위의 농장에 내려가 직접 나무를 돌보고 재료들을 날랐다. 요즘은 파주로 농장을 옮겨 직접 삽을 들고 일하고 있다.

사실 밀레가 자신의 작품의 영혼을 위하여 직접 씨를 뿌리고 풀을 베기도 했다는 것에 감동은 물론, 같은 예술가로 동감하는 바가 크다.

가끔은 제자들이 흙 묻은 손톱을 보고 웃기도 한다. 나는 손톱에 묻은 흙이 때론 자랑스럽고 아름답다는 생각이 들곤 한다. 내가 기른 나무들은 우주를 버티게 한다. 나무가 사람을 보호한다.

최근 오스카상을 받은 레오나르도 디카프리오는 수상 소감을 이렇게 말했다.

"지난해는 역대 가장 더운 해로 기록됐습니다. '레버넌트'를 찍을 때 눈을 찾기 위해 남극 가까이로 가야할 정도였습니다. 기후 변화는 현실입니다. 지금 실제로 일어나고 있는 일입니다. 우리가 마주하고 있는 가장 시급한 위험입니다. 더 이상 미루지 말고 다 같이 힘을 모아야 합니다. 공해 유발자와 대기업의 대변인이 아니라 환경 파괴로 가장 큰 피해를 입게 될 수십억 보통 사람들을 위해 힘써줄 지도자들에게 힘을 모아줍시다. 우리 아이들의 아들 딸들을 위해 그리고 탐욕의 정치로 소외된 사람들을 위해서라도 이제는 바뀌어야 합니다. 오늘 이 놀라운 상을 받게 해주셔서 고맙습니다. 우리 모두 대자연을 당연한 것으로 생각지 맙시다. 저도 오늘밤 이 순간을 당연한 것으로 생각하지 않겠습니다. 여러분 대단히 감사합니다."

예술가가 자연을 생각하고 환경을 생각한다는 것은 거룩한 소명이라고 생각한다. 밀레나 디카프리오나 모두가 고마운 예술가다.

예술가가 자신의 일을 하는 데에 혼을 쏟는다는 것은 자연스럽고 아름다운 일이다. 모르긴 해도 밀레는 자연의 체험농장을 통하여 자신의 이름보다 더 위대한 '만종'을 만들어냈을 것이다.

디카프리오도 마찬가지다. 환경이야기가 아니라 더 멋진 수상 소감도 있었을 것이다. 그러나 자연과 지구 환경이 가장 중요하고 그보다 더한 것은 없다고 판단하였을 것이다.

나의 스승 칼라이는 셀대통령 스미트 수상과의 약속날도 시간 전까지는 흙 묻은 장갑을 벗지 않고 일하는 모습을 잊을 수 없다. 사람들은 대통령과의 미팅이라면 이른 시간부터 분주하게 단장하고 입고 갈 옷 코디에 여념이 없을 것이다.

칼라이 스승은 늘 손톱 밑에는 흙이 묻어 있었다. 나는 그것이 너무나 아름답고 깨끗한 손으로 비쳐졌다.

플로리스트의 손톱 밑에 흙은 영혼을 살리는 흙이다.

꽃은
왜 아름다운가?

짧게 저버리기에 아름다울까?
가장 예민하기에 아름다울까?

오래 전에 텔레비전에서 고은 시인의 인터뷰를 본 적이
있다. 인터뷰 진행했던 기자는 시가 무엇이냐? 고 물었다. 고 시인
은 모르겠다. 단지 무서울 뿐이다 라고 답했다. 기자가 다시 시인이
왜 시가 무섭느냐? 고 되물었다. 기자는 고 시인의 대답이 이해가
되지 않는 모양이다. 고 시인은 처음 시를 대한 것이 중학교 시절,
이육사의 '광야'라고 한다.

까마득한 날에
하늘이 처음 열리고
어데 닭 우는 소리 들렸으랴

모든 산맥들이
바다를 연모해 휘달릴 때도
차마 이곳을 범하던 못하였으리라

끊임없는 광음을
부지런한 계절이 피어선 지고
큰 강물이 비로소 길을 열었다

지금 눈 나리고
매화향기 홀로 아득하니
내 여기 가난한 노래의 씨를 뿌려라

다시 천고의 뒤에
백마 타고 오는 초인이 있어
이 광야에서 목놓아 부르게 하리라.

이육사 시인이 무서웠다는 '광야'의 전문이다.

고 시인은 "하늘이 처음 열리고 /어데 닭 우는 소리가 들렸으랴/ 백마타고 온 초인이 있어" 구절이 그토록 무서워서 시를 덮었다고 한다. 설명인즉 너무나 광활한 생각과 시공을 뛰어 넘는 세계의 이 야기가 무서웠다는 것이다. 그러나 시간이 흐르고 한하운의 시를 보고 '나도 이런 시를 쓰고, 이런 시인이 되리라'고 결심했다고 한다. 그렇지만 시가 무엇이냐? 고 물으면 모르겠다 고 대답한다.

이종사촌 동생은 시인이다. 그를 만나면 내게 여러 가지 질문을 한다.

왜 꽃은 아름다운 거예요?
왜 사람들은 꽃을 좋아할까요?
향기의 꽃과 향기가 없는 꽃들 중에 어느 꽃이 좋아요?
왜 사람들은 유독 장미를 좋아할까요?

그의 물음에 그저 웃기만 한다. 그런데 오늘 고은 시인의 인터뷰를 보면서 고 시인의 대답이 내 대답이 아닐까 생각했다.

초등학교 시절에 학교의 곳곳에 꽃꽂이를 하고 꽃을 심는 것이 나의 일상이었다. 내가 왜 꽃을 가꾸고 가까이 하는지를 한 번도 생각하여 보지 못했다. 꽃이 내 세포에 한 부분이라는 것도 지금에 돌아볼뿐이다. 독일 유학 시절에 귀국 가방에 장미 줄기를 가져 오는 것도 왜 가져 왔느냐고 물으면 할 말이 없다. 나는 장미가 좋았고 나의 조국에 심고 싶었을 뿐이라는 것도 지금에 정리가 된다.

어느 심리학자는 꽃이 짧은 순간에 머물기에 아름답다고도 한다. 그래서일까? 짧게 저버리는 벚꽃. 벚꽃구경을 위하여 축제의 거리엔 장사진을 이룬다. 또 다른 심리학자는 꽃은 가장 예민하기 때문에 사람들이 좋아한다고 말한다. 예민한 것을 좋아하는 것은 인간의 본성이라고 설명한다. 꽃은 계절에 가장 예민하게 다가간다. 사람은 유혹에 민감하다고 한다. 사람은 700가지 유혹의 능력을 가졌다고 한다. 꽃은 700가지를 갖지도 않았지만 가장 많은 사람을 유혹하는 자연의 태도를 가졌다고 한다. 사람의 유혹은 때론 계산적일수도 있다. 꽃은 계산의 유혹도 없다. 그래서 사람들은 꽃을 좋아하는 것이 답일지도 모른다. 아니다. 고은 시인처럼 모르는 것이 답일지도 모른다.

사람이 가장 가까이 할 수 있는 유혹의 방법은 우연한 스킨십이라고 한다. 가령 어느 공간에서 만났던 사람이 다시 지하철에서 만난다. 교회에서 만났던 사람이 공항에서 마주친다. 우연의 연속은 유혹의 중요한 부분이라고 한다. 꽃은 우연히 없다. 늘 한곳에 머문다. 사람들이 그저 좋아서 선택적 방문이 있다.

옛날 고전의 유혹은 손금을 봐준다는 방법도 있었다. 이 또한 스킨십의 방법이다. 요즘은 다양한 문화로 인하여 인연의 스킨십은 흔하다. 문화 공간, 등산 등 수많은 스킨십이 있다. 꽃은 스킨십이 없다. 그러면서도 인간과 가장 가까운 관계를 형성한다. 가령 강아지나 고양이는 주인에게 다가가 애교를 부리면서 사랑을 받는다. 꽃은 그렇지도 않는다. 오히려 사람의 손길에 의하여 고운 모습을 만들어 낸다. 사람이 가꾸어 가면서 사랑해주는 독특한 존재다. 이런 꽃을 가지고 왜 꽃이 아름답느냐고 묻는다면, 답을 못하는 것이 정답일 것이다.

공자가 하루는 제자들에게 질문을 하였다. 의미를 모르는 제자들은 멍한 얼굴인데 자로(子路)만이 공자의 얼굴을 보면서 웃고 있었다. 자로는 선생님 무슨 뜻인지 알 것 같아요. 의미의 웃음이었다.

공자는 자로의 옆으로 다가가며 네가 나의 제자로구나 하고 같이 웃어주었다.

답이란 꼭 답을 하는 것이 아닐 수도 있다. 속으로 답하는 것이 답일 수도 있다.

08 가슴으로 일하고 손끝으로 들어라

흙의 봄, 여름, 가을 겨울노래를 듣게 된다.
베토벤의 교향곡 보다 더 아름답다.

20대부터 가슴으로 일하고 손끝으로 들어(성사)라는 말을 실천해 왔다. 이 말을 제자들에게 당부하였다. 물리학에서 '입력'이라는 말이 있다. 한 가지에 집중하고 일하면 몸에는 자신도 모르게 입력이 된다는 뜻이다. 방송에 나오는 생활의 달인들을 눈여겨본다. 가슴으로 일하고 손끝으로 목표를 이룬 장인들이다. 몸에 입력이 되어버리면 하는 일 외에는 헛된 잡념이 들어오지 못한다.

서교동에 가면 60대의 엄지압이라는 맹인 안마사가 있다. 엄 원장의 엄지와 검지의 손은 주먹 만 한 혹이 붙어 있다. 괭이가 붙은 것이다. 맹인학교를 나오고 줄곧 안마를 시작한 엄 원장은 하루 10

시간이 넘는 안마를 40년이 넘게 하였다. 그는 초등학교 4학년에 때에 실명이 되었다. 그는 실망하지 않고 맹인 학교를 졸업 후 안마를 시작하였다. 그 결과가 양손가락에 큰 혹이 세월을 따라 생겼다. 양손에 어린아이 주먹 같은 꽹이를 보면서 맹인으로서 인고의 시간이 짐작이 가고 남는다.

하루는 스님이 탁발을 왔다. 엄지압 원장에게 말했다.

"당신은 죽어서 화장을 한다면 꽹이 박힌 손가락에서 석가모니보다
  더 큰 사리(舍利)가 나올 것입니다. 꼭 화장을 하세요."

우스개 소리 같지만 엄 원장은 엄지, 검지에 안마의 기술이 입력이 되지 않았을까. 그는 안마만으로 나름의 경제력을 가지기도 하였다.

딸을 결혼 시키는데 하객이 어느 국회의원보다 더 많이 왔다고 한다. 화환도 헤아릴 수 없이 들어왔다. 역시 한국의 결혼식은 축하 화환의 척도도 무시 할 수 없는가보다. 그의 안마의 성실은 손가락 혹뿐 아니라 주변의 대인관계도 성공한 것으로 보인다.

어느 위치에 도달한 사람들의 성공담이란 공통적이다. 자신의 일 외에는 좌우를 살피지 않는다는 것이다. 일에 매달리면 가슴이 뜨거워지고 하루가 짧다.

나는 흙을 만질 때면 자연의 평온함을 느낀다. 작열하는 태양 아래서도 썬 크림을 바르지 않는다. 햇빛과의 교감이 좋다. 경찰은 하루 종일 거리에서 교통을 정리한다. 농부는 하루 종일 흙과 대화하며 일

한다. 내가 보는 그들은 썬 크림을 바르지 않을 것으로 생각한다.

어느 날 도올 김용옥 선생이 방송에서 강의를 하면서 하는 말이 인상적이다. 자신은 지금까지 방송을 하면서 얼굴에 메이컵을 하지 않았다고 했다. 방송국에서 그러는데 도올 선생 같은 사람은 없다고 하더라고 했다.

사실은 생 얼굴, 미 분장의 효시는 나다. 하루같이 방송에 출연하던 90년대, 나는 분장실의 메이컵을 거부했다. 담당 PD는 거듭 분장을 요청했지만 예술을 하는 사람이 자연스러운 것도 좋은 것이 아니냐고 웃어 넘겼다.

독일에서 20대의 경험담이다. 1월이었다. 진눈깨비가 내리는 가운데 장갑을 끼고 식물 농장에서 가지치기를 하고 있었다. 경험자는 장갑을 끼고 일하면 능률도 오르지 않고 식물의 순을 정확히 자를 수 없다고 일러주었다. 장갑을 벗었다. 장갑을 착용하는 것이 자연을 거부하는 것이라고 말하면 무리한 주장일까?

물론 눈 비가 오면 손등이 시럽다는 것은 삼척동자도 안다. 손등을 타고 내리는 눈 비는 속옷까지 적신다. 추우면 더 열심히 일한다. 열이 날 때까지 일한다.

들판의 과수농장, 대지의 식물과의 대화는 그렇게 평화롭게 느껴질 수가 없다. 이른 봄 장미종의 눈을 따서 접을 붙이는 작업, 허리를 펴지 않고 200m남짓을 가게 된다.

과수 중에 외향성의 사과, 배, 자두 등은 활접을 한다. 서서 움직이니 그래 수월하다. 이 모든 일들은 몸에 입력된 사람에게는 기쁨의 일이 된다.

성경에 보면 천년이 하루 같다는 말이 있다. 일을 하다보면 일 년이 하루 같다. 오늘도 장갑을 끼지 않고 일하는 손은 흙과 스킨십을 한다.

흙의 봄, 여름, 가을 겨울노래를 듣게 된다. 베토벤의 교향곡 보다 더 아름답다.

전율이다!

09 내가 문화적 이상을 버리지 않는 이유

내가 만약 문화적 기질의 삶을 살지 못했다면 지금 보다
천배의 낮은 삶이었을 것이라는 상상도 하여 본다

독문학 작품 중에 노발리스(Novalis, 1772~1801)의
〈푸른 꽃〉(Die Blaue Blume1802)이 있다.

스무 살의 청년 하인리히는 꿈에서 푸른 꽃을 본다. 그가 푸른 꽃
에 다가가서 그 앞에 서자 꽃은 상냥한 소녀의 얼굴로 변한다. 그 소
녀를 동경한 나머지 하인리히는 먼 여행길을 떠난다. 마침내 아우구
스부르크에서 할아버지 친구이자 시인인 크링스오스를 만나고, 그
의 딸 마틸데에게서 꿈에서 본 〈푸른 꽃〉의 모습을 찾는다. 그가 다
시 꿈을 꾸는데, 나룻배에 앉아 노를 젓는 마틸데를 거대한 풍랑이
덮친다. 꿈은 현실이 되어 마틸데는 죽고, 마틸데에 관한 그의 사랑
과 그녀의 죽음은 그를 시인으로 만드는데 결정적인 체험이 된다.

내가 이 작품의 줄거리에 이런 저런 이야기를 더 붙일 만큼의 독문학자도 아니다. 다만 꽃을 만지는 플로리스트마이스터로서 노발리스트가 〈푸른 꽃〉이라는 제목을 왜 붙였는가에 대하여 호기심을 갖는다. 그리고 그가 소설을 쓸 즈음엔 요즘의 푸른 장미도 없었다는 것에 흥미를 갖지 않을 수 없다.

소설은 독일의 낭만주위의 소설로 분류되지만 난 조금은 엉뚱하게 현실적인 접근을 해 보는 것이다. 그것이 나의 예술적 세포의 본능일까?

어떤 사람들은 나에게 조경마이스터가 되지 않았다면 기업 경영자로서도 성공하였을 거라는 덕담을 곧잘 하여 준다. 그러나 나는 그런 말을 별로 좋아하지 않는다. 나의 지나온 여정은 뼛속까지 문화적 삶이 바탕이 되었기 때문이다.

자연은 완벽한 세포구조로 형성되었다. 그러한 자연이 좋을 수밖에 없다.

모 대학 대학원에서 강의할 때 한 학생을 만났다. 이탈리아에서 7년을 유학을 하고 돌아 왔다. 떠날 때, 지도교수는 유학을 다녀와야지 장래를 도와 줄 수 있을 것이란 말을 하였다. 유학을 다녀오니 대학원은 나와야지, 그래도 학위는 받아야지 않겠냐고 하였다. 정작 박사학위를 받았으나 강의할 일자리는 기다려주지 않았다.

분석하건데 이 젊은이는 늘 자신의 능력이 채워지지 않아서 일자리가 나타나지 않는 것으로 자신을 탓하고 있었다. 자기 자신의 소명 의식이 결여된 젊은이로 보이는 가하면 자기비하로 무장됨이 여실히 비추어 졌다. 이것을 사대주의라고 할까?

지식은 받아드리는 순간 내 것이 되어야한다. 내 것은 내가 자유롭게 사용하는 것을 말한다. 내 통장의 돈은 필요할 때면 내가 자유롭게 쓰듯이 말이다.

만약 더 많은 돈을 채우기 위하여 노력만 한다면 결국 써보지 못하고 죽게 될 것이다. 나는 한국의 모든 것을 사랑하고 한국에서 태어난 것을 한 번도 후회하거나 한쪽 눈으로만 본적이 없다. 한국의 자연, 산과 들에는 플로리스트마이스터들에겐 그야말로 황금의 재료들입니다. 몇 번에 걸쳐서 이야기 했듯 독일에 도착해 짐을 풀면서 나는 한국에 돌아가서 할 일을 생각하며 독일 생활을 하였다.

70년대의 한국은 해야 할 일들이 산적해 있었다.

박정희 대통령은 '잘살아 보세'는 새마을 운동과 함께 중화학의 국가사업에 기초를 다지고 있었다. 당시 독일에 파견된 중앙정보부 직원은 나의 스승 칼라이에게 독일의 농학기술 전수와 기술인을 파견하여 줄 것을 부탁하는 정도였다. 칼라이는 중앙정보부 직원에 말하였다. 저 젊은이가 한국에 가면 15,000명의 역할을 할 것인데 무슨 기술인 조달이냐고 반문하였다. 그러고 보면 스승 칼라이 말을 넘어 15,000명 이상의 제자들이 한국의 이곳저곳에서 성실하게 역할을 하고 있다. 스승 칼라이는 단순한 제자로 생각을 하는 것이 아니라 한국의 미래를 짊어질 젊은이가 자신의 농장에 와 있다는 것으로 내다보고 있었던 것이다.

내가 말하고자 하는 것은 내 지적 부족을 걱정하며 공부를 하는 것이 아니라 내가 어떻게 할 것인가를 늘 생각하는 것이 중요하다는 것이다. 공부를 제아무리 많이 하여도 풀어놓지 못하면 통장의 돈을 쓰지 못하고 죽는 것과 같다. 나는 은행창구에서 돈다발 묶는 지(紙)끈을 보고 생산지를 찾아서 꽃꽂이에 이용하는 일화도 가지고 있다. 그 뿐이 아니라 그늘막이 검정 포장 막을 이용하기도 하였다. 그것들은 내가 공부하고 온 독일인들이 수입하여가는 역 지식수출이 되는 결과를 가져왔다.

나의 문화적 기질의 삶이 이런 결과를 가져왔다고 본다. 돌이켜 보면, 문화적 삶을 살지 못했다면 지금 보다 천배의 낮은 삶이었을 것이라는 현실적 진단도 종종 하여 본다.

직관은 태도에서 흐르는 것이라 생각된다. 샘물이 깊이 파서 나오는 것이 아니다. 그 샘의 물줄기는 이미 깊은 곳에 흐르고 있었다. 직관은 누구나 자신도 모르게 이미 잠재되어 있다. 실천하는 자 만의 것이다. 직관이 절대적으로 맞아 떨어지라는 법은 없다. 그렇다고 맞지 않는 것을 두려워하고 실천하지 못하면 그 사회는 멈추어진 사회다.

멋지게 말하면 죽은 시인(꽃)의 사회라고 할 것이다.

내가 가진 모든 지식을 나를 위해 쓰든지, 아니면 타인을 위해 써라.

시간은 점령하고
지휘하는 자의 것이다

금강산에서 MBC와 무대작업을 할 때 웃지 못 할 촌극도 벌어졌다. 김정일이 지나간 곳에 기념비가 있는데 그곳에서 작업을 할 수 없다는 것이다. 결국 순간의 예지로 그곳에 꽃을 꽂는 조건으로 진행이 계속되는 경우도 있었다.

흘러가버리는 시간은 형체가 없다. 단지 그 시간 속에 새겨진 기억만 있을 뿐이다.

내가 양들을 몰고 푸른 지대를 누비던 시간, 우유를 가지러 가기 위해 새벽을 깨우던 시간, 어머니가 만들어준 된장국을 먹던 시간, 아버지가 사온 풀빵을 맛있게 먹던 시간, 할머니가 나의 얼굴을 보며 내 손주가 장하다고 바라보는 눈길, 독일에서 한국의 농촌을 위하여 조경마이스터, 플로리스트마이스터의 공부를 하던 시간, 한국에 돌아와 뒤돌아보지 않고 후학을 위하여 강의해 온 시간.

우리의 삶을 이룬 시간 속에 기억들을 만나게 된다.

흔히 사람들은 언론인들을 분주한 시간을 쪼아가며 제일 바쁜 사람으로 기억하기도 한다. 그들의 일상이 대중 속에 노출되고 대하는 시간이 많기 때문이다.

그보다 더 시간을 쪼개며 점령하지 않으면 안 되는 종사자들도 있다. 바로 식물을 다루는 직업이다. 꽃은 뿌리를 벗어나면 시한부가 된다. 부상당한 환자를 주어진 시간 안에 의사가 수술을 하지 않으면 생명이 끝나는 것과 마찬가지다. 시간 속에서 꽃이 가지는 특성을 살려놓지 않으면 멸망의 시간이 된다.

백화점, 방송국, 청와대, 각국정상 회담장 설치미술은 하나같이 공통점이 있다. 시간을 다투며 피 말리는 촉각(觸角)이라는 것. 마치 다이너마이트에 불을 붙이는 순간 그 현장에서 벗어나야 하는 것과 다르지 않다. 완성의 설치미술을 보는 시청자나 관객은 아름다움의 보인만큼의 현상만을 본다.

방송의 설치미술을 위해서는 작게는 100여명의 스텝이 동원된다. 거기엔, 직원도 있고 교육생도 있다. 주어진 시간에 작품을 완성하기 위해서는 그들과 하나가 되어야 한다. 한 사람의 테크닉이 감당할 수 있는 것은 지휘권뿐이다. 감독의 권한을 가장 효율적으로 전달하고 실현할 때에 결과가 나타난다.

실수를 막는 방법은 전달, 그리고 수행자의 이해도가 중요하다. 순간의 정의는 생각할 시간이 없는 찰나를 말한다.

전쟁에서 지휘자는 생각보다 명령이 먼저 나가야한다. 그래야 적진의 총탄을 맞지 않고 전승을 거두는 법이다. 내가 배우고 느낀 점을 전달하고 한걸음 뒤에서 바라보며 작품을 대한다는 것은 사치다.

오로지 일사불란하게 완성도를 위하여 가는 것이다.

　현장에서 일하다 보면 작품의 완성만이 전부가 아닌 경우도 있다. 작품 의뢰자의 인식과의 대립이 되는 경우다. 신세계백화점에서의 경험 한 토막이다. 일본인 기획자에 의하여 도면이 그려지고 설계가 되었으니 설치만 하여주면 된다는 것이다. 돈을 위하여 하는 일이라면 매우 단순하게 생각할 수도 있다. 그러나 예술의 세계는 인공지능(AI)과도 다르다. 알파고와 이세돌이 하는 경기는 흥미가 있고, 인류 최초로 시도한다는 스포츠적인 게임이다. 그러나 예술은 전혀 별개다. 완성도와 작가의 혼이 들어간 것이다.

　미당 서정주 시인의 〈국화 옆에서〉라는 시에서 "한 송이의 국화꽃을 피우기 위해 봄부터 소쩍새는 울었나보다"라는 구절이 있다. 미당은 국화꽃이 피우는 과정을 우주의 섭리로 본다. 작품이 수많은 스텝에 의하여 만들어지는 것은 영화가 감독에 의하여 많은 구성원이 동원되는 종합예술과 같은 것이다. 꽃의 설치미술이 완성되기까지 거슬러 올라가면 꽃을 재배하는 농부까지 동원되는 것이다.

　각종 방송에서 하나의 대형 쇼 프로가 완성되기까지는 수많은 절차와 과정으로 이루어진다. 무대와 조명이 만들어지고 출연진의 리허설이 콘티에 의하여 진행된다. 그리고 맨 나중에 설치미술이 들어간다. 한밤중이 되기도 하고 짧은 시간이 주어지기도 한다. 그 시간은 1시간의 여유도 빠듯한 경우가 다반사다. 상식으론 도저히 감당할 시간이 아니다. 그러나 안 되는 것을 되게 하는 것이 프로들의 의

무가 아닌가!

돌아보건대 롯데백화점, 갤러리아백화점, 한양백화점, 압구정 현대백화점, 부산백화점, 울산 줄리아백화점 등 대략 15개 백화점의 주어진 시간들은 하루를 넘지 않았다. 꽃으로 무대를 덮는 것은 쉬운 장치다. 무대전체 구석구석 카메라가 누벼도 빼어난 장식이어야 한다.

의사가 아무리 수술을 잘하여도 수술자국이 예쁘지 않으면 환자에게는 평생의 짐이 되는 것과 매 한가지다. 순간의 예술 같지만 영상의 자료는 영원히 남게 되며 세계의 곳곳에 한국 무대예술이 비춰지게 된다는 책임감이다.

완성도를 위하여 스프레이를 분사했더니 설치 장소에 그 냄새가 베인 적이 있다. 그래서 양파를 이용해 냄새를 제거하는 작업을 하는 경우도 있었다. 탄력적인 센스가 순간순간 필요하다.

금강산에서 MBC와 무대작업을 할 때 웃지 못 할 촌극도 벌어졌다. 김정일이 지나간 곳에 기념비가 있는데 그곳에서 작업을 할 수 없다는 것이다. 순간의 예지로 그곳에 꽃을 꽂는 조건으로 진행이 계속되는 경우도 있었다. 우리의 시선으로 보면 이해가 되지 않는 경우다.

매 순간의 결정이 원만하지 않거나 지혜롭지 못하면 중단된다는 것을 단적으로 보여준 예가 아닌가 싶다.

이주일 쇼나, 윤복희 쇼에서는 늘 순간의 미학이 동원되었다. 현지의 상황이 준비, 예상했던 상황이 아니기 때문이다.

가장 순발력이 필요했던 상황은 올림픽승마경기장이다. 15분여 내로 장애물 설치를 바꾸어 놓아야 했다. 한편으로 올림픽 마지막 날 승마경기가 주경기장에서 열린다. 그리고 곧바로 올림픽의 피날레인 마라톤이 들어오게 된다. 그 시간은 2시간이 채 되지 않았다. 그 많은 설치를 재빠르게 철거해야만 마라톤이 원만하게 치러진다.

설치미술은 수많은 시청자, 관객의 환호와 성취감을 만날 수 있다.

독일에서 추억의 시간도 기억 속에 있다. 꽂꽂이 작품을 사기위하여 10~20m의 줄을 섰다. '200개면 되겠지'라는 계산으로 준비하였다. 그러나 예상치 못한 반향이 일어났다. 결국 한 사람에 한 개, 가족당 한 개만 구입하는 기억의 시간도 있다.

시간 속에 언제나 웃음과 눈물이 있고 슬픔과 기쁨이 있다. 설렘도 있고 후회도 외로움과 그리움이 있다. 그럼으로 시간은 기억이다. 흘러가는 시간 속에 우리는 어떤 기억을 심고 있을까?

결국 시간은 자신이 점령하고 지휘하는 것이다.

11 전시회는 인간에게 무엇일까?

전시회는 사람과의 소통의 시작이다.
전시를 준비하는 제작자.
소통을 위하여 심혈을 기울인다.

음악회를 가고 전시회를 다녀오는 것은 삶의 문화이다. 이런 문화의 양식으로 부인하는 사람은 없다. 그러나 문화양식의 존재와 달리 문제는 전시와 관련 문헌도 없고 전시의 역사를 기록한 저서도 없다는 것이다. 자료가 필요 없다는 것은 인류의 탄생이 바로 전시회와 같이 탄생되었기 때문에 굳이 자료가 필요하지 않다고 보는 것일까?

자연의 넓은 산은신의 작품이며 꽃은 신이 만든 피조물 중에 인간을 제외한 최고의 걸작이다. 봄이면 사람들이 꽃시장에 들러서 꽃을 사서 모종하는 것을 신도 내려다 볼 것이다. 결혼식장의 아름다운 신부가 꽃을 들고 입장하는 것을 보면서, '그래 내가 만든 작품은 사람들도 좋아하는 걸작이야' 하며 혼자 말을 할 수도 있을 것이다.

전시회는 사람과의 소통의 시작이다. 전시를 준비하는 제작자는 소통을 위하여 심혈을 기울인다.

플로리스트에게는 전시야말로 가장 중요한 교육, 학습의 장이다. 전시는 순간이 될 수도 있다. 순간은 사라진다고 생각하면 사려 깊지 못한 판단이다. 전시를 하기 위한 학생은 잠 못 이루는 기획을 세운다. 전시의 기획이 순간순간 판단이라고 하여도 그가 오랫동안 몸에 지닌 지식을 표출을 하기 때문이다. 나의 전시회 시작은 항구도시 목포에서부터 시작됐다. 모두가 중앙, 서울중심의 전시를 할 때에 지방전시를 중시하였다.

예향의 도시 목포는 당시만 하여도 전시는 서예와 그림의 중심이었다. 꽃전시회의 불모지에 중앙에서도 보기 힘든 출중한 작품을 전시하였다. 늘 생각하는 것이 예술은 장소와 관계없이 숨 쉬고 소통해야 한다. 식물이 숨 쉬는 곳에 인간이 존재하듯이 말이다.

항구 도시목포는 열아홉 이난영의 눈물이 아니라 꽃피는 환희로 재인식시키고 싶었다. 지방자치제의 인식 부족으로 연속성을 갖지 못한 것이 아쉽기만 하다.

함평의 나비축제, 고양시의 꽃박람회, 부산의 영화축제는 지자치제의 적극지원과 후원으로 세계의 관심까지 받을 만큼 성장하였다. 전시회를 전시만으로 생각하면 그것은 단편적이다. 함평의 나비축제만 하여도 초기에는 적자로 출발하였지만 지금은 흑자로 돌아섰다. 부산영화축제도 마찬가지다. 지방자치제의 문화전시는 생산성

칼라이스승과 방식(1974)

과 관람자로 연결이 되고 있다. 고양전시회는 수회가 지났지만 관람객에게만 의존하고 있다. 좀 더 나아가 생산성과 취업통로까지 폭넓은 연결의 사고가 필요하다.

방학이면 북아프리카부터 남아프리카공화국, 지중해 연안에서 개마고원, 몽고 등의 모래사막 꼭대기에 서서 황량한 주변을 바라볼 기회를 갖는 것이 일상이 되었다.

스페인의 최남단 섬인 푸에르테벤투라(Fuertevntura), 테네리파(Teneriffa), 카나리아(Canaria), 아가디르, 모로코(Agair)의 일대는 거의 사막에 가깝다. 하지만 테레리파 섬의 2,000m 높이 올라가면 다양한 식물을 대할 수 있다. 그 가치는 돈으로 환산 할 수 없는 신의 전시작품이며 지구의 유산이다. 허브식물이 구름위에서 자란다. 비가 전혀 오지 않아 마치 달나라에 온 것 같다. 식물들은 아래서 올라오는 수증기를 흡수하여 생존한다.

이 거룩한 성지와 같은 장소에서 회원 20여명이 Fleur 송 과장과 동생 방춘이, 방춘화 조카 조영창, 임승영과 함께 전시회 기회를 가졌다. 전시회를 가진 회원 모두는 관객의 많고 적음을 떠나서 잊을 수 없는 전시회 추억이 되지 않을까 짐작이 된다. 구름 밑에는 소나무가 조림되어 있다. 밤바다는 말없이 수증기를 올려 보낸다. 소나무는 마치 기다린 커피를 테이크아웃 하듯 반갑게 흡수해 버린다. 그리고 낮에는 다시 뿜어낸다. 바로 이 물을 먹고 섬사람들은 오늘날까지 생존하고 있다.

서쪽은 습기가 많아 늘 안개가 자욱하다. 그래서 에리카(Erica spp.)종들이 다양하다. 반대쪽으로는 햇빛이 많아 다육식물들이 옹기종기 자라고 있다.

푸에르테벤투라 섬은 거의 비가 오니 않는다. 비가 올 때, 빗물을 저장하여 공원을 조성한다. 그리고 관광객을 불러들인다. 얼마나 힘들게 관리를 할까? 짐작이 간다.

모래사막 꼭대기, 온종일 뜨거운 태양아래 식물들에게 시간 시간 물을 준다. 한 그루 나무를 정성스럽게 가꾸는 저들이 고맙고 복된 사람들이라고 칭찬을 하고 싶다.

이에 비해서 10분 정도만 가면 늘 푸른 산이며 푸른 채소를 먹으며 그 많은 숲속의 산소와 맑은 공기를 혼자서 마시며 고마움을 모르고 있다.

인간이란 모름지기 넉넉하지 못 때 소중함을 더 크게 느낀다는 것을 여실히 보여 주는 곳이다.

우리는 이곳의 식물을 직접 구입하여 환경에 맞는 전시회를 가진 것이다. 한국에서는 대할 수 없는 재료들을 다듬어 작품화 한다. 이러한 경험은 앞으로 만나는 재료들을 거부감이 없이 응용하고 작품화 하는데 유익한 기회가 될 것이다.

감동이란 순간에 오는 것이다. 순간의 감동은 전시회야 말로 가장 적절한 예술의 장르라고 본다. 영화를 보는 것도 화면을 통하여 하나의 주제로 감독과 스텝들이 전시회를 갖는 것이다. 서두에 이야기 하였듯이 인간이 살아가는 공간자체가 신의 전시장인 것이다. 모든 사람, '나'라는 존재도 걸어 다니는 전시의 작품이라고 광의적인 표현을 들 수 있다. 전시 테마 중에서도 신이 만든 걸작 중 걸작인 꽃으로 전시회를 갖는다는 것은 생의 중심인 행복이 아닐까? 그것도 지형적으로 아름다운 섬, 해발 2000m의 구름 위에서.

12 즐거운 음식으로 위장을 지킬 수 있다

평소의 음식 습관을 통하여 즐거운 요리도 만들고 위장과
건강을 지킬 수 있다면 이거야 말로 얼마나 좋은 일이 아닌가!

1970년대 독일은 한국의 음식에 들어가는 양념을 구하
기가 쉽지 않았다. 그래도 한국인의 숙명과 같은 김치는 오랜 유학
생활에 향수요 힘의 원천일 수밖에 없다. 당시 독일은 록비(푸른잎,
유채나 크로바 비료), 쉽게 말하여 유채를 심어 땅을 비옥하게 만들
기 위하여 갈아엎는 농법을 썼다. 나는 순간 '아, 저것이다!'라는 생
각을 했다. 록비가 되기 직전에 유채 새순을 따서 소금에 절여 백김
치를 만들어 보고 싶었다. 당장 실천에 옮겼다. 물론 기가 막히게 맛
이 있었다.

마치 고향에 잠시 들린 느낌마저 들었다. 나는 지금도 독일 시절
의 '유채백김치'는 가장 맛있는 음식의 추억으로 머리에 입력되어

있다. 그런 경험은 지금도 여행길에 줄곧 음식의 이적을 발휘하는 계기가 되었다.

여름이면 학생들을 인솔하여 독일에 1개월여를 머무는 시간이 수년째 계속되고 있다. 그러다보니 단골로 드나드는 호텔 주방장에게 미역국 끓이는 법, 김치 담그는 법을 자세히 가르쳐 주었다. 그렇지만 어머니의 손맛이라는 말이 있듯 음식의 깊은 맛을 하루아침에 낸다는 것은 어불성설일 것이다. 누구라고 할 것 없이 일찍 일어난 학생들은 주방에 들러 미역국과 김치맛과 간을 봐 준다. 미역국이 너무 짜면 끓인 물을 부어준다. 고춧가루가 적게 들어가 김치가 하얗다 싶으면 가져간 고추 가루 넣고 멸치액젓을 몇 방울만 넣으면 맛은 기가 막히게 상승한다.

호텔의 식당에서 30–40명이 줄을 서서 밥을 먹는다는 것은 일정에 많은 지장도 초래한다. 그것도 소시지, 빵, 수프 정도의 간단 모닝이다. 그런 식탁에 야채 값은 별도다.

일행은 김치를 몇 통을 담아 냉장고를 가지고 다니며 전기밥솥에 밥을 지어 먹는다. 맛도 좋으려니와 시간과 경비를 절약하는 데 최고다. 이동 중 야채가 시들면 된장국을 만든다. 고기는 호텔에서 푸짐하게 먹으니 따로 챙길 필요가 없다. 기본으로 미역국이나 된장국, 김치와 깍두기에 콩을 섞은 밥이면 그야말로 진수성찬이 따로 없다.

김치를 담는 것이나 국에 마늘을 넣는 것도 현지 주방장의 눈치도 볼 필요가 없어졌다. 말이 그렇지 초기에 김치냄새와 마늘 냄새로 인해 문화적 충돌이 일어나 기분을 상하게 하기도 했다.

유럽에는 없는 맛의 차이란 또 다른 갈등이 되는 것이 현실이다. 행복이란 전통음식을 먹으며 몸의 컨디션이 조절이 되기도 한다. 눈치를 보며 여행을 한다는 것은 즐거움이 아니라 스트레스가 되기 일상이다. 맛이란 그 나라의 향료와 간의 차이다.

물론 색깔과 모양도 중요하지만 한국의 맛은 발효된 음식에 간을 맞추는 것이 중요하다. 진한 조선간장, 수년을 삭힌 된장, 고추장, 이 같은 기본 베이스의 음식은 식은 밥에 그냥 먹어도 멋들어진 성찬의 재료들이다. 결국 음식이란 자신의 혀끝에서 탄생된다는 말이 맞을 것이다.

성북동 슐레와 마이스터하우스에는 장독대가 중요한 부분 중의 하나다. 김칫독은 기본이다. 거기에 더불어 백김치통이 하나 더 있다. 양배추에 사과, 배, 대파, 생강, 마늘을 넣고 전남의 장흥 토굴에서 절인 새우젓으로 간을 맞춘다. 그리고 하루 동안 숙성시키면 맛있는 백김치가 완성된다. 나와 직원들은 마치 위장약을 먹듯 즐긴다. 위장이 튼튼하게 하려면 매일 올리브를 하루에 4-5개를 3년을 먹어야 위벽이 튼튼해진다고 하지만 그것을 몇 번 이나 먹을 수 있겠는가? 그러나 양배추 백김치는 3년이 아니라 평생을 먹어도 질리지 않는다. 나는 그렇게 즐기는 양배추 백김치 덕에 위장이 튼튼하게 지낸다.

직원들, 또는 여러 여행자들과 긴 여행이 잦은 편이다. 한번은 직원 9명과 인도 여행 중이었다. 태반이 배탈, 설사를 하는 것이다. 이 것을 보면서 평소의 식 습관이 중요함을 느꼈다. 인도는 우리나라보 다 13배가 큰 나라다.

그렇지만 인도라는 나라는 우리나라처럼 위생문제가 좋은 편이 아니다. 차창 밖으로 보이는 인도는 소들의 낙원이다. 심지어 도심 에도 주인 없는 소들이 무리를 지어 다닌다. 버스나 승용차가 다가 와도 너무나 침착하다.

힌두교가 국교인 인도는 소는 인간의 두려운 상대가 아니다. 물론 코끼리, 개, 돼지도 힌두교에서는 신의 일종으로 섬기는 것이다. 길 가의 구덩이에는 썩은 물이 냄새를 풍긴다. 그런 오물을 소들이 먹 는다. 그러한 인도의 위생 상태에서는 어지간한 장은 버티지 못한 다. 나는 그러한 인도를 자주 가도 배탈이 한번 나지 않았다.

인도의 음식은 향신이 강하다. 보통 한국 사람들은 마늘과 된장의 향신은 즐기면서도 인도의 특유 향신을 대하면 코를 뒤로 한다. 나 는 인도의 향신 음식도 매우 즐긴다. 이것이 여행의 즐거움이기 때 문이다. 일행들은 향신을 기피하는 나머지 라면으로 대신하는 것을 보고 관광의 매력을 느끼지 못하는 것에 다소 안타까워하기도 한다.

평소의 음식 습관을 통하여 즐거운 요리도 만들고 위장과 건강을 지킬 수 있다면 이거야 말로 얼마나 좋은 일이 아닌가.

요리는 만드는 즐거움도 크다. 나아가서 먹는 즐거움은 물론 건강 을 지키는 즐거움이 있다.

13
여행, 그 자체로 충분하다

지구 저편에도 예술가들은 열정으로 살아간다.
그들은 모든 것을 던지기도 하였고 천혜의 자연을 머리와
마음에 담아서 다시 건축과 그림으로 쏟아 내었다.

여행은 때에 따라 한순간의 즐거움, 특별한 기억, 혹은
허무한 기억으로 남기도 한다. 서점가에는 여행안내 책들이 차고 넘
친다. 보고 먹고 체험하는 관광지를 알려주는 가이드북이다. 감상을
적은 여행기든 아니면 여행을 주제로 한 산문집이든 이미 세상에 많
고도 많다.

그럼에도 불구하고 세상을 배우고 단시간에 지혜를 얻어가는 것
은 여행만한 것이 있겠는가?

비행기를 타면서부터 오만가지 생각, 지나온 삶이 무지개로 피어
오른다. 인간은 땅에서 24시간, 365일을 보내기에 비행기의 공중
부양은 신체의 변화가 온다. 그러면서 신체는 영감의 박스가 되어버

리지 않나 싶다.

그렇지 않고서야 그 많은 여행담이 나오겠는가. 사람은 고향을 떠나면 이미 자유로운 신체의 리듬을 탄다. 집, 또는 직장에서 가진 모든 짐들은 내려놓게 된다. 가벼워진 전두엽의 비워버린 공간에 새로운 미지의 세계를 담는다.

플로리스트 역사 여행

유난이 뜨거운 햇살을 한국에 두고 온 일행은 독일에 도착한다. 2016년 폴로리스트 38기는 이은경, 김용관, 윤수정, 윤금옥, 안성원, 박상준, 이유정, 박수정, 최수연, 이현경, 손은선, 이혜연 학생이다. 마이스터 1기인 이숙련(울산 전, 국제꽃예술인협회 이사장), 2기 김명규(인천, 월드비전 플로리스트협회 회장)이 후배들을 격려하기 위하여 동행하였다. 38기를 어시스트하는 방정선, 박진두, 강민경, 이병주, 선창우 직원이 같이 한다.

마이스터 독일 학생과 한국의 상공부 시험에 당당히 1,2등을 한 강재규, 정혜린, 이현순도 독일에서 함께 합류한다.

38기의 학생들은 그동안 이론과 실기를 꾸준하게 연마하여 왔다. 갈고 닦은 실력을 국제공인기구인 플로리스트 시험에서 평가만 남겨두고 있다.

플로리스트 시험은 유겐트스타일박물관 Bad Nauheim에서 6명의 심사위원들이 지켜보는 가운데 치러졌다. 합격된 작품은 1주간 일반대중에게 전시되며, 전시 장소는 Bad Nauheim 의 Jugentstil bad다.

이곳은 소금이 나오고 온천욕 때문에 부자들이 몰려와 만들어진 도시다.

세계의 팝송계를 열광하게 한 엘비스 프레슬리가 태어나서 2살까지 살았다 하여 그 명성을 보탠다. 모름지기 역사란 인간에 의하여 이루어지고 발전한다. 엘비스가 2살까지 살았다는 것이 이곳 도시에 살고 있는 시민들은 자랑이고 자부심이다.

모르긴 하여도 어지간한 집에는 엘비스의 음반 하나쯤은 소장하지 않겠는가!

프랑스에서는 아르누보(Art Nouveau), 독일은 유겐트스틸(Jugendstil), 오스트리아 제체시온스틸(Secessionstil), 영국, 미국, 러시아 모던 스타(Modern style), 스페인 바르셀로나 모데르니스타(Modernista), 이탈리아(style Liberty) 등이 있다.

19세기 미술사조는 파리에 집중되었으나 유겐트스틸의 근원지는 영국을 넘어 벨기에를 비롯한 유럽전체로 퍼져 나갔다.

유겐트박물관은 지금도 박물관중앙에 소금 온천이 있다. 초기에는 벨기에 미술가들이 관심을 보여 유겐트 스틸로 불렀다.

브르셀은 당시에 자유스러운 선과 유동적이고 추상적인 형태가 특징이다. 원형의 벽에는 기쁨을 나타내고 벽 조각에서는 자연의 곤충들이 등장한다.

벨기에 브뤼셀은 아르누보 자유미학 단체의 주 무대였다. 그런가 하면 독일의 유겐트스틸(1896) 베를린 뮌헨 드레스덴은 젊음과 자연의 정신을 찬미하는 이미지를 보였다.

랭스대성당

보는 것, 일상의 삶이 행복한 프랑스

프랑스를 이야기 하는 것은 시간낭비가 아닐까? 하고 많은 여행가들이 프랑스에 관하여 이야기 하지 않았던가! 그렇다고 스치고 지나간 길을 보지 않았다고는 할 수 없는 것.

나를 맞는 프랑스의 랭스(Reims) 대성당, 또는 노틀담대성당의 고딕양식을 찾았지만 성당은 아무 말이 없었다. 1200년대 지어졌다는 시간의 년대가 무슨 의미가 있느냐고 말하는 것 같다. 세계 제일의 고딕양식으로 건축된 성당, 독일의 쾰른성당보다 폭이 길다는 것도 이 땅의 상처받은 영혼에 무슨 의미로 다가 가느냐고 묻는 것 같다. 그러나 나 하나를 보존하기 위하여 프랑스 정부는 독일이 전쟁을 선포하자 항복을 하지 않았던가! 국가의 자존심보다는 예술을 더 사랑한 프랑스 국민에게 감사하다는 말을 하는 것 같다.

몽마르트는 명성만큼의 언덕은 아니었다. 그렇다고 그럴싸한 화가도 보이지 않았다. 손으로 꼽을 만큼의 작은 무리의 화가들이 분주하게 색칠을 한다. 내 손톱에 흙이 새까맣게 있듯이 무명의 화가들의 손등과 손톱에는 흙보다 진한 붉은 물감이 묻어 있다. 마치 〈전쟁과 평화〉의 주인공이 영광의 상처로 흘린 영혼의 피처럼 보인다. 내가 손톱에 흙을 사랑하고 자랑스럽게 여기듯, 무명의 화가는 밤이 아름다운 집으로 귀가하며 붉은 물감의 묻은 따뜻한 손으로 가족을 맞겠지.

프랑스가 자랑하는 지하철 떼제베로 간다. 아르누보 양식 곡선의 간판이 마치 식물이 꽃을 피우듯 아름답게 손짓한다. 쎄느강의 배에는 정원들이 있다. '움직이는 정원'이다. 그런데 에펠탑이 울고 있다.

프랑스에 일어나는 IS 폭력에 무고한 시민이 죽어가는 것에 슬피 울고 있었다. 전쟁을 막아가며 국민은 에펠탑을 지켜주었지만 에펠탑은 국민을 지키지 못하는 회한의 눈물이었다.

울지 마오! 오 에펠탑이여!

살바도로 달리(Salador Dali)

살바도로 달리(1904-1989)는 초현실주의 화가다. 바르셀로나로 가는 길목에 피게레스 달리 박물관을 보도록 예약이 되었다.

유럽의 도시 자체도 아름답지만 예술가들의 혼이 곳곳에 배어 있

달리박물관 벽면

어서 더욱 매력적이다. 달리 박물관의 지붕은 마치 달걀들이 둥근 굴뚝처럼 놓아지고 입구에는 스카이 로켓처럼 가늘고 높게 자란 치프레스 식물이 울타리처럼 심어져 있다.

식물하나에도 건축의 조형을 흔들지 않고 오히려 돋보이게 하고 있다. 입구에는 죽은 고목의 뿌리위에 신과 인간, 자연이 만남을 입체적으로 10m의 높이와 넓이에 복잡하리만큼 정밀하고 웅장하게 놓여 있다.

벽에는 인간이 사용했던 생활재료에 자연이 만나, 흙과 돌이 어울려 꼴라쥬 작품들이 눈에 띄었다.

워낙 거대한 작품이 있어 몇 시간을 보아도 넉넉하지 않았다. 눈과 입, 코, 머리는 한 공간속에 따로 분리, 발상은 초현실적이다.

달리는 마드리드의 산페르난도 미술 아카데미에서 수학을 하였다. 회화적 미술의 정밀 묘사다. 초현실주의의 이전 작품도 많았고 달리의 일생이 열정적으로 작품에 매달렸다는 것이 더욱 놀라왔다.

안토니오 가우디(Antonio Gaudi)

외로울 때 유한, 무한 상상을 키운다. 상상은 예술의 기초다. 바르셀로나의 가우디 작품을 보면서 느낌이다. 가우디는 친구가 없고 늘 외톨이었다고 한다.

자연히 자연을 벗 삼았고 혼자서 허공을 올려다보며 허공에 건축을 하였다. 새들이 날아가며 동그라미를 그리면 그것이 건축의 모티브가 되었다. 가우디는 그렇게 외로운 시절을 보내며 17세 때에 건축학교에 입학한다. 외로울 때 자연을 벗 삼아 상상력을 키운 것들을 수업과 연결지어가며 공부했다.

학교를 졸업하고 이곳 가우디에서 작품 활동을 시작하였다. 그가 활동을 시작하자 사람들은 가우디를 '건축의 시인'이라 부르기 시작했다. 우리는 구엘 공원, 사그라다 파밀리아(성가족)성당 등에서 건축의 시인이 만든 살아 숨 쉬는 듯, 건축물의 꿈틀거림을 볼 수 있었다. 마치 세계의 모든 여행객들은 바르셀로나 가우디의 작품을 보기 위해 찾아온 듯 느낌이 들었다. 도시의 전체가 더위 속에서도 북적거렸다.

유켄트스틸+아르누보 스타일이다. 가우디는 1880년대 활동의 전성기를 맞으며 시멘트를 처음 수입하여 철과 만나고 그 위에 자연주의를 혼합된 형태로 건축을 하였다.

도심의 창들은 뒤틀린 용수철을 휘어감아 만들었다. 미술의 기초 형식에 무한한 상상력을 쌓아가는 스페인의 예술가들이다. 건축학교 에서 탄탄한 기본교육을 받았기에 그 많은 작품을 남길 수 있었다.

바르셀로나의 오래된 전통 건물들은 가우디 이전에도 고딕(1200 년대)건물들이 많아 곡선의 영향이 면면이 이어져 왔을 것이다.

후앙 미로(Joan Miro)

후앙미로(1893~1983)는 바르셀로나에서 보석상의 아들로 태어 났다. 그렇지만 후앙미로는 아버지의 고향 스페인의 지중해의 섬, 마요르카에서 성장하였다. 마요르카섬은 하늘과 땅과 바다와 해, 달 등 자연의 부분과 인간의 마음이 함께 만나는 그림 같은 섬이다. 밀 러는 자연의 아름다움 속에, 이미 미래의 화가라는 졸업장을 받아버 렸지 않나 싶다. 자연에서 이미 학습을 한 미로는 바르셀로나 미술 학교에서 입학한다. 그는 야수파의 영향을 받았으며 파리에서 피카 소를 만나며 그림의 폭을 넓혀 간 인물이다. 미로는 그 후 꽃과 조형 적인 초현주의, 풍부한 공상적인 작가로 알려졌다.

마요르카 섬. 독일 사람들은 휴양지로 즐겨 찾는다.

나는 26세 때 처음 마요르카 팔마에 여행을 한 적이 있다. 재미있 는 기억은 섬을 여행하며 생선이 먹고 싶었다. 어시장에서 구입하여 공원에서 먹을 생각을 하였다. 그러나 사람이 너무 많아 근처의 꽃 집을 들렸다. 꽃을 하는 직업이니 이곳에서 생선을 먹도록 양해를 구하고 생선회를 떠서 먹었다.

우리나라나 동양에서는 생선을 회로 즐겨먹지만 서양이나 유럽에서는 회를 먹는 것이 대중화 되지 않았던 시절이다. 물론 지금은 양상이 달라졌다. 꽃집의 주인은 인연이 되어 집으로 초대를 해 주었다. 그리고는 소고기를 날로 먹으라고 한 접시 권해주었다. 생선은 날로 먹지만 소고기는 날로 먹지 않는다고 익혀 달라고 한 추억담이 있는 곳이다.

두 번째는 독일의 Meister Florist 도리스와 함께 이곳에 와 양초업자의 초청으로 양초와 꽃꽂이를 한 적이 있다. 바다의 섬들은 수영을 하며 휴양하기에 천혜의 휴양조건이다.

식물원 Botanic

미로의 박물관에서 5분 남짓 거리에 식물원이 있다.

아메리카 식물, 남아프리카식물, 지중해 연안식물, 약이 되는 식물로 잘 구분하여 조성되고 있다. 식물 하나하나 조형적인 형태를 구분하여 심어 졌다.

식물마다 식물의 고향과 학명을 잘 기록했기에 많은 식물을 확인하고 기록하는데 도움이 되는 식물원이었다.

14
냉철한 머리는
따뜻한 가슴을 이길 수 없다

불은 뜨거움의 주인이다. 호수의 주인이 물일 때 맑은 고요
가 흐른다. 햄버거의 세계화를 직원의 주인의식이다.

성경의 마태복음에는 예수님이 말씀하신 달란트 비유
(25장 14절-30절)의 이야기가 있다. 내용은 이렇다.

어떤 주인이 타국에 여행을 떠난다. 종들을 불러서 한 사람에게는
다섯 달란트, 한 사람에게는 두 달란트, 또 다른 종에게는 한 달란트
를 주고 떠난다. 물론 주인은 종의 재능에 따라 달란트를 주고 갔다.
나중에 주인이 일을 마치고 돌아와서 종들을 불러서 셈을 했다.

다섯 달란트를 받는 자는 다섯 달란트를 더 가지고 왔다. 주인은
"착하고 충성된 종아, 네가 작은 일에 충성하였으니 내가 네게 더 많
은 것을 맡기리라"라며 칭찬했다.

두 달란트를 받은 자도 두 달란트를 더 남겨서 가져왔다.

주인은 다시 "충성된 종아, 작은 일에 충성하였으니 네게도 큰 일을 맡기리"라고 말했다. 한 달란트를 받은 자가 와서 말하기를 "주인이여, 당신은 굳은 사람이라. 심지 않은 데서 거두고 헤치지 않은 데서 모으는 줄을 내가 알았으므로 두려워하여 땅 속에 감추어 두었나이다. 보소서. 당신의 것을 가지셨나이다"라고 말했다.

주인은 그를 두고 "악하고 게으른 종아!"라며 화를 냈다. 결국 주인은 한 달란트를 돌려받아 열 달란트를 가진 자에게 준다.

이 비유를 가지고 신학적 논쟁을 하려는 것이 아니다. 예수님은 주인 의식을 가진 자를 높이 칭찬하고 그가 받을 상급을 논하는 것에 관심이 간다. 사람이 사는 세상은 지금이나 2천 년 전이나 크게 달라진 것은 없다. 문명이 발전한 것은 사실이지만 사는 패턴이나 사고방식은 크게 차이가 나지 않는다. 누가 주인의식을 가지고 주인의 입장으로 소속단체를 돌보는가에 차이가 있다.

씨알의 소리로 유명한 함석헌 선생은 20대에 〈뜻으로 본 한국사〉를 썼다. 약관 스무 살의 함석헌 선생은 조국에 대한 애착과 강한 애국심을 가지고 살았다. 혈기 왕성한 이십 대에 조국을 위하여 잠 못 이룬 함 선생을 후학들은 존경하고 기린다. 아무리 작은 꽃가게의 직원이라도 나는 주인이라는 의식으로 일하면 그는 멀지 않아 주인이 되는 것을 본다.

발 머리에 부딪치는 물건을 치우는 자, 그냥 넘어가는 자, 미래는 말하지 않아도 그려진다.

무엇을 할까를 묻는다면 이미 상황은 늦다. 불이 나면 스스로 판단하여 소화기를 들어야 한다. 주인에게 묻고 소화기를 사용한다면 건물은 불길에 휩싸이고 말 것이다. 이런 태도로 업무를 보는 사람을 쉽게 목격할 수 있다.

연애의 철학도 다섯 달란트의 이야기와 다르지 않다. 내 여자, 내 남자라고 여기고 열정적으로 아끼고 표현하는 사랑은 쟁취의 사랑으로 인해 해피엔딩에 이른다.

쭈뼛쭈뼛하는 사랑은 한 달란트를 땅속에 묻었다가 가지고 온 실패한 종처럼 되고 만다. 누군가에게 연인을 빼앗기고 만다.

주인의 입장에서 살아보라. 네 것이라고 생각하고 절약한다. 늘 연구하고 효율을 생각한다. 부지런히 하지 않는 부자가 있을까? 우리 주변의 부자는 게으르지 않고 남다르게 노력하는 이들이다.

가수 서태지의 성공철학도 기업인과 다르지 않다. 노래 한 곡의 취입을 위하여 1만 번의 노래를 연습한다. 아침에 눈을 뜨면 노래를 잘하고 싶다는 소망을 중얼거린다.

2015년 〈인턴〉이라는 영화가 사람들에게 잔잔한 감동을 주었다. 앤 해서 웨이 로버트 드 니로가 주연이다. 70세의 경험 많은 벤은 30대의 여성 CEO 밑에서 인턴사원으로 일한다. 우여곡절의 회사에 70살의 인턴 벤은 열정적으로 회사를 일으켜 세운다.

70살에 인턴이라는 설정의 영과 내용도 내용이지만 영화의 줄거리는 열정의 지혜가 무엇인지 보여준다. 열정에는 지혜가 동반된다.

청년 시절의 스승 칼라이는 전령적인 독일 사람이었다. 정치인이

며 원예가였다. 독일에서 원예인으로 한 획을 그은 혁혁한 능력의
소유자다.

그에게는 별처럼 빛나는 열정이 주머니 속이나 걸음걸이에 따라
다녔다. 스스로 팔을 걷어붙이고 일하는 지성(知性)인이었다. 한국
사람으로 치자면 정주영의 행동주의 경영자이다. 쉽사리 사람을 믿
지 않았다. 경영철학을 고집했다. 그런 칼라이 스승이 나에게 금전
출납부를 맡겼다. 칼라이 친구가 물었다.

독일인도 아니고 동양인에게 가게를 맡기고 출납책임을 맡겨도 돼?
스승은 주저하지 않고 대답했다.

"주인의식을 가지고 걸어가는 사람이야.
 저 젊은이는 독일 사람의 네사람 몫을 해"

따뜻한 가슴을 가진 자가 주인이다.

천고순응(天高順應)

부지런히 걷는 사람에게는 불행이 옆에 오지 못한다. 불행이 올 기회가 없기 때문이다. 선택은 자신이 한다. 선택의 길을 오늘도 걷는다.

월전*의 그림이다. 하얀 수염을 기른 노인이 청주 잔을 기울인다. 노송의 가지는 주인상을 향하여 가지를 내리고 있다. 그야말로 도원경(桃源境)이다.

모진 세월을 거친 노송, 함박눈이 와도 무게를 견디고 세월에 순응하고 견디어 왔을 것이다.

추사**의 세한도(歲寒圖), 제주에 귀향을 떠난 추사는 모진 비바람을 이겨낸 소나무 한 그루를 통하여 자신의 심경과 제주 환경을

---

*월전 장우성(月田 張遇聖, 1921-2005) : 한국화와 문인화가의 대가. '천고순응'(天高順應)이라는 한시를 남기고 향년 92세로 하늘의 뜻에 순응하였다.

** 추사 김정희(秋史 金正喜) : 호가 100개라고 하며, 암행어사와 여러 관직을 지냈다. '추사체'라는 서예의 한 획을 그은 인물이다. 그가 남긴 새한도는 국보다.

절절히 표현하였다. 사람으로 치면 100세를 넘겼을 법한 소나무가 추사의 거처인 초가집과 나란히 서 있다. 쓸쓸하고 바람마저 숨죽여 갈 법한 풍경이다.

우리의 삶은 덧없는 것이라고 했다. 환경에 순응해야 한다는 것을 노시인은 노송으로 표현했다. 세상을 살면서 지나치게 과한 생각과 욕심을 부리며 살다 보면 제풀에 꺾이고 만다. 소나무가 눈의 무게에 순응하지 않는다면 꺾이고 말았을 것이다.

어떤 친구는 지나치게 과거에 집착을 한다. 어렸을 때의 일들을 기억하고 그런 자신의 모습을 대견하게 생각한다. 과거의 일들은 그렇게 잘 기억하는 친구가 미래에 대한 이야기를 들려주지 않는다. 수년 동안 만나도 그는 과거에 대한 회상만 한다. 그가 보는 책은 미래의 담론이 없다. 뒤틀린 역사를 보고 비분강개한다. 생각이 부정적이어서 세상사를 모두 부정적으로 본다. 대화의 재료가 부정이면 듣는 이도 질리게 마련이다.

얼마 전에 여행길에 오르면서 지인이 권해서 유명한 소설가의 산문집 한 권을 가지고 나섰다 도입부를 읽어보니 재미가 쏠쏠했다. 그런데 계속 읽다 보니 글의 내용이 부정적인 사고로 세상을 보고 있었다. 산문집이란 다양한 시선으로 세상을 예리하게 볼 수 있어야 한다. 그것이 작가의 균형감각이다. 그렇지만 가지고 간 책은 읽을수록 비판적인 내용으로 일관되어 있었다. 결국 책을 휴지통에 버렸다. 견문의 여행, 미래의 비전을 위해 떠나는 여행길이 오히려 방해가 될 성 싶었다. 부지런한 사람은 불행이 옆에 오지 못한다. 불행 생각을 할 기회가 없기 때문이다. 세상은 선택이다. 선택의 길을 우리는 가지고 간다. 고민하기보다는 그 시간에 묵묵히 제 길을 가는 것이다. 고민하고 번뇌하여 성사되는 일이라면 얼마라도 좋다. 과거를 보듬고 서럽게 우는 위인은 보지 못한다.

지인 중에 패션디자이너가 있다. 내 의상을 한동안 담당하였다. 패션쇼를 할 때면 코디를 줄곧 담당해 주었다. 10여 년이 넘도록 그의 의상만을 입었다. 그런데 이 디자이너가 고민이 생겼다. 자신의 고객 중에 한 사람이 말썽을 피웠기 때문이다. 의상을 맞춰 입고는 그 의상을 카피에서 다른 사람에게 판매하는 일이 발생한 것

베스트 드레서 수상, 방식

이다. 그런 일이 계속 일어나자 디자이너는 스트레스를 심하게 받았다. 저작권 위반이었지만 디자이너는 법적인 대응을 하지 않았던 모양이다. 가슴앓이를 하고 우울증에 가깝게 슬퍼했다. 마치 신라 향가의 래여애반다라(來如哀反多羅)[***]라고 할까.

결국 자신에게 생긴 우울증을 털어내지 못했던 그는 호수가에 차 속에서 번개탄을 피우고 자살하고 말았다는 비보를 들었다.

창조하는 일은 어려운 일이다. 농부와 기능인의 차이도 있다.

사람을 사는데 어려움을 겪을 수 있지만 최소한 상대방에게 해를 끼치는 일은 사라져야 한다.

우리는 눈에 보이는 결과를 볼 줄 알지만 과정에 어떤 일이 일어났는지 알 수 없다. 그러나 과정은 언제나 순탄하지 않다. 부정적 일이 일어날 수도 있지만 그것을 무조건 비판할 일은 아니다.

잡지나 방송에서 커피의 생산지를 소개한다. 그러나 생산지에서 일하는 어린 소년에게는 주목하지 않는다. 에디오피아 고산지대의 커피 농장에서 일하는 소년이 노동의 대가는 고작 1달러이다. 그러나 까망 눈망울의 소년이 모습이 눈에 밟혀서 커피 마시는 일을 중단한다면 결국 소년의 1달러 마저 빼앗기는 일이 벌어질 수 있다.

세상이 성공은 순응이라는 진리를 노송에게 배웠다.

이순을 넘긴 월전이 결국 '천고순응'(天高順應)이라는 한시를 남기고 순응의 길을 떠났다.

[***] 래여애반다라(來如哀反多羅) : 신라의 향가인 풍요(風謠)의 공덕가(功德歌)의 한 구절로서 '오다,서럽다'는 뜻이다.

16
우정은 나라를 만들고
세계를 이끈다

'새 친구는 은이고 옛 친구는 금이니, 새 친구는 사귀고 옛 친구는 지키라'는 말은 금과 옥이다.

금란지교(金蘭之交)라는 말이 있다. 아무리 어려운 일이라도 함께 해 나간만큼 우정이 깊은 친구 관계를 이르는 말이다. 참된 친구는 서로를 인격적으로 성장하게 한다. 특히 우정에 관한 역사는 기원전 600~서기 1600년이 넘는 세월동안 우정에 관한 모든 기록은 남자들만의 이야기였다. 1600년에 이르러서 유럽에서는 여성의 우정이 사회적으로 인정되거나 우정의 자료들이 선보이게 되기도 했다. 인생이란 불충분한 전재에서 충분한 결론을 끌어내는 기술이다. 충분한 결론을 끌어내는 방법은 대상이 있다. 삶이 아름답다면 동행하는 삶이다. 인류의 발전은 동행이라는 무리(집단) 속에서 출발하고 발전을 거듭한다. 나무와 식물도 한자리에서 서있지만 그들은 스치는 바람에게 우정의 대화를 나누며 순수의 자연을 꿈꾼다. 이도 바람과의 우정동행이라고 본다. 나는 언어 중 가장 아름다운 단어는 '동행', '행복한 산책'이라고 생각한다. '동행'이니 '산책'이니 하는 언어의 모션은 모두가 우정을 그리는 것이다. 21세기를 살아가는 우리는 페이스북등 다양한 소셜미디어가 사교의 장이 되어 우정을 쌓아간다. 국가와 인종, 남녀 나이, 학력의 벽을 넘어 참된 친구의 교제범위를 넓히기도 한다. 우정을 통하여 새로운 역사를 쓸 수 있는 관계로 발전 할 수 있다면 그보다 더 좋은 친구 관계는 없을 것이다.

나에게 50년을 한 결 같이 동고동락을 한 친구가 있다. 그렇다고 같은 공간에서 사업을 하거나 동일 직종에서 일하는 것은 아니다. 문화라는 같은 장르에서 일함을 말한다. 다른 분야, 각자의 공간에서 일하는 우정의 친구다. 동고동락이라고 하는 것은 존중의 마음, 세상을 보는 눈이 같다는 의미다.

한국한복연합회 회장을 맞고 있는 이수동이라는 친구가 있다. 한국이 한복의 나라라고 하지만 격변기를 거치면서 우리나라는 한복을 입는데 소홀한 시간도 있었다. 나는 이 같은 상황을 잘못되었다거나 반성을 해야 한다고 보지는 않는다. 그만큼 우리는 분주한 역사의 변혁기를 걸었다. 그러한 역사는 역사대로 순전히 받아드려야 하는 숙명의 시간이다. 반대로 지금은 거리에 나가면 한복을 입은 젊은이를 쉽게 만난다. 특히 고궁이나 인사동에서 한복의 젊은이들이 우정을 과시하며 셀카 찍는 모습이 평화롭고 청사슴이 거니는 것 같다. 한복을 입은 내, 외국인에게 고궁의 무료입장을 시행하고 있다. 이 같은 정부정책은 매우 바람직하다. 친구 이수동은 이 같은 한복의 문화를 위하여 한길을 걸었다. 이수동은 자신의 안위보다는 늘 국가에 헌신하는 정신주의 자다. 주변 관계자들이 이수동을 보는 눈은 매우 긍정의 시선들이다. 어떤 인사는 이수동 회장은 일찍이 예술원 회원이 됐어야 한다고 말한다. 예술원 회원의 이야기를 나오면 이 회장은 손사래를 친다. '나보다는 이영희 한복연구가 같은 선배가 먼저 거론되어야 한다'고 말한다. 사석의 여론이 예술원 회원이 되는 것은 아니지만 이수동 회장의 균형적인 감각태도에 나는 감동을 받는다.

한복의 날(10월22일)행사가 경복궁 광장에서 있었다. 1996년부터 매년 진행되고 있는 대표적인 한복문화 축제다. 올해로 선포 20주년을 맞이해 '한복 르네상스 일상의 문화가 되다' 주제로 한복 패션쇼와 전시회, 체험프로 그램 등 다양한 볼거리가 진행 된다. 이 회장의 특별 초대로 고즈녁한 가을 경복궁에서 달빛 한복 패션쇼를 감상하게 됐다. 이 자리에서 40년간 줄곧 한복만을 연구해온 엄숙희 선생에게 '장한 한복인상'을 수여 했다. 방송인 오상진 씨가 '한복홍보대사'로 위촉됐다. 문화체육부장관, 국회의장, 종로구청장을 비롯한 문화계인사들이 참석하였다. 이수동 회장은 한국의 한복 르네상스를 연 장본인이다. 일각에서는 한복문화의 남자라는 애칭으로 부르기도 한다. 이수동 회장이 취임하면서 한국의 한복 생활화는 많은 변화가 있다. 덕수궁의 한복차림의 수문장 교대식에 관광객이 보이는 관심도 크다. 나도 독일의 유학중 행사에는 한복을 즐겨 입었다.

독일인들은 한복의 우아함에 모두가 관심을 보이곤 하였다. 한복의 선이나 색상은 세계 어느 곳을 가도 시선을 받기에 충분하다. 한국의 고풍스런 기와지붕과 한복의 선은 세계 어느 나라 의상과 비교할 수 없는 전통의상이다.

이수동 회장과 나는 서라벌고등학교를 동문수학하였다. 서라벌고등학교가 지금은 옮겨갔지만 당시에는 미아리에 위치했다. 자취방을 구하기 위하여 나와 이수동 회장은 가가호호 발품을 팔았다. 집주인은 고향이 어디냐고 묻는다. 전라도 목포라고 하면 얼굴의 표정이 굳어지며 문을 닫고 들어 가버렸다. 지금이야 무슨 이야기냐고 할 것이다. 당시에는 전라도 사람이라면 서울 사람들은 터부시하는 분위기였다. 우리는 미아리 공동묘지 근처에 간신히 방을 구하여 자취를 하였다. 부침의 시간은 우리에게 안락한 시간은 아니었다. 학생 데모는 끊이지 않았고 사회적 상황은 매우 혼란기 시절이었다. 나와 이 회장은 말없이 각자의 길을 위하여 학업에 최선을 다하였다. 그리고 시간을 넘어 각자의 길에서 한국의 한복과 꽃 장식분야에서 제 목소리를 내게 되었다. 우리는 한주에 한 번씩 막걸리 잔을 기우리며 밀린 이야기를 나눈다. 사람들은 무슨 이야기가 늘 그렇게 진지하고 많냐 한다. 매주 만나도 우리는 샘물처럼 새로운 이야기가 나온다. 이 회장과 나는 존칭을 한다. 이것은 친구에 대한 예의라고 생각한다. 호칭도 친구라고 부르지 않고 선생이라 부른다. 초 중 고등학교 동기를 만나면 말을 놓고 허물없이 지내는 경우가 대다수다. 나와 이 회장은 그렇지 않다. 50년을 한 결 같이 존칭을 한다. 나는 이러한 우정을 젊은 후학들에게도 권하고 싶다.

　나에게는 이수동 회장과 더불어 이용수 패션연구가, 구레따리 (이용주) 우정의 친구도 있다. 한국의 수많은 연극의 의상을 도맡아 하는 명실 공히 정상의 디자이너다. 인기방송드라마의 〈주몽〉의상을 맡기도 했다. 우리는 수시로 시간을 만들어 각자의 문화의 장르에 의견을 교환한다. 어느 날이었다. 나는 차를 마시며 "〈주몽〉 의상은 잘 되어 가느냐"고 물었다. 이회장은 "무슨 말이냐?"고 되묻는다. "〈주몽〉의상은 구에따리가 하는 것이며 난 뒤에서 의견정도 교환하며 도와주는 정도다"고 말한다. 보통사람들은 설령, 도와주는 입장이라고 해도 자신이 하는 것처럼 내세우기 일쑤다. 이 회장은 그러한 것에는 늘 정색을 하며 겸양을 보인다. 나는 이러한 이 회장의 겸양, 조용한 성격에 주변의 사람이 모인다는 생각이 든다.

　나아가서 1986년부터 30여년 가까이 한 달에 한 번씩 시간을 만들어 음식을 나누며 토론그룹의 친구도 있다. 여기서 많은 친구를 다 거론할 수는 없다. 대표적으로 연극배우 김금지 씨다. 40년 넘게 연극생활을 한 김금지 씨는 남편 조순형 전 국회의원을 위하여 교수직을 그만둔 분이다. 조순형 의원은 미스터 쓴 소리, 올곧은 정치의 길을 걸어온 바른 사나이로 알려져 있다. 이러한 부군을 둔 김금지 배우는 나의 오랜 문화예술의 동반자다. 나는 정치인의 아내가 얼마나 어렵다는 것을 잘 안다. 연극배우 김금지는 그러한 어려움도 내색 없이 내조를 한다. 특히 정치인의 경제적 어려움은 크다. 국회의원의 세비가 많다 하지만 실상은 늘 경제적 어려움을 가진다. 김금지 배우는 이러한 경제적 어려움을 극복하기 위하여 패션, 여성구두 사업도 하면서 무난한 생활을 이끌고 있다. 옆에서 보는 김 배우는 남편이 의원 생활을 할 때도 신념의 정치인이 되도록 힘이 되었고 이끌었다. 내가 보기에는 이러한 김금지 배우의 내조에 의하여 어려운 정치 바닥에서 지조의 정치인, 미스터 쓴 소리라는 애칭도 받은 것이 아닌가 싶다.

우정에 관하여 이야기 하다 보니 너무 장황 하였다. 사실 나의 우정의 친구를 다 이야기 하려면 별도의 만인보(萬人譜) 같은 책이 되어야 한다. 마무리 하면서 우정에 관하여 간단히 정리 한다. 우정은 세기의 역사를 쓰는데 큰 역할을 한다. 1931년에 노벨상을 수상한 미국의 역사에 우뚝 솟은 제인 에덤스의 사례에서 우정의 중요성을 소개 한다. 시카고의 헐 하우(Hull House)라는 역사적 공간을 창립 하게 된 데에는 엘렌 게이츠 스타와의 우정과 로젯 스미스의 재정적 지원이 없었다면 불가능 한 것이라 한다. 또한 엘리너 루스벨트는 모든 미국인 그 중에서도 특히 여성에게 큰 영향을 미쳤는데 루스벨트행정부에서는 전례 없이 많은 수의 여성이 정부 고위직에 임명 되었다고 한다. 그 중에는 영부인과 우정을 통해 대통령에게 가까이 갈 수 있었던 일들도 있었다. 이 같은 우정은 미국의 여성지위를 향상 시키고 세계의 여성 지도자 향상에 크게 기여했다. 나는 이러한 우정은 인류의 발전의 방향이 된다고 본다. 물론 우정이 엇나가 사리사욕 욕심으로 나가는 것은 금해야 된다는 것을 전재로 한다.

"새 친구는 은이고 옛 친구는 금이니, 새 친구는 사귀고 옛 친구는 지키라"는 말은 금과 옥이다.

17 신들의 꽃인
장미와 찔레의 역사

7세기 의자왕의 왕비 은고는 찔레에서 만들어낸 증류수를 사용하고 있었다. 그 후 왕실은 전통적으로 찔레의 증류수를 사용하는 것이 미인이 되는 기준이고 믿고 있었다.

샤론의 꽃 예수

장미를 사랑하며 다수의 시를 남긴 라이너 마리아 릴케는 연인에게 줄 장미를 꺾다가 가시에 찔러 사망했다. 릴케의 묘비에는 그가 지은 장미에 관해 시가 새겨졌다.

묘비에는 "장미, 오오 순수한 모순이여, 그 많은 눈꺼풀 아래서의 누구의 장미도 아닌 장미여" 라고 적혀있다. 상식적으로 묘비의 내용이라면 자신의 살아온 철학을 기록한다. 세계적 시인, 릴케의 묘비에 장미의 이야기를 새겼다는 것은 장미에 대한 그의 독특한 세계관을 엿볼 수 있다.

성경에도 예수를 '샤론의 꽃'으로 비유하는 기록이 등장한다. 칼

빈에 의해 최초 독일어성경이 번역된 후 17세기 영국에서 영어로 출판된 킹제임스성경(KJV)에는 '샤론의 장미'로 표기하고 있다. 구약성서 아가서는 〈Jesus, Rose of Sharon〉. 즉 '샤론의 장미 예수'라는 표현이 있다.

한글로 번역(1887년)을 하면서 장미라는 표현이 빠지고 수선화로 번역하였다. 번역에 따라 '샤론의 수선화', '샤론의 장미'로 번역하는데 샤론의 장미는 예수를 지칭하는 것이 맞다는 것이 신학자들의 견해다. 한글성경은 먼저 번역된 중국어 성경을 영어와 히브리어를 대조하면서 번역하였다.

나는 여기서 번역의 과정을 매우 신중히 생각하는 것은 장미의 이름이 수선화로 바뀌게 되었기 때문이다. 번역자의 취향이나 당시의 번역진의가 수선화와 장미에 대한 선입견이 있었을 것으로 여겨진다.

샤론의 장미는 팔레스타인 샤론 평원에 핀 꽃처럼 아름답고 고결하다는 신에 대한 비유다. 하지만 이 식물이 실제로 있는지는 성경에 어느 곳에도 구체적인 생김새를 표현한 대목이 하나도 없다. 그 이전의 번역서에는 들판의 꽃이라고 하였기 때문이다. 그러나 영국이나 호주의 성경에도 '샤론의 장미'로 번역되고 있음을 알 수 있다. 장미는 세계 교역액이 가장 큰 규모를 지닌 제1의 꽃이다. 주요 장미 수입국은 국민 소득이 높은 EU와 네덜란드, 미국, 독일, 러시아 등이다. 주요 수출국은 네덜란드와 콜롬비아, 에콰도르, 케냐 등이다. 민간에서 주요 육종을 개발하나 정부의 지원이 크다.

우리나라도 최근 10년간 국산품종을 육성하기 위하여 진행되어 국산 장미 보급률이 22%까지 증가 하고 있다. 국내에서 장미는 화훼시장의 40%에 이르고 있다.

장미의 경작역사

　가장 오래된 장미는 약사 장미다. 로자 갈리카(주교 장미나무)는 진짜 담홍색의 장미다. 모든 식물의 뿌리나 꽃, 줄기까지도 의학적인 요도로 사용된다. 그런 의미로 보면 로자 갈리카 장미는 식초, 향수의 재료로 사람들의 사랑을 받았다. 꽃잎은 당도가 있는 식품의 재료가 되었으니 당시로서는 매우 귀한 장미가 아닐 수 없다.

　장미는 12세기 페르시아 사람들에 의하여 경작 되고 있었다. 그들은 장미를 관상과 장식을 위한 것보다는 치료용 식물로 경작하는 것이었다. 에티오피아서도 크리스트교를 믿는 Tigre 지방에서는 다마쿠스 장미의 한 종류를 재배했다. 이 장미는 '치료하는 장미' 또는 'sancta장미'로 불렸으며, 오늘 날에도 'richardiix 장미'로 확인된다. 13세기부터 갈리카 장미는 유럽에서 재배되고 있다. 장미는 가장 오래된 그리고 전통이 깊은 재배식물로 여겨진다.

　장미의 원산지는 아시아로 보는 견해가 가장 많다. 이것은 중앙아시아, 중국, 히말리아 산지, 터키, 한국이 포함된다. 세계의 장미꽃시장은 10억불이 넘는 황금품목이다. 한국은 절화장미가 500종이 등록되어 있다. 그 중에 200여개종이 시장에서 유통되고 있다. 서유럽에 비하면 상대적으로 한국의 정원 장미 재배가 전무한 상황이다. 한국에서도 장미시장이 차지하는 비율은 만만치가 않다. 총 1,700억 원에서 내수가 1,500억 원이며 일본에 200억 원 정도 수출하고 있다. 최근엔 러시아를 비롯하여 다국적 수출에 힘을 기울이고 있다.

앞에서도 기술한 바와 같이 장미는 세계인의 총애를 받는 작물이며 국내 화훼시장에서도 절대 강자를 유지하고 있다. 우리나라는 장미 육종에 더욱 관심이 필요하고 세계시장을 향하여 노력이 필요하다.

꽃을 연구하고 가까이 하는 사람은 한 가지 분명히 가지고 있는 생각이 있다. 아무리 개인의 취향이라도 시장의 소비경제에 따를 수밖에 없다는 것이다. 소비자가 선호하는 꽃은 시장을 주도 하게 된다. 그런 의미에서 우리가 장미에 대하여 연구하고 관심을 가질 수밖에 없다. 장미가 시장을 주도하는 이유도 분명하다. 장미는 우리에게 아름다움을 보여주고 향기를 주고 병을 고치는 다양한 역할을 하고 있다.

경제학적인 관점에서도 장미는 소득변화에 따른 수요변화를 뜻하는 소득탄력성이 쌀의 10배에 달할 정도로 경기에 민감한 품목이다. 소득이 늘면 장미의 수요가 크게 증가하고 소득이 감소하면 수요가 크게 감소하는 경향을 보인다. 최근 김영란법에 의하여 우리나라의 화훼 시장의 변화가 자못 궁금하다.

나는 여기서 화훼유통에 관하여 한 가지 정리하고 가고 싶다. 장미나 꽃을 사치품으로 보지 않아야 한다. 화훼가 사람에게 미치는 영향은 다양하다. 일상의 생활에서 꽃 몇 송이가 심신을 재생하기도 한다. 수험생이나 연구에 집중하는 사람에게는 집중력향상에 도움은 물론 피로감을 안정시키는 역할을 한다. 우리가 흔히 각종 음악회나 공연장에 장미꽃 다발을 선물하는 것은 매우 과학적이다. 긴장한 예술가에게 순간 두뇌에 모르핀처럼 큰 역할을 하기 때문이다. 최근 정부에서도 현실에 맞추어 형편에 맞는 TF연구팀을 구성한다고 알려진다.

또 한 가지는 화훼를 경조사형 소비에서 생활형으로 바꾸어 가야한다. 세계 어느 나라에도 경조사에 화훼를 뇌물 형태로 전하는 것은 한국이 유일한 나라다. 국민이 화훼산업을 생활형으로 바꾸어 나갈 때 화훼는 사치품이 아니고 꼭 필요한 품목으로 인정하게 될 것이다. 이번 기회가 화훼산업의 봄바람의 기회로 작용하는 대전환이되길 기원한다.

장미꽃의 예술적 모티브 곳곳에서 발견

기원전 4000년도 시베리아 북극 산지 Tsudi 묘지 안에서 장미그림이 은메달에 디자인된 것을 볼 수 있다. 아시아에서도 기원전 3000년 전에 장미를 모티브로 한 예술적 흔적들을 보인다. 중국에서도 기원전 2500년 이전에 황제가 사용하는 북경정원에 장미가 재배되었다.

Sumer어의 설형문자로 기록된 점토판 문서에도 장미의 기록을보인다. 이것은 장미수의 레시피였다. 서력 기원전 2350년의 또 다른 기록은, Sumer왕 Sargon이 야생식물을 자신의 땅에 가져 왔으며 그중에는 장미가 포함되었다고 기록한다.

Kreta섬의 궁전 북서쪽에 위치한 프레스코 벽화의 집으로부터 하나의 프레스코벽화에서는 "파란 새"라는 표시가 줄무늬로 새긴 바위와 백합, 야생 장미의 식물계간에 유래된다. 이 프레스코 벽화는 오늘날 Heraklion 박물관에서 볼 수 있다. 출처는 서력기원전 1550년경으로 거슬러 올라간다.

Troja 전쟁 시기(대략 서력기원전 1200년)에 장미는 무역을 위해 대량 재배되고 있었다. Nestor 왕의 궁궐에서도(Peloponnes반도) 장미오일 보관 그릇이 발견 되었다.

향수, 치료제, 무역을 위한 다량의 장미 생산

Homer(대략 기원전 800년)가 '장미향' 그리고 '장미손가락'으로 쓰기는 했지만 장미 하나만 언급되지 않는다. 우선 향이 나는 장미 오일이 유럽으로 수입된 것으로 추측된다. 장미오일의 기분 좋은 향은 꽃의 재배로까지 나아가게 되었다. 첫 번째 재배는 주로 향료를 얻는 데에 있었고 장식을 위함이 아니었으며 그 때문에 아주 매혹적인 달콤한 아로마를 갖고 있었다.

향수 중에서도 장미꽃에 맺힌 이슬로 만든 꽃이슬 향을 최고로 친다. 이슬에 맺힌 청결의 이슬도 귀하지만 이슬에 맺힌 소량의 향기를 모은다는 것은 금광에서 금을 모으는 것과 다를 바 없다. 유럽의 귀부인들은 장미 이슬 향에 지대한 관심과 사랑을 받았다.

아주 저명한 고대 그리스 여자 시인인, Sappho(대략 서력기원전 600년)는 장미를 처음으로 꽃의 여왕으로 묘사한 것으로 추측한다. 이 시대에는 그리스 사람들이 이미 장미를 재배하고 있었으며, Sappho의 창작에 대한 근거로 볼 수 있다. 꽃잎에 대한 철학에 도움을 준 그리스 문화가 끝나고 로마의 생활방식이 물질 만능주의에 대한 사치로 정점을 찍게 될 무렵, 장미는 하나의 최고의 명망 있는 상품으로 여겨졌다. 로마시민들은 장미재배를 아주 강력하게 추진하였다. 그들은 더욱이 장미 꽃잎의 엄청난 수요를 커버하기 위해 이집트에 거대한 재배면적을 보유하고 있었다.

온실을 통해 장미 개화시기 조정하는 기술까지

게다가 장미 꽃잎을 겨울에도 안전히 놓을 수 있는 온실도 만들었다. 로마사람들은 장미의 개화시기를 연장하기 위한 기술도 발전시켰다. 이것은 집을 난방을 하는데 사용되는 것과 유사한 중앙난방 시스템의 온실에 설치되었다. 로마 말기 축제에서 장미 꽃잎의 사치스러운 사용은 장미를 '죄악의 꽃'으로 의심하게 만들었다. 손님들은 연회에 초대가 되면, 우선 목욕을 하고 이후에는 장미 오일을 몸 전체에다 부었다. 그 다음 몸을 뒤로 기대고 장미로 치장된 피부를 보는 것을 기쁘게 여겼다. 바닥 위에는 장미 양탄자가 깔려있었으며 와인 잔에는 장미꽃잎이 떠다녔다.

교만한 로마의 황제 네로(서력기원전 37년에 태어나고 68년에 사망)는 도에 넘치는 'sub rosa'라는 밤의 향연을 로마 중앙 언덕 위에 금으로 된 궁궐에서 개최했다. 손님들은 장미 수, 장미 오일의 사치스러운 목욕을 즐겼다. 장미 오일을 몸 위에 방울로 떨어뜨리며 평안함을 느끼고, 장미 꽃잎이 천장에서 떨어지며 장미향이 나는 와인과 장미로 만든 디저트가 나오기도 했다. 이러한 방탕하고 화려한 하루의 밤을 위해 대략 150,000 유로가 들었다!

네로는 또한 바다 전체 강가에 장미 꽃잎으로 뿌려두기도 했다.

또한 그는 눈을 차가운 식감과 맛좋은 얼음을 즐기기 위해 알프스에서 로마로 수송시키기도 하였다. 몇몇의 배달부에게 이것은 목숨을 지불한 레이스와도 같았다. 눈은 소중스럽게 땅 속에 저장하였다. 이렇게 연구 꿀, 계피, 장미 수로 정제하기에 이르렀다.

클레오파트라, 마돈나에 이르기까지 여성취향 저격한 장미향수

대략 서력기원전 100년에 세계에서 처음으로 장미 달력이 생겨났다. 로마의 플리니우스는 13개의 장미종류로 하나의 리스트를 발행했으며, 자신의 조카 junior 플리니우스는 장미정원을 만들었다. 장미는 클레오파트라(서력기원전 69년 출생- 30년 사망)의 미인의 화장품으로 부각되었다. 당시 자료에는 이집트 여왕은 한talent(대략 2.500-3.500 유로)를 장미만을 위해서 지불했다(역사 문학). 또한 나중에 애인 안토니우스와의 역사적인 재회에 사용한 장미 양탄자는 30cm 가 넘는 두께였다고 한다(전설).

서력 기원후 100년에 살았던 소설가 Columella는 'De re rustica'라는 원고에서 상업적인 장미정원의 설립을 서술하였다. 여기에 그는 장미울타리의 설치에 대한 방법도 기술하였다. 접근법은 굉장히 실용적으로 보인다. 씨앗은 흙과 약간의 물과 함께 혼합되어 낡은 밧줄에 발랐다. 이것은 건조되고 땅에서 겨울을 보냈다. 겨울이 지나가게 되면, 밧줄을 감아올려 그것을 고랑에 놓고 흙으로 약간 덮어두었다. 약간의 시간이 지나고 나서, 조그마한 식물이 자라난다. 16세기 Turor 시대에는 이 과정이 영국에서 사용되었다.

Elagabal로도 불렸던 로마 황제 heliogabel(204년 출생-222년

사망)은 축제에서 한 대연회장을 장미 꽃잎으로 넘쳐나게 하였으며, 손님들은 많은 꽃잎들에 의해 한호와 함께 감탄하였다.

고대 그리스에서는 장미가 하나의 큰 의미를 갖고 있었다. 전설에 의하면, 그리스 사람들은 승전하고 돌아온 군인들에게 장미로 만들어진 월계관을 씌워줬다고 한다.

고대부터 장미는 또한 특별한 방식으로 죽은 자를 숭배하는 것과 연관이 있었다. 가톨릭 국가인 이탈리아에서는 당시에도 장미축제 'rosalia'를 열었고 'domenica rosata'(성령강림제인 일요일)로 계승되었다. 고대에는 죽은 자의 정원이 장미로 심어졌다. 윤회사상과 장미는 또한 연결되어 있다. 장미는 다시 소생하는 식물신인 아도니스의 피로부터 생겨났다고 한다. 이에 따라 장미는 삶의 재생을 상기시킨다. 이것은 왜 장미가 고대 묘비에서 발견되는지에 대한 하나의 이유에 해당한다.

이미 이 시점보다 더 오래전에 장미는 인도에서 비밀의 신의 상징으로 여겨졌다. 장미에서 여신들 중 가장 아름다운 신이며 Wischnu의 부인인, Lakschmi(미, 부, 운의 여신)가 태어났다고 한다. 페르시아로부터 전해져오는 아름다운 전설 '즉위' 중 하나로, 장미가 등장한다. 꽃은 하나의 새로운 통치자를 알라에게 요구했는데 이는 직무를 잊고, 나태한 Lotos가 밤에 깨어있지 않기를 원했던 이유에서다. 그로 인해 알라는 보호된 가시로 순결한 장미를 여자 통치자로 보내주었다.

신들의 장미

이슬람 사람들은 원래는 하나로 꽃피는 장미의 5개의 꽃잎에서 알라의 5가지 비밀에 대해 찾았다. 그들은 장미가 예언자의 땀방울에서 생겨났을 것이라 생각하였다. 이것은 예언자들이 밤중 승천할 때 생기는 것이라고 여겼다.

그리스도교에서도 장미는 자주 묘사되고 성인들로부터 둘러싸인 식물의 상징으로 여긴다. 장미는 사랑과 놀라움의 상징이다. 장미는 아주 오래된 역사를 갖고 있다. 또한 역사의 뿌리는 인류의 생성에 대한 역사를 상징한다. 장미는 아주 오래된 상처를 스스로 내포하고 있지만, 불확실함과 고난으로부터 사랑의 신의 권력이 예수 안에서 생겨난다는 희망 또한 갖고 있다.

백장미는 마돈나에게 바쳐졌으며 그녀의 순수함과 깨끗함을 상징한다.

빨간 장미는 사랑의 신을 인간에 대해 의인화했다. 빨간 장미는 예수가 십자가에 못 박혔을 때의 피의 상징으로 여겨진다. 독일의 오래된 전설에는, 모든 장미가 원래는 빨간색이었다고 한다. 처음에는 Maria Magdalena가 예수 십자가 아래에서 흘렸던 눈물이 빨간 장미에 떨어져서 그것의 색이 발전되어 백장미가 생겨났다고 한다. 이렇게 장미는 성모마리아의 상징으로서 그리스도교 초상학에서 확고하게 자리매김 하였다.

또 다른 전설에 따르면, 그리스도의 가시면류관이 찔레꽃 덤불 가지를 엮어서 만들었다고 한다.

로마멸망 이후 '꽃의 여왕'은 계속 잊혀져 갔으며, Karl 대제(747년 4월 2일 출생–814년 1월 28일 사망) 시대에는 다시 (그리스도교적 믿음) '꽃의 여왕'을 회상하게 되었고 들장미 fortan의 5개의 꽃잎(이슬람교적 믿음에도 존재)이 그리스도의 5개의 상처에 대한 상징을 의미했다.

Karl 대제의 영지 규정 "Capitulare de Villis et curtis imerialibus" (대략 800년)에 따르면, 장미는 총 73개의 종에서 2번째 종으로 불렸다. 영지를 위한 이 규정은 황제의 궁전에 대해 그곳에 심어진 식물을 재배해야 하는 의무가 있었다(특히 약초).

사람들은 여기에는 gallica장미와 alba장미가 있으며, 치료용 또는 종교적인 의미로 사용되었을 것이라고 추측한다.

십자군 종군기사는 이 다마스쿠스 장미를 시리아에서 유럽으로 가져왔다. 이 장미는 그것의 강한 향으로 인해 장미수, 장미오일로 사용되었다.

1187년 Sultan Saladin은 예루살렘을 정복하였다. 그는 500개의 장미수를 실은 낙타를 Omar사원 청소용으로 도시로 보냈다. 이는 장미는 이슬람권에서는 치료용으로 여겨졌기 때문이다. 이러한 이유로 신생아들은 장미 잎에 쌓여지기도 했다. 그러나 점점 이러한 사용이 줄어갔으며 추후에 빨간 장미의 고급 삼베를 사용하였다.

중부유럽에서는 중세시대가 되어서 장미에 대해 주의를 기울이기 시작했다. 여기에는 장미를 경작하기 시작했던 승려들이 우선적이었다. 장미 재배에 대해서 이때까지는 다른 언급이 없었다. 18세기가 되어서야 재배에 대해서 언급하기 시작했다.

1593년에는 이미 Konstantinopel과 Edirne장미가 수출용으로 재배되었고 대략 40 톤의 장미다발이 그곳에서 분류되었다.

1829년에는 포츠담에서 중세시대의 느낌을 불러일으키는 장미 축제가 열렸는데, Zarin Charlotte를 위해 러시아에서 개최하였다. 남자들은 기사로 옷을 입었고, 여자들은 장미 월계관을 머리위에 썼다. 이 축제의 상기를 위하여 은장미가 헌정되었다.

판티트 네루(Pandit Nehru)로 불리는 자외할랄 네루(Jawaharlal Nehru)(1889~1964)는 Amritsat에 도착했을 때 장미 잎이 섞인 비가 내렸다.

이 장미는 또한 방패의 표시로도 이어졌다. 가장 유명한 것 중 하나는 아마도 마틴 루터(1483.11.10~1546.02.18)의 것일 것이다. 그는 하나의 백장미를 방패 안에다 넣었으며, 그 이유로 흰색은 종교적인 색이며 모든 천사들의 색이기 때문이라고 했다. 이 방패는 자신의 슬로건의 의미로 만들어졌으며, "그리스도의 심장은 장미로 향한다, 만약 심장과 장미가 십자가 아래 놓여있다면 말이다"라고 쓰여 있다. 이 방패는 5장의 장미꽃잎 안에서 심장으로부터 자라난 십자가로 묘사한다.

장미전쟁

또한 Adel시대의 장미를 하나의 상징이 되었다. 이 장미는 Tudors(영국 왕가)의 방패에도 놓여졌다.

영국의 York와 Lancaster 일가들은 자신의 방패에 각각 하나의 장미를 달았다. York가는 백장미를(rosa X alba Maxima(15세기 재배)) Lancaster가는 빨간 장미를(Rosa gallica officinalis(1310년 전 재배) 달았다. 이 두 라이벌 가문은 30년 동안 영국의 왕위계승을 위해 싸웠는데, 이것은 영국왕정을 거의 파멸로 이끌었다. 이 전쟁은 '장미전쟁'으로 불렸으며, 각각의 방패에 있던 장미 때문에 이렇게 불렸다. 이 전쟁은 1455년부터 1485년까지 지속되었다. Bosworth 에서의 장미전쟁의 마지막 전투는 또한 York가의 멸망을 뜻하였다. Tudors는 왕가를 지켰다. 'Rosa damascena Versicolor' 장미는 1551년 스페인 의사 Monardes로부터 'York와 Lancaster'로 명명되었으며, 장미전쟁을 상기시킨다. 이 장미는 그러나 전쟁에서는 어떤 역할도 하지 않았다. 왜냐하면 이 장미는 17년대 초에 영국으로 들어왔기 때문이다.

장미는 이후에도 Wildeshausen의 국가 방패에 있었는데, 이곳은 Oldenburger Grafen이 지배하고 있었다.

Steinfurth도 1954년 이후로 장미가 놓인 지역 방패를 보유하고 있다. 이것은 Bad Nauheim 출신의 유명한 문장학자 Mr. Heinz Ritt으로부터 만들어졌고 그 이후로 쭉 헤센주의 방패표시로 기입되어 있다.

또한 지역과 나라마다 장미에 대한 이름을 부여하는데, 예를 들어 시리아에서는 대략 '장미의 땅' 이라고 부르며 다마스쿠스로부터 나온 Damascena-장미는 이미 고대시대에 비싼 장미 오일로 인하여 아주 잘 알려져 있었다.

Biedermeier시대(1815-1848) 에 장미는 재배되었고 많은 양이 재배되었다. 근처의 성에는(예를 들면, Malmaison 성) 사치스러운 꽃잎들로 채워진 장미 정원이 생겨났다. 사람들은 장미 덩굴로 감긴 정자 입구와 장미로 가득한 로맨틱한 공원 정자가 있는 장미 정자를 사랑한다.

　우리는 장미꽃을 이야기하면서 우리나라와 중앙아시아, 중국에
서 자생한 찔레꽃의 전설을 이야기하지 않을 수 없다. 전설은 전설
을 넘어서 사실에 가깝기 때문이다. 유럽의 희랍신화가 이를 증명한
다. 그래서 전설은 또 다른 역사의 뒤안길을 넘보는 흥미의 역사다.

　우리는 7세기 백제 의자왕을 기억한다. 그가 3천 궁녀가 낙화암
에 떨어지는 비운의 왕이라는 것으로 더 잘 알려졌다. 그러나 그러
한 전설은 과학적이지 못하다는 여러 방증이 나오고 있다. 여기서는
의지왕의 이야기를 하려는 것은 아니다. 의자왕(재위641~660)에게
는 은고(恩古)라는 왕비가 있었다. 평소에 여자의 미모를 각별하게
따졌던 의자왕인지라 왕비 은고의 미모는 상상이 가고 남는다. 은고
는 유달리 피부가 맑고 고왔다.

　물론 은고에 관한 자료는 그렇게 많지도 않다. 〈금책〉이라는 책
에 '금화'로 잠시 소개하는 정도다. 왕비 은고가 바르는 화장품이 당
시로서는 좀 특이했다는 것이다. 물론 지금 보내면 별로 대단한 것
도 아니다. 은고는 찔레에서 나오는 증류수를 만들어 화장수로 사용
했다. 당시의 이름도 그럴듯하다.

　'꽃이슬'이라는 이름으로 만들어져서 은고 왕비가 즐겨 사용하였
다고 전해진다. 이것은 후세의 궁중의 화장수로 이어져 찔레꽃으로
만들어진 향수를 몸에 바르면 미녀가 된다고 전해졌다.

　이 같은 전설로 보아서 지금의 서유럽에서 사랑받는 장미꽃을 비

롯한 향수는 백제의 은고 왕비에 의하여 찔레꽃이 널리 알려지고 전해져 퍼져나간 것이라는 증거를 뒷받침한다.

서양에서 장미꽃이 12세기에 경작이 시작되었다. 7세기의 의자왕 시절, 백제의 왕실에서 찔레꽃의 뿌리로 증류수를 만들어 화장수를 사용한 것은 5세기나 먼저 한국에서 실용화되고 있었다. 더욱이 백제의 문화가 융성했던 4세기, 일본으로 예술문화가 건너갔다는 것을 볼 때 매우 흥미롭고 놀라운 전설의 역사다.

모든 역사는 생활필수 형에 의하여 발전되고 전해진 것을 우리는 명확히 알고 있다. 대다수 장미는 찔레에 접을 붙인다고 볼 때 한국은 장미의 어머니 나라(母國)가 된 셈이다. 접을 붙인 장미의 수명은 대략12년의 수명이다. 찔레의 수명은 수십 년에 이른다. 접을 붙인 장미는 성장의 속도는 빠르나 수명이 짧다는 것은 또 다른 연구의 과제다.

나는 산을 오르며 마주치는 찔레를 볼 때마다 칭찬해준다. "너희들이 세계인의 사랑을 받는 장미의 어머니로구나"라고 쓰다듬어 준다. 세계시장을 선도하는 장미가 우리의 찔레꽃에 의하여 연구되고 발전을 하여 보급 퍼졌다는 것, 식물학자로서는 매우 소중한 자산이고 자부심이기 때문이다.

IV

—

현실에 핀
꽃무리

움직이는 계절을 가진
미학의 나라

한국의 소나무는 옹이가 많다. 혹독한 겨울을 보내면서 만들어진 생채기의 흔적이다. 한고(寒苦)가 없는 나라의 나무들의 줄기와 가지들은 옹이가 없이 직선으로 가파르게 하늘로 오른다. 그런 나무는 단단함이 없다.

계절의 미학(美學). 모든 나라가 이 미학의 대상의 범주에 들어가는 것은 아니다.

미학은 사전적으로는 아름답고 귀하다는 뜻이다. 아름다운 것들은 흔하지 않다. 꽃과 나무는 계절의 미학이 신(神)과 긴밀하게 만들어내는 빼어난 작품이다.

꽃과 나무는 그 나라의 독특한 계절 환경에 의하여 독창성을 가진다.

한국은 움직이는 계절을 가진 미학의 나라다.

집 앞 가을엔 쓸쓸함이 마로니에 공원을 걷는다. 봄에는 환희가 집 뒤에 있는 비원(秘苑)을 걸어 나온다. 여름은 해변이 넘실거린다. 겨울은 찬바람에 함박눈이 어깨를 기댄다.

한국의 소나무는 옹이가 많다. 옹이는 혹독한 겨울을 보내면서 만들어진 생채기의 흔적이다. 한고(寒苦)가 없는 나라의 나무들의 줄기와 가지들은 옹이 없이 직선으로 가파르게 하늘로 오른다. 그런 나무는 단단함이 없다. 한국은 어느 나라에서 찾을 수 없는 분명한 사계(四季)를 가졌다.

사계절의 옷을 입어보지 못하고 사는 나라 사람들도 많다.

한국은 사계절은 어정쩡하지가 않다. 분명하게 구분이 된다. 안개의 나라 영국에도 사계가 있다. 그렇지만 한국과는 전혀 다른 사계를 가졌다.

런던의 날씨는 사계가 하루 안에 모두 들어 있다. 그래서 거리에 나가면 계절과 상관없이 뒤죽박죽으로 사계절의 옷들을 입고 다니는 풍경을 쉽게 목격할 수 있다. 비가 오다가도 햇빛이 난다. 바람이 불면서 쾌청했던 날씨가 구름이 끼면서 우중충해지기도 하는 예측 불허의 변화무쌍한 날씨다. 그래서 사람들이 입는 의상도 일정치가 않고 제각각이다.

한국 사람들이 계절별 옷을 입고 산다. 큰 축복이다. 한국의 계절 의상은 봄, 여름, 가을, 겨울로 구분이 된다. 계절의 경계선이 분명하기 때문이다.

예술가의 가장 두려운 적은 슬럼프다. 그것은 멈춤을 의미하기 때문이다. 모름지기 예술가의 숲은 잠들지 않는다. 역동적이고 생동하는 사람들이다. 자유함을 누리는 사람들이다. 한국의 계절은 통통 숨을 쉬게 하는 역할을 한다. 예술가라면 사랑하지 않을 수 없는 매력을 가진 것이 한국의 사계이다.

미당 서정주 시인이 말년에 소련의 카프카스라는 장수촌(長壽村)으로 거처를 옮겼다. 거기서 여생을 마칠 작정을 하고 살던 터전을 떠난다. 그곳은 산과 물이 좋아 지상의 마지막 낙원이라고 한다. 장수촌에 가면 좋은 환경 때문에 평소에 가지고 있는 가벼운 지병들이 치유되고 오래 살 수 있을 것이라는 기대를 하였다. 그러나 미당은 머물러 있은 지 얼마 되지 못하고 그만 한국으로 돌아오고 만다. 한국의 계절에 익숙했던 미당 선생은 그곳의 날씨가 적응이 되지 않았다. 한국의 역동적인 계절이 그리워졌던 것이다.

열대지방에도 겨울은 있다. 하지만 우리가 생각하는 계절과는 전혀 느낌이 다르다.

우스운 이야기가 있다.

필리핀의 사치의 여왕 이멜다 마르코스가 화려한 모피코트를 입고 싶었다. 하지만 필리핀의 겨울은 모피코트를 입을 만큼의 추운 나라가 아니다. 이멜다는 대통령관저에 에어컨을 펑펑 틀어 놓고 모피코트를 입었다는 거짓말 같은 사실이 외신에 보도된 바가 있다.

2002년 공전의 시청률을 자랑한 '겨울연가'라는 드라마가 있다. 애잔한 첫사랑으로 사람들의 가슴을 울린 배용준과 최지우가 주연으로 출연한 드라마다.

이 드라마가 동남아 여러 나라에 큰 반향을 일으켰다. 드라마에 겨울 배경의 눈 내리는 장면이 있다. 태어나서 눈을 경험하지 못하는 태국이나 베트남에서는 눈 내리는 장면을 보고 저게 뭐냐?'며 환호성 질렀다. 한국으로 관광객이 몰려들게 하였다.

> 그대 보고 싶은 마음 때문에
> 밤새 퍼부어대던 눈발이 그치고
> 오늘도 맨 처음인듯 하늘이 열리는 날
> 나는 금방 헹구어낸 햇살이 되어
> 그대에게 가고 싶다

안도현의 '그대에게 가고 싶다' 라는 시다.
계절은 움직여야 생동의 맛이 있다.
계절의 미학을 가진 나라 한국, 눈보라의 겨울이 아름다운 한국.
축복받은 천혜의 나라다. 그 나라에 살고 있다는 것이 행복이다.

02
자유를 추구한
장자와 이애주 교수

하나의 예술이 3개 부처에 의하여 완성되는 것은
꽃의 가지는 무한성을 의미한다.

이애주 교수는 1990년대를 거치며 아스팔트 현장을 주
름잡던 춤꾼이었다. 민주화 운동의 상징이었던 인물 중 한 사람이
다. 민주화 운동을 요구하는 시위가 거리를 가득 메웠을 당시 국립
대학(서울대)교수이자 춤꾼이었던 이애주 교수가 춤으로 박종철(서
울대 고문치사사건으로 사망) 이한열(연세대재학 중 최루탄에 맞아
사망)등 대학생은 물론이고 분신노동자까지 억울하게 죽은 원혼들
을 달랬다. 그의 거리 춤은 사람들을 모으고 감동시키며 시위대를
고조시켰다.

워낙 유명인사이다 보니 여야 할 것 없이 국회의원을 시켜주겠다
거나 당을 같이 만들자고 제의했지만 그는 번번이 거절했다. 한국민

족예술연합(민예총)이 생길 때에도 많은 좌파문인들이 그랬듯이 자리를 챙길법했건만 '비슷한 사람들이 모여서 무엇을 하나. 이런 때일수록 공부를 하고 연구해서 기본바탕을 다지자'는 생각으로 손사래를 쳤다.

나는 이애주 교수를 보면서 장자가 생각났다. 장자는 초나라의 왕으로부터 제상 자리를 주겠다고 수차례 제의를 받았다. 장자는 "권력은 썩은 쥐이며 그것을 탐하는 자는 올빼미뿐이다" 라고 말하며 제상의 자리를 손사래 쳤다.

중국 역사에서 만세(萬世)의 사표(師表)라는 공자는 벼슬자리를 얻기 위해 13년이나 중국 각지를 유세하고 다녔으나 어느 왕도 그에게 제상자리를 맡기지 않았다. 세상은 참으로 이상하다. 이애주 교수에게 국회의원을 주겠다고 해도 거절하였다. 장자에게 제상자리를 권했지만 거절했다. 반면에 공자는 제상자리를 그렇게 원했으나 오르지 못했다.

내가 독일에서 칼라이 스승 밑에서 공부를 마치고 귀국을 준비 중에 있었다. 사우디 왕실과 호주의 멜본대학에서 어떻게 알았는지 상상할 수 없는 조건을 제시하며 초빙하였다.

그때의 나의 심정은 이애주 교수나 장자의 생각과 같았지 않나 생각이 된다. 나는 자유하고 싶었다. 한국의 꽃 예술과 후학을 만나 뿌리를 내리고 싶었다.

독일에서 다하지 못한 꽃 예술의 창작을 위하여 질주하고 싶었다. 독일에서 공부한 것을 한국에 전달하는 데 그치고 싶지 않았다. 한국에 맞는 꽃 예술을 위하여 연구하고 철학을 넣고 싶었다. 얼마 지

방식의 승무(僧舞) - 인도

나지 않아 내가 연구하고 창작하여 낸 재료와 소재들을 독일의 조
경마이스터들이나 플로리스마이스터들이 한국에 와서 구입해 가고
꽃 예술을 배워가게 되었다.

사우디 왕실이나 호주의 멜본대학의 강단에 섰다면 개인적으로
는 편한 시간이었을 것이다.

예술을 하는 이애주 교수도 그랬을 것이다.

이애주 교수는 우리 춤의 원형을 복원하기 위해 공부에 몰입하였
다. 어떤 이들은 이애주 교수가 변했다는 말까지 했다. 민중과 민주
를 떠났다고 손가락질했다. 하지만 그는 아랑곳 하지 않고 한국 춤
연구와 제자양성이라는 기본을 파고들었다. 그는 현존 유일의 승무
인간문화재이며 중요무형문화재 97호인 살풀이 춤 전수자이기도
하다. 이 선생은 여기에 머물지 않고 고구려벽화 춤에서 우리 춤의
원형을 발견하기 위해 중국동북방에 흩어진 고구려 무덤을 찾아다
니고 전통춤의 하나인 영가무도(詠歌舞蹈. 김항이 주창한 정역사상

을 노래와 춤으로 표현한 전통예술이자 수행법)를 복원하기까지 이르고 있다. 그는 주역을 배우고 동양사상을 익혀 춤과 연결하여 대학로에서 강의도 하고 있다.

예술가나 학자의 길은 끝없는 자유함 속에서 속박을 벗어나 구도하는 것이다. 마치 성직자들이 수도하는 것과 같다. 어떠한 구속이나 부패한 세상으로 다가가지 않는 것이다.

나는 꽃 예술을 전달함에 있어서 늘 현실과 다정하게 걸어가야 한다고 말한다. 소통이란 서로가 좋아해주고 이해하는 것이다. 할아버지가 손자에게 들려주는 동화는 손자의 눈을 크게 만든다. 그리고 무한의 상상을 하게 한다. 예술은 보이는 현상만을 이야기하면 기술자와 같다. 자연은 자연의 현상대로 보아야 하되 사람이 넘볼 수 없는 무엇을 가지고 있다는 철학을 알아야 한다. 재료는 소재를 넘지 못한다. 재료는 자연을 도와주는 것에 불과하다. 꽃 예술은 자연에 의하여 이루어진다. 생산자를 거쳐 판매자에 의하여 대중에게 다가간다. 생산자의 부처는 농림부 소관이다. 판매는 상공부소관이다. 자연은 환경부의 소관이다. 꽃이란 이처럼 3개 부처를 거쳐야만 상품으로 완성에 이른다.

성경에 나오는 꽃 만도 240여 종을 보인다.

하나의 예술이 5개 부처에 의하여 완성되는 것은 꽃이 가지는 무한성을 의미한다.

결국 예술이란 우리에게 눈으로 보이는 이 세상보다 더 큰 세상이 있다는 것을 알려주는 것이다.

03

아마데우스가
과천으로 간 까닭은

도를 닦는 사람은 고요함으로써 지혜를 길렀다. 지혜가
생겨도 그것으로 무언가를 꼭 하려고 한 적이 없었다. 이를
지혜로써 고요함을 기른다고 한다.

예술가들의 시선과 생각들을 대하면 참으로 신비로운 앵
글들이다. 오래 전에 〈아마데우스〉라는 영화가 있었다. 천재 음악
가 모짜르트의 생애를 그린 영화다. 1987년 극장에 상영할 때 한국
을 움직이는 정치인과 경제인들이 그 영화를 보았다고 한다. 청와대
에서도 영화를 불러들여 각료들과 대통령이 감상하였다고 한다. 영
화를 보는 목적은 모짜르트의 생애를 보는 것이 아니라 당시 상류사
회, 귀족들의 노는 모습이었다. CEO들은 당시 귀족들의 의상과 가
구를 통하여 경영에 영감을 얻었다는 후일담이었다. 아마데우스 영
화처럼 한국을 움직이는 정치, 경제인들을 비롯한 지성들이 대거 보
는 경우는 드물었다는 기사를 본적이 있다.

과천에 가면 김홍창이라는 뮤지션 친구가 있다. 그는 독일에서 10여년 공부를 했다. 죽은 영혼을 위로한다는 이집트 악기연주자다. 김홍창 뮤지션은 년 말이면 가까운 사람들을 초대하여 연주회를 가졌다.

어느 해에는 열 두 명이 연주하는 연주회에 네 사람이 초청된 경우도 있었다. 분명 그가 초대할 사람이 없어서 네 사람만을 부르지 않았을 것이다. 행여 많은 사람을 초청했지만 사정에 의하여 참석하지 못했을 수도 있다.

초대된 사람은 자신의 예술세계를 나누고 공감하여줄 사람이다. 초대된 나도 네 사람 중 한 사람이었다. 연주자 중에는 의사, 검사, 시인, 화가를 비롯한 각자의 일터에서 일을 하는 생활인들이다. 틈틈이 취미로 다루는 악기를 서너 평 남짓한 공간에서 김밥을 비롯한 소탈한 다과를 놓고서 연주회를 가진다.

어떤 이는 자신이 아끼던 양주라고 선물로 들고 오기도 했다. 평소에 사용하던 물건을 내놓고 애장품 교환 순서도 있다. 대단한 애장품이 아니다. 자신이 평소 사용하다가 별반 사용하지 않는 물건들이다.

연주자들의 연주솜씨가 빼어난 것도 아니다. 직장에서 일하며 자투리 시간에 즐기면서 연마한 기량들이다. 이한상(가정의학과 의사)은 퉁소를 연주한다. 세곡이 자신의 레퍼토리가 전부이니 앙코르는 사양한다는 웃음 섞인 예고가 친근하다.

화려함도 없고 가식도 없다. 보여주기 위한 것도 없다. 다만 소통되는 사람들이 모여서 연주하고 듣는 것이다.

김홍창의 모임은 벌써 여러 해 째 진행하고 있다. 지리산자락에 묻혀서 시를 쓴다는 시인이 시를 낭송하기도 했다. 지리산 시인은 오랜만의 산 그림자를 벗어났다.

정치를 소재로 그림을 그려서 온 나라를 시끄럽게 한 걸개그림화가도 있었다. 박근혜 대통령을 소재로 걸개그림을 만들어 광화문에 걸었던 화가다.

김홍창뮤지션을 보면 모짜르트가 보인다. 장자(莊子)의 초월적 자유함이 읽힌다.

도를 닦는 사람은 고요함으로써 지혜를 길렀다. 지혜가 생겨도 그것으로 무언가를 꼭 하려는 것이 없었다. 이를 지혜로써 고요함을 기른다고 한다.

지혜와 고요함을 번갈아 서로 길러 줌으로써 그의 본성으로부터 조화와 이치가 생겨난다고 장자의 말이 생각난다.

김홍창을 통하여 멋진 예술혼을 본다.

사람의 마음 씀이 거울 같다는 말이 있다.

그는 이 시대의 드문 거울이다.

04 한국 꽃꽂이는 고전의 역사다

눈은 보고 싶은 것만 본다. 내키지 않으면 보지 않으면 그만이다. 생각은 생각하려는 의지가 없으면 그것으로 끝난다. 그러나 '보아야겠다. 생각하여야겠다. 뇌에 입력을 하여야겠다'는 의지를 가진 사람에게만 고전과 역사는 전승될 것이다.

로마는 하루아침에 이루어지지 않았다는 건 '그 역사의 이끼'를 의미한다. 사람들은 로마를 찾는 이유는 쓰러져가는 원형경기장과 폐허에 대한 경의 때문이다. 아테네 아크로폴리스에 오르면 판테온 신전의 무너진 형해(形骸)와 마주친다.

무릇 유적과 유산은 보존이 생명이다. 함부로 망가뜨리거나 방치하면 값진 역사는 보이지 않는 무로 돌아간다. 1차 세계대전 때에 파리시민이 총 한방 쏘지 않고 독일군에게 파리를 내주었던 건 오직 값진 문화유산을 지키기 위함이었다.

구정을 맞아 시내에 나갔다가 소녀티를 갓 벗은 17세전후의 옷차림의 세 명의 여자아이들을 전철에서 마주쳤다. 고운 한복을 차려 입고 손에는 한복에 맞는 구슬가방까지 갖추어 들었다. 세 아이들이 경북궁역에서 내린다. 카메라를 든 차림을 보니 명절과 방학을 맞아서 경복궁에 들려서 유적도 체험하고 기념사진을 만들기 위한 것으로 짐작이 간다.

얼굴도 예뻐서 한복이 유달리 잘 어울린다. 거기에 옛 것을 사랑하는 젊은이가 자랑스럽다. 수입산 방한복을 유행처럼 입는다는 요즘의 젊은이들 이야기, 가십성 뉴스가 오버랩 된다. 세 명의 소녀에게 유익한 방학의 시간, 칭찬을 하여 주고 싶었다.

꽃꽂이를 연구하는 것도 그렇다. 옛 것을 따라 하는 것에 평생을 매달렸다고 해도 무리가 아니다. 설을 맞아 한가하다 싶어 땀을 흘리며 연구에 매달린다.

모방이 아니고 흉내도 아니다. 옛 것을 보존하는 것이다. 고전의 꽃꽂이는 힘들고 어렵다. 곧잘 현재에 별 쓸모가 없다고 뇌의 공간에서 지우는 것이 안타까워하며 연구한다.

옛 것을 찾는 노력은 깊은 감동이 오기도 하고 말할 수 없는 보람이 밀려온다. 수 억 년 동안 스스로 기후의 변화에 자연을 적응하면서 만들어지고 다듬어졌다. 자연이 우리에게 던지는 메시지는 논리로 접근하기는 쉽지 않다.

한국의 꽃꽂이는 고전(古典)이다. 고전을 발전시키는 과정이 할 일이다. 그 고전은 한복처럼 명절이나 결혼식에 입는 옷도 아니다. 고전 한복은 신 한복이 등장, 계량한복으로 생활 한복이 된다. 고전

의 한국 꽃꽂이. 기본은 우리의 지형적 형태에 의해 토착문화로 등
장하는 가하면 조립과정에서 식생(植生)적 모습을 찾아준다. 백두
산부터 백두대간을 걸쳐 한라산까지 이어지는 선(線)의 서사시(敍
事詩)까지 포함하고 있다. 세계의 꽃꽂이 문화를 우리가 초대하는
형국이다. 우리는 서양을 쉽게 배우고 습득한다. 그러나 서양인은
우리 것을 배우기는 불가능에 가깝다. 그 불가능은 우리가 알고 있
다. 우리의 것은 뉘앙스라는 것도 포함된다. 뉘앙스라는 것은 말로
다 표현하지 못하는 해 뜨는 나라의 철학이 숨 쉬고 있기 때문이다.
다른 한편으로 배우기 어렵다는 것은 옛날부터 쌓여온 무게가 크고
광대하기 때문이다.

런던 북부의 스트래트퍼드 온 에이번에는 셰익스피어의 생가가
있다. 삐걱거리는 계단과 통나무 의자들이 작가의 생시를 재현하고
있다. 관광객들은 이것을 보기위해 먼 여로를 더듬는다. 이 셰익스
피어산업으로 휘청거리는 영국경제에 큰 보탬이 된 적도 있었다. 모
두다 문화 예술에 대한 깊은 관심과 애정의 소산물이다.

역사물에 보존에 관한한 우리나라는 거의 영점에 가깝다. 행정편
의주의가 곁들여진 무관심 속에 마구잡이로 헐리는 역사의 현장들
을 볼 때 마다 가슴이 아프다.

눈은 보고 싶은 것만 본다. 보지 않으면 그만이다. 생각은 생각하
려는 의지가 없으면 그것으로 끝난다. 그러나 '보아야겠다, 생각하
여야겠다, 머리에 입력을 하여야겠다'는 의지를 가진 사람에게만 고

전과 역사는 전승될 것이다.

　내가 전공한 고전의 꽃꽂이만이라도 아름다운 유산으로 보전하고 후학들과 나누고 싶다. 분명한 것은 기초의 틀 위에서 발전해야 한다.

05 꽃은 미병(未病)의
세상을 위하여 혁명을 꿈꾼다

봄이 오면 고소를 향기 나게 심으면 좋겠소.
봄이 오면 집 마당에 어머니의 웃는 하얀 도라지꽃과 불
소화를 심겠소.

꽃이 혁명을 일으킨다면 매우 낯설은 표현일 수 있다. 혁
명(革命)의 의미는 군이나 과격한 집단이 힘을 가지고 권력을 찬탈
(簒奪)하거나 목적을 이루는 것을 말하기 때문이다. 분명, 오늘도
꽃은 인류의 미병(未病)을 위하여 끊임없이 혁명을 시도하고 있다
는 것이다. 인간에게 가장 중요한 기관은 뇌다. 뇌를 통해 인간이 하
고자 하는 일들을 성취하기 때문이다. 뇌는 우리가 흔히 알고 있는
모르핀을 만드는 기관이기도 하다. 모르핀은 마약으로 독성을 가졌
다. 만약에 마약에 중독이 되거나 마약을 상습으로 복용하거나 주사
하게 되면 중독으로 폐인이 된다. 마약의 폐해를 알기 때문에 정부
가 법으로 단속을 하고 있다. 이는 세계의 모든 나라가 공통으로 경

계한다. 인간을 피폐하게 만드는 물질로 보기 때문이다. 그런데 인간이 마약과 같은 성분이 뇌에서 자연 생성이 될 수 있다는 것이다. 뇌에서 만드는 모르핀은 독성이 없다. 반면에 마약류의 모르핀 보다 5~6배나 강하다. 하지만 이런 사실을 모르고 개중에는 법을 어기고 폐인이 될 위험을 무릅쓰면서까지 마약이나 모르핀에 손을 대는 사람이 있다. 그 이유는 기분이 더할 나위 없이 좋아지기 때문이다. 그러나 조물주는 그런 위험을 감수 하지 않아도 충분한 쾌락을 즐길 수 있도록 우리 인간에게 뇌에 모르핀이라는 선물을 주었다.

조물주는 이 선물을 통하여 우리 인간에게 인생을 유쾌하게 살아라. 유쾌하게 살면 병에 걸리지 않으며, 젊고 건강하게 오래 살 수 있다는 메시지를 던져 준 것이다.

한마디로 말해서 뇌내의 모르핀은 바르게 살아가려는 사람에게 신이 내려 주신 최대의 선물이라 할 수 있다. 그럼 이제부터 조물주가 내려주신 인류 최대의 선물에 관해 구체적으로 설명해 보겠다.

사랑하는 부인이 화가 나 있다. 이런 저런 궁리를 하여도 내 사랑에게 기분을 돌릴 수 있는 방법이 생각나지 않았다. 하는 수 없이 시집간 딸에게 전화를 한다. 딸은 진지하게 일러준다.

"아빠, 꽃가게에 들려서 붉은 장미를 한 아름 만들어 들고 가세요."

딸이 시킨 대로 꽃을 사 들고 간 아빠는 맛있는 식탁을 대할 수 있었다. 그리고 그날 밤, 저녁이 아름다운 시간이었다고 알듯 말듯 겸

연쩍은 미소를 짓는다.

이것을 우리는 의학적으로 증명하는 플러스 발상의 효과라 한다. 서울대학 의사들은 퇴근길에 꽃을 자주 사들고(대학로 마이스터하우스) 집으로 간다. 대뇌를 연구하는 하루마 시게오 박사가 의학적으로 증명한 이야기다.

꽃은 플러스 효과라는 발상을 전해주고 긍정의 발상을 주는 것으로 알려진다. 꽃을 보면서 기분이 좋아진다는 것 하나만 보아도 뇌내에 모르핀이 형성된다고 볼 수 있다.

한국에서 가장 많이 불러진 가곡은 '목련화'다. 물론 목련화에 못지않게 불러지는 꽃의 노래는 무수히 많다. '수선화'도 그렇고 대중가요에 등장하는 코스모스, 들국화 등, 수를 헤아릴 수 없이 많다. 꽃을 노래하므로 뇌내에 모르핀이 형성되기 때문이다. 특히 샤워를 하면서 꽃의 노래를 부르는 것이 효과가 크다고 연구결과는 밝히고 있다.

봄날, 여의도의 윤중로에는 벚꽃이 만발한다. 윤중로에 수십만의 인구가 벚꽃 놀이 간다. 그뿐인가 진해 군항제는 벚꽃이 필 무렵 열린다. 무려 350만의 인구가 벚꽃놀이에 간다. 1년분의 뇌내에 간직할 모르핀을 만들기 위한 인간의 자연스러운 행렬이라고 하면 과장일까? 벚꽃이 만개하고 바람 부는 시간, 휘날리는 풍장(風葬)을 보라. 마치 천사가 노래하며 춤추는 장관을 만든다. 어느 시인은 풍장을 보지 않는 봄은 억울한 봄이라고 말한다.

인간에게 화를 내거나 긴장하면 뇌에서는 노르아드레날린을 분비한다. 공포감을 느끼면서도 아드레날린을 분비한다. 호르몬이란 세포 사이에서 정보를 전달하는 물질이다. 다시 말해 이것은 뇌에서 내린 지령을 세포에 전달하는 물질이다. 분노라는 정보가 전달되면 육체는 경계상태에 들어가 매우 활동적인 상태가 된다. 이렇게만 작용한다면 살아가는 데 별 지장이 없다. 그러나 어떤 이유 때문인지 모르겠지만 불행하게도 이 물질은 독성을 가지고 있다. 따라서 화를 자주 내거나 스트레스를 많이 받으면 그로 인해 발생되는 노르아드레날린의 독성으로 인해 병에 걸리거나 노화가 촉진되어 빨리 죽게 된다. 반대로 늘 미소 띤 얼굴로 꽃길을 걷거나 화초를 기르게 되면 뇌 안에서는 뇌 세포를 활성화시키고 육체를 이롭게 만드는 유익한 호르몬이 분비된다. 이들 호르몬은 인체를 젊게 만들 뿐 아니라 암세포를 파괴하고 인간의 마음을 즐겁게 한다.

따라서 인생을 즐겁고 건강하게, 그리고 암이나 성인병에도 걸리지 않고 장수하기를 바란다면 몸을 건강하게 하는 호르몬을 뇌에서 많이 분비하는 삶의 내용을 꾸려 나가야 할 것이다.

기르고 가꾸기 쉬운 화초의 씨를 뿌리는 것이 좋다. 더구나 꽃을 피울 수 있는 화초라면 더 좋다. 전자파를 흡수 한다는 상술에 빠져서 외래종을 기르지 않는 것도 좋다. 꽃집에서 파는 구근을 구입하여 창가베란다에 꽃을 틔우는 재미는 쏠쏠하다. 아마도 피워보지 않는 사람은 모를 것이다. 꽃도 보고 뇌내에 좋은 모르핀도 만든다면 일석이조(一石二鳥)가 아닌가!

성경의 사복음서에는 예수님이 말씀하신 비유가 많이 등장한다. 예수님은 유난히 꽃에 관한 비유를 많이 이야기했다. 인간에게 유익한 꽃을 비유한 것이다. 저들에 피는 백합화를 보아라.....등과 같은 말씀을 하셨다. 600년 전의 인물, 공자도 꽃에 관한 시를 많이 썼다. 심지어 꽃에 관한 교훈도 있다. 군자는 가슴에 꽃을 달지 말라 하였다. 요즘으로 말하면 정치적인 인물들이 단상에서 꽃을 가슴에 달고 군림하는 것을 경계하였던 것이다.

시인(詩人)들도 하나같이 꽃에 대한 시가 많다. 시인에게 꽃은 반찬이다. 꽃의 반찬을 어떻게 언어의 상(想)에 놓느냐는 것이다. 꽃을 자유롭게 노래하는 시인이 진실을 노래하는 것이라고 한다.

나라에는 나라를 상징하는 꽃이 있다. 시(市)에는 시화가 있다. 구별로는 구(區)화가 있다. 학교는 교화가 있다. 이화여자대학은 이화(梨花), 배꽃이라는 꽃의 교명을 가졌다.

인간에게 꽃은 신(神)이 에덴동산에 내린 가장 큰 선물이다. 생일에 꽃을 선물하는 경우가 많다. 물론 부모님께 드리는 선물은 꽃과 용돈을 함께 드린다면 금상첨화의 효도가 아닐까 싶다.

상가(喪家)에 가면 고인에게 국화를 놓는다. 가시는 길에 하얀 꽃길을 열어드리는 것이다.

인간에게 꽃이란 끈이 아닌가 싶다. 끈의 의미는 끊을 수 없는 관계를 의미한다.

꽃의 존재는 매우 현혹적이다. 자신의 얼굴을 떠나지 않게 하는 매력을 가졌다. 기분 좋은 감정은 늘 복받쳐 있다. 인간은 세상에서는 영원하지 않아도 꽃은 땅에서 영원하다.

비록 한 주간의 아름다운 생을 마쳐도 이듬에 새로운 만남을 위하여 자유로운 길로 들어선다.

국화꽃은 차(茶)가 되어 어느 선사에게 수행자에 도움을 주기도 한다. 작약을 비롯한 여러 꽃의 뿌리들은 약초로 인간에게 건강을 챙겨 준다.

옛날 선비는 문인화(文人畵)라는 것을 즐겨 그렸다. 매·란·국·죽(梅蘭菊竹)이 대표적이다. 선비의 기질은 얼마만의 문인화(文人畵)를 잘 치느냐에 인품을 가늠하기도 하였다.

율곡 선생님의 어머니, 신사임당(申師任堂)(5만원권화폐의 초상화 인물)은 초충도병(草蟲圖屛)이라는 명화를 남겼다. 왕들이 입는 옷에는 꽃 수가 있다. 우리 조상들은 이불이나 베개에 꽃을 수로 놓기도 하였다. 상보(相補)에도 꽃 수를 놓기도 하였다. 열 두 폭 병풍은 꽃이나 산수(山水)가 대종을 이룬다. 그 중에도 꽃은 회갑잔치의 병풍배경으로 사용되기도 하였다.

동양의 의학은 뇌에서 모르핀을 끌어내는 의학이며 그 지표로 삼는 것이 뇌파이다. 뇌파에 모르핀이 생성되도록 환경을 끌어내는 것이 치료의 방법이다.

스트레스를 풀어주는 방법은 주로 두 가지로 사용하기도 한다. 음악과 꽃을 통한 치료다. 두 가지가 뇌내 활동과 밀접하다는 의학적 소견이 입증하기 때문이다. 듣는 것과 보는 것은 뇌에 같은 역할을 한다. 사람이 색을 본다는 것도 중요하지만 아름다운 색을 본다는 것은 더 중요하다. 거기에 자연의 꽃을 본다는 것은 모르핀의 중요한 중추가 된다.

WHO(World Health Organization, 세계보건기구)는 건강에 대해 다음과 같은 유명한 정의를 내렸다.

"건강이란 단순히 질병에 걸리지 않거나 병약하지 않는 것을 상태를 뜻하는 것뿐 아니라 신체적, 사회적으로도 안전한 상태를 의미한다."

이것은 건강에 대한 매우 바람직한 해석이라 생각한다. 하루야마 시게오 박사가 진찰한 사람 가운데는 사회적으로 상당히 성공한 사람도 많았다. 이런 사람들은 사회적으로 더 이상 바랄 것이 없을 정도로 대부분 충족된 생활을 하였다. 이런 사람을 진찰하면 매사가 의욕이 넘치고 정신적으로나 신체적으로 별다른 부정 적 징후가 나타나지 않았다고 말한다. 그러나 자세히 들여다보면 여러 가지 징후가 안에서 도사리고 있다고 한다.

앞에 잠시 말했듯이 동양의학은 기본적으로 환자를 만들지 않는 않기 위하여 존재한다. 이것을 미병(未病)의 단계에서 예방하고 치료하는 것을 말한다.

꽃에 대하여 너무 집중하거나 과장하는 것이 아니냐고 말할 수도 있다. 그러나 건강, 환경 중에서 자연이 주는 꽃이란 우리의 일상이 될 수밖에 없다.

가난에서 벗어나지 못한 스리랑카 비탈진 산을 달리며 꽃을 파는 소년이가 유난히 많다. 베트남도 마찬가지다. GNP가 낮은 나라임에도 꽃을 가까이 한다. 빈(貧)도와 자연을 가까이 하는 것은 별개임을 알 수 있다. 그들의 얼굴은 밝다. 비록 꽃을 팔지만 아름다움을 건넨다는 의미로 받아드리고 싶다.

명상(暝想)에는 필수의 두 가지가 있다. 한 가지는 향기가 나는 로즈메리의 향초를 켠다. 두 번째가 조용한 자연을 소재로 한 물 소리나 새 소리, 바람 소리를 들려준다. 이러한 것은 동양의학의 기초인 미병을 말한다. 화장품에서 동서를 막론하고 향수, 화장품의 향(香)을 빼놓을 수 없다. 향수는 장미나 로즈메리와 여러 꽃에서 추출하여 만들어 낸다는 것은 알려진 사실이다.

영국이나 많은 나라에선 로즈메리를 소제로 한 향초나 비누, 티가 보편화되었다. 한국에도 로즈메리 하나를 소재로 상업성을 가미한 쉼터를 만들어 사람들의 사랑을 받고 있기도 하는 것을 본다.

현대인은 끊임없이 스트레스에 노출되어 살고 있다. 각자가 나름대로 해소방법을 찾아내며 살아가고 있다.

나는 세계적 지도자들의 생활 태도에 관심 있게 들여다본다. 먼저 한국의 대표적 정치인의 삶이다. 김대중, 김영삼, 김종필 지도자들이다. 이들은 DJ, YS, JP라고 부르는 것이 더 친근하다. 이들은 구금같은 자유롭지 못한 영욕의 시간이 있었다. 하나같이 연금의 시간에 화초를 기르는 데에 열중하였다. 화초를 기른다는 것은 기다림의 미학이 필요하다. 화초와의 대화도 필요하다. 연약한 줄기에 길을 만들어 주고 비바람도 막아주어야 한다. 이것은 국민을 돌보는 민생의 행보가 들어 있다. 영국의 여왕의 근황을 알리는 대변인은 여왕이 꽃에 물을 주는 장면을 소개한다. 미국의 대통령은 별장에서 가족과 꽃길을 걷는 평화로운 장면을 보여주기도 한다. 인간적인 면모를 보여주는 홍보 효과도 크다.

독일에서 이창희 독일 대사와 이상구 공사로 있던 시절에 독일의 대통령과 수상에게 한국적인 꽃을 선물한 일이 있었다. 독일의 국경일에는 대사의 이름으로 꽃이 아닌 다른 선물을 하였던 모양이다. 꽃을 받은 대통령과 총리는 대사관에 감사의 편지를 보내왔다. 선물을 대한 감사의 마음을 대사에게 편지를 나에게 전하여 주라고 했다. 사실 그 같은 일은 외교문서로 분류되는 일이기에 쉽지 않는 경우였다는 것을 뒤에 알게 되었다.

평소에 보낸 선물에는 특별한 코멘트가 없었던 대통령 비서실이나 총리실에서 이례적인 감사의 편지를 보내온 것이다. 꽃은 마음이 될 수도 있다는 본보기였다. 아마도 대통령과 총리실의 관계자에게 모르핀을 톡톡히 만들어 주었던 것이 아닌가 싶다. 당시 대사부인과 공사부인이 나에게 꽃꽂이를 배우던 시절이어서 대사관의 분위기는 한껏 더 고무된 시간이 되었다. 꽃은 뇌물이 될 수 없다는 생각도 든다. 한국적인 꽃꽂이가 꽃은 외교관이 된 사례다.

인생의 길은 꽃과 동행하는 길이다. 우리는 흔히 잘 나가는 사람을 칭하여 그가 걸어온 길은 꽃길이었다는 표현을 쓴다.

동양의학에서는 뇌에도 근육이 붙는다고 한다. 뇌에 근육을 붙이는 방법은 아름다운 꽃구경을 하고 꽃을 가꾸는 것이 한 가지 방법이라고 한다.

여기서 잘못 들으면 꽃이 뇌의 근육에 절대라는 것은 아니다. 몇 가지 중의 중요한 요소라는 것이다. 동양의 의학이 서양에서도 동양의 울타리를 넘어서 관심을 보이기 시작한지 오래 되었다.

치료란 병에 걸려서 치료하는 것은 매우 후진적이라 한다.

앞에서 말하듯 병이 들기 전 미병의 세상을 위하여 꽃은 오늘도 혁명을 꿈꾸고, 시도하고 있다. 꽃을 든 남자라는 화장품은 이름 하나로 큰 성공을 한 사례다.

기분 좋은 것을 말하라 하면, 당신은 무엇을 떠올리세요?

꽃의 춘투(春鬪)

봄날의 상사(相思)는 말려도 핀다.
봄은 내년에도 노랑을 가지고 시속으로 온다.

봄이 오는 속도는 시속 1.25Km라 한다.

봄에 일찍 피는 꽃은 영춘화다. 희망과 원화함의 꽃말을 전하기 위하여 영춘화는 그렇게 부지런 하게 오나 보다.

봄은 춘투의 계절이라고도 한다. 노동자들이 임금협상을 비롯한 노동자의 입장을 요구, 정부나 기업에 투쟁의 행위다. 바야흐로 노동자의 목적과 순수미가 사라지고 정치적 목적이 되어 과격으로 치닫는 춘투. 그래서 국민들에게는 눈살이기도 하다. 그러나 꽃들이 벌이는 춘투는 그야말로 축복을 위한 것이다. 노동자의 춘투와 꽃들의 춘투에 비유함에 꽃들에게는 양해를 구하고 싶다.

노동자 벌이는 춘투는 과격하다 못해, 생명을 담보로 하는 경우도 있다. 꽃의 춘투는 단지 아름다움을 담보로 한다.

사람들은 봄날이 가는 것을 아쉬워한다. 연분홍치마에 비유하는 봄날의 노래는 가는 봄이 야속함을 노래한다.

시인들은 봄을 노래하는데 으뜸의 재료다. 봄은 산 넘어서 온다고 한다. 먼 발 치에서 가쁘게 온다고 한다. 봄바람을 타고 온다고도 한다. 하여간 봄이 오는 소리는 시인들이 가장 아름답게 표현하고 있다. 장사익의 '봄날은 간다'는 그야말로 봄의 아쉬움의 진수다.

초등학교에 가면 제일 먼저 배우는 노래가 '개나리' 노래다. 노랑 개나리 꽃이 너무나 아름답고 영상처럼 펼쳐지는 노래다.

꽃의 색은 33%의 노랑색, 28%의 흰색, 26%의 청색, 13%의 적색이 피운다. 꽃은 7월과 8월에 46%, 41%를 피운다. 1, 2월에는 0.3 ~ 0.9%만 피운다. 흰색 꽃은 주로 그늘과 습한 곳에서 피운다. 0.3% 꽃 중 하나가 영춘화다. 아이들이 입는 봄날의 옷들은 노랑이나 분홍색이 많다. 노랗게 물든 꽃잎들이 리듬을 타고 한없이 서로의 행복과 아름다움을 비교하기 위하여 투쟁을 벌인다.

봄을 이야기 할 때는 '찬란한 우리의 청춘'이라고도 한다. 여린 잎사귀, 나비, 새의 지저귐, 따뜻함, 기쁨이 모두 모이는 시간이다. 햇빛들이 토방에서 가장 많이 노는 시간이다. 토방에 머무는 햇빛들이 가기 싫어 응석을 부리기도 한다.

한국에서 풍속도 하면 단원 김홍도, 혜원 신윤복은 '춘화'를 생각한다. 그들이 춘화(春花)을 그리기도 하였지만 춘화(春畵)을 그리는 데에도 열중하였다. 어떻든 봄의 그림을 많이 그린 것은 분명하다. 그런데 여기서 춘화(春畵)라는 것도 봄과 무관 하지 않다. 그들이 그린 것은 춘화도가 모두 성(性)의 물오름과 비견되고 있다는 것이다.

봄날의 상사(相思)는 말려도 핀다고 했다. 풀자면 봄의 그리움은 어찌 할 수가 없다는 말이 된다. 그들의 춘화는 음화적 요소가 짙다. 방자한 성희가 난무한다. 젊은이들의 긴급한 색정이 있는가 하면 늙은이들의 안쓰러운 회춘이 있고, 귀천이 거리낌 없이 몸을 섞는 짓거리에다 불륜의 교접이 보란 듯이 자행된다.

되바라진 관음과 이른바 '쓰리섬' 이라는 변태성 체위도 일치감치 선보였다. 조선의 숨 막히는 금줄을 뛰어넘은 관능의 그림이 봄이라는 것이다. 봄은 꽃들이 춘투를 벌이는 것이 아니라 사람도 상사를 어찌 할 줄 모른다.

꽃이 피면 그리움이 맺힌다는 말이 맞는 것일까?

당나라의 시를 잘 짓는 기생 설도(薛濤)는 '봄 바라는 노래'를 지었다.

꽃이 펴도 함께 즐길 수 없고
꽃이 져도 함께 슬퍼하지 못하니
임 계신 그곳 묻고 싶어라
꽃이 피고 질 때는

봄은 가버린 님도 더 그립게 한다는 시다. 춘정은 남녀의 에로스적 욕구에 터를 두되 봄의 서정을 따라간다. 춘화가 봄의 서정성에서 노니는 것이 봄은 덧없다는 것이다.

봄은 짧디짧은 황홀이다. 한줌의 재로 사위어 가도 봄날의 상사는 누가 말려도 핀다. 봄의 황홀이 있어 추레한 인생을 견딘다. 단원과 혜원의 에로스는 모두가 아찔한 봄을 노래한다.

봄은 내년에도 시속으로 오는 노랑이고 유혹이다.

동묘의 움직이는 박물관

어떤 때는 횡재를 했다는 기분이 들기도 한다.
꼭 구입을 하지 않아도 좋다. 그저 눈 속에 넣고 옛 사람들
의 소리를 상상 하는 것만으로도 좋다.

동묘에 가면 풍물시장이 있다. 동묘 역에서 3번 출구로
나서면 그야말로 박물관을 온듯하다. 박물관 하면 용산의 국립중앙
박물관이나 소격동의 박물관을 말한다. 동묘의 풍물시장은 사라져
가는 것들의 생필품이나 옛 가구 휴대용 축음기를 비롯하여 수많은
엔틱들이 쏟아져 나와 있다. 서울 사람 중에도 이곳을 모르는 사람
이 있을까 싶다. 주말이면 배낭 하나 들러 매고 종묘에 들리곤 한다.
지난주엔 100명의 밥을 지을 수 있는 무쇠솥을 만났다. 어느 양반집
에서 수많은 식객을 위하여 사용하였을 법하다.

두말하지 않고 흥정, 구입했다. 정원에 두고 키 작은 화초를 수북
이 기를 셈이다. 다시 둘러보니 어느 규수가 사용하였을 법한 가위

가 눈길을 끈다. 나는 옛 가위를 만나면 반가움을 금할 수 없다. 할머니가, 아리따운 처자의 손길이 가득 찬 신비의 가위들이다.

동묘엔 한 번쯤 마음먹고 나설만한 곳이다. 거기엔 민족의 유산의 어제와 오늘이 숨 쉬고 있다. 삶은 곳 기운이다. 사고와 행동이 모두 기운에 속한다. 눈에 보이거나 손으로 매 만질 수 있는 것은 행복이고 기운이다. 추억이 없는 사람은 죽은 사람이라는 인디언의 속담이 있다. 우리의 추억이 지금 사라지고 있다. 허름한 차림의 옛것은 언젠가 동묘에서 보지 못할 것이다. 그리고 현대화된 물건들이 풍물이 될 것이다. 풍물도 옛것, 박물관에 있을 법한 것들이 지금은 우리를 기다린다.

외국 여행을 가서 우연하게 뒷골목에서 벼룩시장 프로마겟 풍물시장을 만난다는 것은 행운이다. 풍물시장은 주말이나 정해진 날만 열리기 때문이다. 언어가 다르고 피부색이 다른 나라. 그렇지만 그들의 다양한 생활용품들은 우리와 다를 바 없다. 나는 운반에 어렵지만 그들의 옛것들을 구입하여 가지고 온다.

성북동 집이나 대학로 하우스엔 태국이나 스리랑카, 여러 나라에서 가져온 물건들이 마주칠 때마다 늘 나를 반긴다. 사람들은 새것을 좋아한다. 물론 새것을 좋아한다는 것은 누구나 공통일 것이다. 그러나 옛 조상의 숨결이 묻어난 것이 왠지 친근감이 간다.

예술의 전당이나 국립중앙박물관에서 대영박물관이나 루브르박물관의 미술들이 전시회를 가진다. 놀랍게도 수많은 젊은이 들이 성시를 이룬다. 젊은이 들이 옛 문화를 알고자 하는 태도는 매우 바람직하다.

하나의 베개의 자수(刺繡)가 사람들의 관심 속에 비싼 값에 팔리고 있는 것을 본다. 모두가 손떼가 묻은 조상의 숨결을 소중이 여긴다는 것은 뿌리의 소중함이다. 어떤 때는 횡재를 했다는 기분이 들기도 한다. 꼭 구입을 하지 않아도 좋다. 그저 눈 속에 넣고 옛 사람들의 소리를 상상 하는 것만으로도 좋다.

옛것을 현대와 접목시켜서 인사동거리에서 년 중 외국이나 내국인을 반기기도 한다. 인사동은 인사동대로 동묘의 풍물시장은 나름의 멋스러운 장소다.

풍물 시장뿐 아니라 내가 살고 있는 성곽 길을 걷는 것도 박물관을 걷는 것과 다를 바가 없다. 거기에는 수많은 역사의 사연들이 돌틈 사이에 속삭여 있다.

아픔도 있고 희망도 켜켜이 숨겨져 있다.

08 성북동 이야기

꽃과 나무는 옮겨 다니지 않아도 그들의 종족은 수만리 번져 간다. 아름답기 때문에 누군가 옮겨가거나 바람에 의하여 자연스스로 여행을 떠난다.

성북동에 거처한지도 오랜 세월이 지났다. 봄의 길목에서 정원을 바라본다. 내가 살아오면서 잘했다고 생각되는 것 중에 성북동에 터를 내린 것이다.

성북구 성북동 222의 12번지. 만해 한용운이 말년을 이곳에서 보냈다고 해서가 아니다. 그러고 보니 성북동은 예술인들과는 인연이 깊은 동네다. 〈성북동 비둘기〉로 유명한 김광섭 시인이 거처한곳이다. 성북로 29길에는 〈성북동 비둘기〉시비가 있다. 그가 살았던 곳에 소공원을 조성하고 벽면에 시비를 세운 것이다. 성북동산이 파헤쳐지며 집터를 확보하고 있던 장면은 평화의 상징인 비둘기가 살던 곳이 없어지는 것을 비유적으로 표현한 작품이다.

그 뿐만 아니라 고 김정모, 정한모 등도 이곳 토박이다. 만해의 '심우장(尋牛莊)'은 대지 1백13평 건평17.83평의 필작 지붕으로 된 전통한옥이다. 1984년 서울시가 지방 기념물로 지정했다. 총독부를 마주 보기 싫어 일부러 북향으로 지었다는 사연은 그의 대쪽 같은 성품을 말해준다.

성북동에는 이뿐만이 아니라 길상사가 자리하고 있다. 길거리에서 마주친 젊은이들이 서로 주고받는다. 서울에 살면서 길상사는 가 보아지 않느냐면서 발길을 옮긴다.

본래는 대원각이라는 이름의 고급 요정이었다. 요정 주인 김영한(1916~1999)이 법정 스님에게 자신이 소유한 요정 부지를 시주하면서 사찰로 바뀌었다.

김영한은 일제 강점기의 시인백석의 시 '나와 나타샤와 흰당나귀'에 등장하는 나타샤로 알려졌다. 백석의 연인이었던 그녀에게 '자야'(子夜)라는 애칭을 붙여주었다고 전해진다.

처음 1985년에 김영한으로부터 자신의 재산을 희사해 절을 짓게 해달라는 요청을 받고 법정은 이를 간곡히 사양하였다. 김영한은 10년 가까이 법정을 찾아와 끈질기게 부탁했고 이에 법정이 받아드렸다. 1997년 '맑고 향기롭게 근본도량 길상사'로 이름을 바꾸어 등록하였다.

한양천도 6백년이 된 서울에 여태껏 남아 있는 기념물은 과연 얼마나 될까?

근대화의 미명하에 불도저에 밀리거나 시멘트로 범벅이된 공간에선 역사의 잔영을 느낄 수가 없다. 서궐이라 불렸던 광해군의 경희궁이나 한규설의 옛집, 한때 이완용의 사가였던 태화관도 그 옛날에 사라져 기억도 못한다. 특히 서궐은 〈한중록〉의 무대이기도 하다. 〈한중록〉은 조선조 후기정조의 생모이고 사도세자의 빈이었던 혜경궁홍씨의 자전적 회고록이다. 2015년은 영화 '사도'가 화제 작이었다. 한중록의 혜경궁홍 씨. 남편을 비운으로 잃고 아들 정조마저 먼저 보내야 했던 혜경궁. 다시 손자 '순조'까지 지켜보며 살아야 했던 그의 마음이 짐작이나 할 수 있을까?

지하철 4호선 한성대입구역에서 성북동 방향으로 500미터 가면 조지훈 (1920~1968)시인이 30년간 살던 '방우산장'(放牛山莊)집터가 있다. 1968년에 헐리고 현재는 4층짜리 빌라가 세워졌다. 시인은 사라졌지만 서울시가 2014년 봄에 이를 기념하는 조형물이 서있다. 방우산장은 "설핏한 저녁 햇살아래 내가 올라타고 풀피리를 희롱할 한 마리 소만 있으면, 그 소가 지금 어디에 있든지 내가 아랑곳 할 것이 없기 때문이다"라고 했다.

꽃이 지기로서니
바람을 탓하랴

주렴 밖에 성긴 별이
하나 둘 스러지고

귀촉도 울음 뒤에
머 언 산이 다가 서다.

촛불을 켜야 하리
꽃이 지는데

꽃 지는 그림자
뜰에 어리어

하이얀 미닫이가
우련 붉어라.

묻혀서 사는 이의
고운 마음을

아는 이 있을까
져어하노니

꽃이 지는 아침은
울고 싶어라.

방우산장에는 그의 대표 시 '낙화'가 새겨져 있다.
빛에 의탁했던 한 생명의 싸늘한 잔해......행복과 축제의 빛깔들.

쇠잔한 시간이 지금 성북동에는 여여히 흐르고 있다.

연인이었으며 친구이기도 했고 또 아이의 아빠이기도 했던 사람들은 결국 떠나야만 했다. 하늘이 내려앉지 않고 땅이 꺼지지 않는 한 늘 빛은 희망으로 다시 떠오른다. 사람은 갔으나 만해의 길거리, 지훈이 걷던 길목의 나무들은 오늘도 움직이지 않고 지키고 있다. 그 거리에서 사람들은 그들을 그리워하고 그들이 보았던 꽃과 나무들을 바라본다.

식물을 연구하면서 식물과 동물의 차이를 보면 흥미롭다. 동물과 인간은 식물과 달리 옮겨 다니거나 세상을 떠나게 된다. 식물은 한 곳에 뿌리를 내리면서 수 천년동안 변화하며 성장한다. 사람은 이름을 남기거나 그의 삶의 행적에 따라서 그를 기리게 된다. 앞에서 설파한 이완용의 태화관은 없어졌으나 그를 기억하는 간단한 기념관이나 행적은 묘연하다. 아름답지 못한 사람의 행적은 이렇게 흔적도 없이 사라지고 만다. 사람은 행함의 기록에 따라 행적이 전달될 뿐이다. 자연의 꽃들은 작은 꽃이든 큰 나무든 스스로가 수천 년 뿌리를 내리고 산다.

꽃과 나무는 옮겨 다니지 않아도 그들의 종족은 수만리 번져 가는 기록을 본다. 아름답기 때문이다. 사람들이 꽃과 나무들을 옮겨준다. 내가 독일에서 옮겨온 장미는 오는 봄에도 얼굴을 내밀며 웃고 있다.

예술은
경쟁이 아니다

예술은 유유히 흐르는 것. 모두가 예술을 할 필요 없어.
시대를 돌아보는 관계.

　　한국의 어머니들 인성이나 아이의 의사와 상관없이 음악
이나 미술학원에 보낸다는 자료를 종종 대한다.

　아이의 예능적 소양, 적성을 분석해보지 않는 상태에서 유학까
지 보낸 경우가 있다. 결국 아이는 뒤늦게 자신의 취미와 맞는 전공
의 길로 나선다. 이런 경우부모와 자식 간의 상당한 의견 갈등을 보
이게 될 것이다. 늦게라도 아이의 선택을 인정하여 주는 경우는 그
래도 다행이다. 그렇지 못한 경우는 매우 불행한 결과를 가져오기도
한다.

　예술은 경쟁도 아니다. 천성으로 예술의 세포를 가진 자는 누가
뭐래도 자신의 소양을 발휘하는 것을 왕왕 본다. 예술이란 시대와도

경쟁하는 것도 아니다. 어떤 사람은 시대에 뒤떨어지지 않기 위하여 밤잠을 줄인다고 한다. 그렇다. 과학이나 기술은 누가 먼저 신기술을 내놓느냐에 승패가 달렸다.

예술은 단지 노력과 집중력이다. 시대와는 아무런 관계가 없다. 시대는 예술의 과정이며 돌아보는 관계다.

예를 든다면 오래된 연극이 구식이 아니라 시대적 관계로 보아야한다. 그런 의미에서 흑백영화도 예술의 장르로 본다. 예술은 단지 시대상만 있을 뿐이다. 프랑스에서 만든 무성영화 〈아티스트〉가 2012년 2월26일 열린 제84회 아카데미 시상식에서 작품상, 감독상, 남우주연상, 의상상, 작곡상 등 5개 부문에서 수상한 것을 예로 들어본다.

- 〈아티스트〉는 아카데미 작품상을 수상한 유일한 무성영화다.

- 무성영화 시대의 스타가 유성영화 시대를 맞아 도태되는 과정을 그린 영화다.

- 흑백영화에 무성영화라는 뚜렷한 특징을 가지며, 단선적인 스토리라인으로도 작품상을 수상해 화제가 되었다.

- 미국영화를 애호하는 경향이 뚜렷한 아카데미 시상식에서 외국영화가 작품상을 수상하는 것은 이례적인 일인 것이다.

- 아카데미 시상식의 결과는 아카데미 회원들의 투표로 이루어지는데, 회원의 대부분이 미국계 백인이다.

유명한 〈쉰들러 리스트〉도 흑백영화였던 것을 기억 할 것이다.

그 뿐이 아니다. 최근 시인 윤동주를 그린 〈동주〉도 흑백영화이다. 이 영화도 관객들로부터 많은 호응을 받고 있다. 이렇듯 예술은 시대를 아우르는 관계라는 것이다.

꽃꽂이에 있어서도 경쟁이라는 말을 하지 않는다. 단지 누가 예술성으로 완성도가 가깝냐는 것이다. 다시 말하면 창작성을 말한다.

미술이나 음악에선 학위보다는 국제대회 창작발표의 수상을 우선한다. 그래서 예술분야의 교수진의 자격은 석, 박사 학위가 뒤에 온다. 국제 대회의 콩쿠르가 우선된다. 그것이 세계 속의 대학이다. 한국만이 유일하게 학위를 중시하고 있다는 지적도 있다.

어느 시인이 〈슬픔을 가르칩니다〉라는 에세이집을 낸 적이 있다. 모르긴 하여도 슬픔 속에 인생의 단면이 있다고 본 것 같다. 이렇게 창작의 세계는 슬픔까지도 가르친다. 예술이라는 것은 영(靈)의 세계를 이야기 한다.

영의 세계란 인간만이 추구하는 것이다. 영이란 신(神)의 세계를 말한다. 인간만이 신의 세계를 연구하고 흠모하는 것이다.

제아무리 알파고(AI)가 반전을 거듭 한데도 영의 세계는 가당치 않다는 것이다.

이렇듯 예술의 세계는 누구나 범접의 세계가 아니다. 그렇다고 예술의 세계를 우월성의 영역도 아니다.

예술가는 예술가대로 과학자는 과학자로 각자의 영역이 있다.

한사람의 감독 아래 만든 영화를 일반인은 극장이나 브라운관을 통해서 본다.

　영상체제의 기자재는 과학자의 영역이다. 아무리 예술이 아름답다 해도 경제와 닿지 않으면 예술도 있을 수 없다. 세상이란 이렇게 다양성의 영역에서 이루어진다.

　결국 예술은 경쟁도 아니라는 것. 한사람의 예술을 다수가 느끼면 된다. 시대를 돌아보는 관계.

10
깨달았으므로
나는 성공하였네

바람이 뼈가 있다면 뼛속까지 울음이 있을 거라는 어느
시인의 말이 기억된다. 행복을 아는 자의 뼛속은 그 속까지
행복이 넘쳐 날 것이다.

사람들에게 집을 그리라고 하면 지붕부터 그린다. 그렇
지만 직접 집을 짓는 목수의 경우에는 주춧돌부터 시작해서 마당 기
둥 문짝을 그린 뒤 가장 나중에 지붕을 그린다.

즉 실제 작업 과정과 집 그림이 완성되는 경로는 일치한다. 우리
는 이것은 체험이 기초가 되어야한다는 것을 의미한다.

체험을 통하여 깨닫고 행복하다면 그 이상의 기쁨이 또 어디 있을까?

가끔 강의 중에 성공한 사람의 기준을 묻기도 한다. 학생들은 교
수님은 꽃에 관하여 다양한 저서와 수많은 제자를 양성하였으니 성
공한 사람이라는 답을 예상하기도 할 것이다. 그러나 성공의 대답은
'깨달았으므로 성공'한 사람이라고 일러준다.

사람들은 권력이나 재물을 크게 소유를 탐하므로 성공하였다고 말한다. 그것은 하나의 보여 지는 형태(形態)에 불과하다. 보이지 않는 깨달음이 더 큰 성공이다. 산이 60%로인 한국. 45도 경사진 자연에 사는 민족이다. 세계 어느 나라에도 찾을 수 없는 아름다운 지형에 사는 것도 만족하고 행복하다.

　질풍노도와 같은 청춘의 시절이 있었다. 구슬 같은 땀을 흘리며 갱도에 들어가 작업을 하면서도 행복을 꿈꾸는 신념이 넘쳤다. 당장 코앞에 닥치는 일들은 힘에 겹고 난마처럼 얽혀 안팎으로 우울하였을 같은 때를 결코 원망하거나 아픈 시절로 회상 하지 않는다. 그것은 체험을 통한 깨달음의 스승이었다.

　스스로 행복하다고 느끼는 자만이 성공한 사람이다. 수많은 사람들은 스스로 자학하고 우울하거나 만족한 삶이 아니라고 생각한다. 누구에게나 고독하거나 우울할 자격도 있다. 반면에 자신을 스스로 다독이고 과거의 아픔을 치유하고 용서하는 자격도 가지고 있다. 사람은 어떤 자격을 스스로 갖느냐에 따라서 성공의 기쁨이 오게 된다. 노인이 문화를 즐길 줄 아는 삶이라면 성공한 것이다. 문화를 즐길 줄 안다는 것은 아프게 다가왔던 현실의 통증을 기쁘게 치유했기 때문이다.

　어느 날 등산에서 동행이 내게 신발과 양말, 그리고 입고 있는 등산복은 메이커가 무어냐고 묻는다. 등산이 목적인데 왜 널리 알려지고 값비싼 유명 메이커의 의상에 관심이 갈까? 산에 오른다는 것은 자연을 보는 것이다. 작년에 피었던 꽃이 보이지 않는다면 그것이 관심의 대상이어야 한다. 작년에 한 두 송이었던 산꽃이 군락을 이루었다면 그것이 아름다움의 관심이다.

물론 사람이 남의 시선을 무시하고 산다는 것은 돈키호테다. 그러나 시선을 어디에 두고 사느냐가 중요하다. 여행을 하면서도 그 나라의 자연과 삶의 모습을 보아야 하는데 엉뚱하게도 신전이나 돌로 만든 문화재나 보다가 오기도 한다. 백화점에 들러서 쇼핑만 하기도 한다.

한 자리의 자연 속에 피고 지는 꽃도 목적을 가지고 밝게 웃고 서 있다. 바람이 뼈가 있다면 뼛속까지 울음이 있을 거라는 어느 시인의 말이 기억된다. 행복을 아는 자의 뼛속은 그 속까지 행복이 넘쳐날 것이다. 갈대가 자라는 것을 보면서도 느낀다. 스스로 정화하기 위해 뾰쪽하게 하늘 높이 솟구쳐 올라 새로운 호흡으로 공기를 받아 드린다.

모든 사람들에게는 이미 행복이 가슴에 숨 쉬고 있었을 것이다. 마치 다람쥐가 산속에 자유롭게 뛰어 놀듯이 행복과 성공이 뛰어다니고 있을 것이다.

아! 나보다 더 성공한 사람이 있을까?

깨달았으므로 나는 크게 성공하였네.

11 고맙다, 잠들지 않는 가로수여!

어느 시인은 나무는 가지가 많아야 외롭지 않다고 말했다. 시적인 표현이기도 하지만 가지가 많다는 것은 여름엔 보행에 서늘하게 하고 공기를 맑게 하는 정화작용을 할 것이다.

지구에서 인간에게 가장 필요한 것은 무엇일까?

이 같은 질문은 수십 가지의 답이 나올 수 있고 또는 우문이 될 수 있다. 물이 없으면 동식물이 존재하지 않는다는 답이 있고, 공기가 없다면 단 1분도 동식물은 존재되지 못할 것이라는 답이 나올 수도 있다. 이렇게 순서를 들면 세상에 소중하지 않는 것이 없을 것이다. 한 가지 분명한 것은 지구에서 단일 생명체로 거대 생명체는 나무라는 것이다.

캘리포니아에는 세계에서 제일 큰 나무가 있다. 키뿐만 아니라 부피도 크고 나이도 가장 많다. 시쿼이아국립공원은 무려 4천 600년이 되었다. 동물계에서는 가장 큰 동물인 흰수염고래는 커봐야 길이는 30m급이고 무게는 200톤을 채 넘지 않는다. 나무는 지구상에서 크기나 무게, 단일생명체로서 무시할 수 없는 존재인 것은 분명하다. 새들의 집이 되기도 하고 쉬어가는 놀이터가 되기도 한다.

거리에 나서면 가로수에 차지하는 환경문제의 책임 또한 지대한 역할을 한다.

누군가 그런 이야기를 한다. 서울에 가로수와 목욕탕이 없다면 어떻게 될까? 조금은 엉뚱한 질문 같지만 매우 과학적인 해석을 한다. 서울처럼 공해가 심한 도시도 드물다고 전제를 한다. 그렇지만 목욕탕이나 불가마가 유난이 많은 도시다. 서울시민은 유별나게 목욕문화를 즐긴다는 분석이다. 그래서 공해의 오염에서 상당부분 벗어날 수 있다는 것이다. 거기에 가로수가 자동차의 배기가스와 미세먼지를 씻어내 주고 있다.

매우 과학적인 이야기다. 도시 오염을 빨아드리는 공기청정기인 가로수! 지구를 덥게 하는 이산화탄소를 흡수하고 산소를 내뿜는 가로수! 도시에서는 없어서 안 될 가로수, 시민들은 톡톡히 덕을 보고 있다. 그러나 최근엔 우려할 사항들이 곳곳에 보이고 있다.

그 많았던 플라타니스 나무를 하나둘 베어내고 소나무를 식수하고 있다는 것이다. 공기청정기 역할은 가로수 나무의 잎이 클수록 좋다. 소나무는 잎이 작아서 공해를 소화시키는 데는 부적합하다. 소나무는 겨울에도 잎새를 지니고 있는 사철나무다. 눈 오는 거리에 햇빛을 차단하여 빙판길로 매우 위험하다. 환경을 다루는 관의 입장은 낙엽을 치우는 번거로이 없어 좋을지 모른다. 그러나 가로수의 역할로는 빵점에 가깝다. 나무들은 목재용이 있는가 하면 관상용이 있다. 방면에 가로수로서 적합한 수종이 엄연하게 존재한다.

하지만 편히 주위로 가로수 식수를 한다는 것은 매우 위험한 생각이다. 세계 모든 나라의 공통적인 식수들은 잎이 큰 나무들이다. 그리고 어깨를 마음 것 펼치는 가지 많은 나무들이다.

어느 시인은 나무는 가지가 많아야 외롭지 않다고 말했다. 시적인 표현이기도 하지만 가지가 많다는 것은 여름엔 보행에 그늘이 되어 서늘하게 하여줄 것이다. 그리고 공기를 맑게 하는 역할을 한다.

기왕 이야기가 나왔으니 가로수 수종의 결정에 전문가의 의견을 묻는 기구를 시청이나 구청에 만들었으면 한다.

홍대근처의 가로수 길에 가면 봄에는 하얀 꽃을 풍성하게 피우는 이팝나무를 볼 수 있다. 시민들은 매우 만족해한다. 그리고 공해의 정화에도 유익한 역할을 하고 있다.

마포구의 수종결정에 박수와 격려를 주고 싶다.

¹² 결국 자연이다

숲의 나무들은 늘 회의를 하면서 질서를 찾는다.
쉬지 않고 노동을 한다. 사람들에게 다가가는 것을 즐긴다.

사람이 살면서 자연의 섭리와 자연의 혜택을 안다는 것
은 아름다운 삶이다. 〈흐르는 강물처럼〉의영화의 자막을 보면서 나
는 한동안 자리를 뜨지 못한 적이 있다. 영화가 끝나고 영화음악과
함께 자막이 오른다. 영화를 제작하는 300여명의 촬영진은 한 포기
의 풀과 한그루의 나무를 손상하지 않기 위하여 노력하였다는 자막
이다. 자연을 소재로 영화를 제작하는 감독다운 태도로 보였다. 그
후 나는 영화를 보면 마지막 자막을 놓치지 않고 보는 습관이 생겼
다. 감독의 멋진 메세지가 마지막자막에 담긴 것을 경험하였기 때문
이다.

높은 산에서 자라는 꽃들은 유난히 자외선을 많이 받는다. 그래서 색소(안토시아닌)가 아름답다. 꽃은 절화(切花)를 하면 오래간다. 그래서 드라이플라워의 소재로 야생화는 많이 이용된다.

꽃시장에서 강원도 고랭지 안개초라고 하면 더 비싸게 팔린다. 마치 강원도 고랭지 채소의 무와 배추가 맛이 있어서 좋은 값을 받는 것과 같다.

청정의 섬인 진도에서 자라는 청미래 덩굴은 크고 열매는 코팅을 한 것처럼 두껍고 윤기가 흐른다. 이 같은 현상은 자연이 만든 작품들이다. 바닷물은 수증기 되어 올라간다. 무거운 염기는 남기고 습기만 주변 식물에게 선물로 주고 떠난다. 강변의 여수 갓이나 비금 시금치 야채, 꽃들은 그래서 아름답다.

선인장, 다육식물(succlent)들은 흔히들 물을 주지 않아야 한다고 알려졌다. 그렇지 않다. 강원도의 큰 바위 틈에서 자라는 바위 솔, 돈 나물들은 주변의 골짜기에서 물이 흐른다. 그것을 아주 조용히 먹고 자란다. 우리는 흔히 선인장이 사막모래에서 자생하는 것으로 안다. 그러나 미국의 사막(헐리우드 근처)에 유일하게 한 종이 있을 뿐이다.

자연의 깊숙한 곳에서 자라는 약초는 매우 뛰어난 약재의 질을 가졌다. 오염되지 않는 자연의 품에서 자라기도 하지만 자연에 생성된 물들이 영양으로 공급되어 약재의 효능 큰 것이다. 이러한 곳에서 나는 약재를 먹기 위하여 자연의 품으로 돌아가는 환자들이 가끔 소개된다. 자연스러운 것으로 보이지만 매우 과학적인 근거를 가진다.

자연이란 지구를 살리는 중요한 요소다. 과학자들이 심각하게 고민하고 연구하는 것이 아마존의 생태가 없어지고 있는 것에 대한 문제이다. 거대 자본주의 유입으로 원주민들의 무분별한 생태파괴로 지구의 허파가 없어지고 있다.

우리가 겪는 계절의 가뭄, 폭우 같은 현상은 이상기온에서 오는 심각한 일들이다. 나무가 일년 내내 푸르다고 생각하는 것이 관념이다. 실은 6,7월 한 여름뿐이다. 나무의 청년기를 만들기 위해 뿌리, 수피, 잎, 꽃, 열매는 분주한 노동을 한다. 더위에 쉬지 않고 움직인다. 그리고 가을 맞고 겨울을 준비한다. 마치 나무들은 움직이지 않고 서있는 것으로 표현하지만 그들처럼 바쁜 일정도 없다. 그래서 어느 시인은 숲은 잠들지 않는다는 표현도 하였다.

나무의 쉬지 않는 활동으로 인하여 인류는 숨 쉬고 지탱하는 것이다.

나무들에게도 예절이 있고 질서가 있다. 어릴 적 나무들은 가지를 만든다. 어느 정도 성장을 하면 곧게 자란다. 곧게 자라지 못하고 삐딱하게 자라는 나무는 마치 사람이 허리에 무리가면 척추병이 생기듯 나무는 자연사하는 경우를 겪는다. 능률을 극대화하기 위하여 곧은 자세로 하늘을 향하여 커나간다. 군락을 이루는 나무들은 사이좋게 의견도 나누며 같은 크기의 키만큼 자란다. 그것은 그들만의 예의이며 규칙이다. 숲은 수많은 회의를 하면서 나름의 질서를 유지한다. 사람들은 무심하게 숲을 지나치지만 나무는 늘 고민하고 노력하면서 숲을 형성한다. 바람이 오면 서로 기대기도 하고 스킨십도 나눈다. 동물이 나타나면 그들에게 쉴 곳도 마련하여 준다.

숲은 이렇게 일생을 보낸다. 숲은 우리의 허파이며 지혜의 산실이다.

잡초로 피는
꽃이 더 아름답다

잡초는 다시 일어나듯 우리의 민초들은 희망의 끈을 늘 놓지 않는다. 이것이 잡초의 근성이고 인류를 지탱하는 힘이다.

풀이 눕는다

비가 몰아오는 동풍에 나부껴

풀은 눕고

드디어 울었다

날이 흐려서 더 울다가

다시 누웠다

풀이 눕는다

바람보다도 더 빨리 눕는다

바람보다 더 빨리 울고

바람보다 먼저 일어난다

날이 흐리고 풀이 눕는다
발목까지
발밑까지 눕는다
바람보다도 늦게 누워도
바람보다 먼저 일어나고
바람보다 늦게 울어도
바람보다 먼저 웃는다
날이 흐리고 풀뿌리가 눕는다

김수영시인의 시 '풀'의 전문이다.

김수영의 '풀'을 읽을 때 마다 묘한 감정이 북 받친다. 흔히 국민을 민초라 부르는데 정확한 말은 잡초다. 이름 없이 고독한 들풀인 셈이다. 이런 대중은 늘 주목받고 자기 의견을 존중받고 싶어 하는 속성이 있다. 하지만 대중의 의견은 누구도 주목하지도 존중하지도 않는다. 그래서 대중은 우상을 찾고 우상에 환호한다. 문제는 대중이 우상이 보여주는 모습만 보고 우상의 진실을 알려고 하지 않는다. 우상의 승리를 자신의 승리로 간주한다는 것이 문제다. 더 나아가 우리 공동체의 승리로 똑같이 간주한다는 것이 더 심각하다.

뜨거운 햇빛이 온종일 내려쬐어도 구름이 지나가기 전에는 그늘이 없는 들판에서 사는 잡초는 늘 구름을 그리워한다. 어쩌면 그 구

그라스 사초

름이 민초들이 그리워하는 우상인지도 모른다. 김수영 시인의 시처럼 잡초들은 바람이 오기도 전에 먼저 누워버리는 순박함과 겸손을 가진다. 그러나 세상은 그렇지 않다. 민초들이 바라는 우상들은 권력을 잡으면 변하고 만다. 잡초들은 매번 속을 줄 알면서도 번복되는 우를 범한다.

장터나 거리의 노점상에서 마주치는 우리의 어머니, 그리고 할머니들. 그들이 전형적인 잡초다. 비가 오나 눈이 오나 정직하게 하루를 노력 한다. 그들에게는 세상을 속이거나 옆 사람이 아파하는 것을 보지 못한다. 시장 바닥의 할머니의 아픈 소식에도 같이 슬퍼하고 기쁜 소식에는 같이 웃는다.

한해 살다가 생을 마감하는 박주가리는 민들레처럼 주머니 안에 가벼운 낙하산에 씨앗을 달아 세찬 바람이 불어오면 먼 곳까지 날려 보낸다. 오직 번식을 위해 춥고 강한 눈보라도 비바람도 고맙기만 하다. 번식의 목적을 위해서는 그 어느 곳이라도 비상을 꿈꾼다. 그리고 싹을 틔우는 것을 숙명으로 받아드린다.

밤이 새도록 폭풍우가 몰아쳤는데도 둑길의 잡초들은 움켜 쥔 흙을 놓지 않는다. 그리고 아침 햇살 속에서 진땀을 흘리며 꽃망울의 꿈을 이룬다.

자연이나 인간사나 어쩌면 이리 비슷한지 모른다.

부지런한 의지의 할머니들. 그들의 주름에는 손자의 웃음이 들어 있다. 그들에게는 아무리 좋은 화장품보다 자녀들의 웃음이 명품 화장품이다. 잡초들이 끈질긴 의지로 한줌 흙에 묻고 뿌리를 내리듯 아들 손주의 앞날의 길이 된다.

모든 것들이 휩쓸고 지나가도 잡초는 다시 일어나듯 우리의 민초들은 희망의 끈을 늘 놓지 않는다. 이것이 잡초의 근성이고 인류를 지탱하는 힘이다.

그래서 김수영의 풀은 우리 잡초의 주제곡이 아닐까 싶다.

잡초라고 우습게보아서는 안 된다.

14 아름다움이 이마에 닿을 때

좋은 예술은 시대를 넘나든다. 전시회에서 평자들은 다양한 의견을 내놓을 수도 있다. 보는 사람의 눈높이에서 또는 디자이너의 조합의 센스가 부족해서 일수도 있다.

작품이 아름다움만 있다면 잠시 잠깐의 수명이다. 스토리가 있는 작품은 대중과 호흡이 길어진다. 작품을 대하면서 살아 숨쉬는 식물에게 보답의 길은 빠른 속도와 효과적으로 만드는 것이다.

2016년 고양박람회 주최 측에서는 국내 10명의 톱디자이너에게 작품을 만들도록 했다. 나는 지금까지 경쟁을 마음에 두고 작품을 하지 않는다. 더더욱 나이든 선배로서 후배들과 경쟁은 마뜩찮다. 그러나 스토리가 있는 작품에 중점을 두고 있다. 2016년 전시회는 인도와 스리랑카, 태국의 여행 중, 승려들이 행렬하는 모습에서 매우 강렬한 인상을 받았던 장면을 재현하기로 했다.

　강렬한 태양빛 아래 스님들의 행렬, 주홍색 화려함과 오랜 수도생활에서 표현되는 선한 표정이 마치 무희들의 춤추는 듯 보였다. 매우 우연한 기회의 인상적인 관람했던 그날을 이번 전시회의 모티브로 구상하였다. 재료는 사이잘(학명:Agave sisalana)을 이용하기로 했다. 사이잘은 멕시코의 항구이름이다. 용설란 같은 잎 속에서 섬유질을 말린 것이다. 사이잘은Agave sisalana에서 얻은 실이다. 아프리카와 중앙아메리카가 재배지이다. 완전히 자란 잎들을 떼어낸다. 실은 아마와 비슷한 방법으로 얻는다. 이 같은 재료는 매트나 엮어 짜는 방식의 세공품에 사용한다. 열대나 아열대에서 재배된 용설란과 사이잘은 유카탄 반도의 항구에서 밧줄로 이용되기도 한다. 잎자루에는 가시가 달린 칼 모양으로 끝이 날카롭다. 길이는 1-2m, 너비는 10-15m로 푸른빛이 나는 녹색이다. 5-12m로 자란 사이잘은 멀리서 보면 용설란과 같은 6개정도의 꽃대가 소나무처럼 뻗어 많은 꽃이 핀다. 꽃은 3개월 정도 개화를 한다. 꽃이 지면 구술 눈이 생긴다. 땅에 떨어진 후에는 새순이 돋는다. 사이잘은 부드럽고 광택이 있다. 다양한 색상으로 염색이 잘 되기에 플로리스트들이 많이 사용한다. 사이잘은 승복이 물에 비친 그림자처럼 염색하여 줄을 세워둔다. 역대 왕의 걸작, 인공호수가 많은 스리랑카. 자연 속에 살고 있는 꽃과 인간은 검고 깊은 큰 눈빛들을 가졌으며 슬프면서 두려울 정도로 강렬한 모습이다.

글로리오자 꽃(Gloriosa superba) 20단을 9명 승려들의 행진 위에 꽂았다. 기교를 부리지 않았다. 서울에서 한 시간 권에 있는 고양박람회는 주말이면 밀려다녀야 할 정도의 관람자가 모여든다. 그들에게 빠른 습득력을 전달해야만 했다. 단순한 색, 줄기의 꽃은 준비한 그대로 듬뿍 꽂았다. 보는 이가 상상력이 꾸며지도록 작품을 만들어 냈다. 접근이 쉽도록 길 쪽으로 스님의 향연을 배치도 하였다. 이러한 스토리는 국적도 없다. 새로울 필요도 없다. 심청전이나 춘향전, 홍길동전은 고전이어도 언제나 재미있다.

400년 전의 셰익스피어 희곡이 그렇듯, 좋은 예술은 시대를 넘나든다. 전시회에서 평자들은 다양한 의견을 내놓을 수도 있다. 보는 사람의 눈높이에서 또는 디자이너의 조합의 센스가 부족해서 일수도 있다. 자연 속에서 습득하든, 농가에서 길러낸 소재이든 완전 분리된 상태에서 재조립의 과정은 기능사의 역할이다. 관객은 기다리는데 민첩하게 해결하지 못하면 관객은 떠난다. 효과적인 조립방법을 구현하도록 가르쳐 주는 것이 플로리스트, 마이스터의 주어진 역할이다.

국제 꽃 분야 경진대회도 이 같은 방식으로 우열이 가려진다.

단체문화,
희망을 연주하다

꽃이 황홀한 색칠을 할 때는 군락(群落)을 이룰 때다.
결국 삶이 아름답다는 것은 마을을 형성하고 어울려 산다
는 것이다.

꽃이 제일 먼저 사람에게 단체 문화를 알려주었을 것이
라는 생각을 종종 해 본다. 꽃들은 무리 지어 피거나 군락을 이룰 때
사람의 시선을 받는다. 그뿐이 아니다. 군락의 식물들은 다른 이종
에게 침략을 당하지 않는다. 5월에 마주치는 들판의 보리를 보아라,
좀처럼 타종 식물의 침략을 허락하지 않는다. 더구나 군락의 식물들
은 혼자서 잘난 척을 거부한다. 하나의 키로 재잘거리며 바람에 의
지하여 머리를 빗는다.

이효석의 〈메밀꽃 필 무렵〉은 소설을 읽지 않았어도 강원도 평창
에 메밀꽃이 필 무렵이면 사람들이 발길이 끊이지 않는다. 이효석

작가의 말처럼 소금을 뿌려 놓은 것 같은 하얀 메밀꽃의 장관을 보기 위해서다.

이 작가의 소설에 등장하는 허생원이라는 장돌뱅이가 성서방네 처녀를 물레방앗간에서 만난 얘기를 중요하게 여기지 않는다. 달밤에 메밀꽃이 지평선처럼 아득히 피어있는 풍경이 그저 아름다울 뿐이다.

한국 사람들은 가을하면 코스모스가 흐드러지게 핀 길을 떠올린다. 무리를 지어 다양한 색색으로 피어

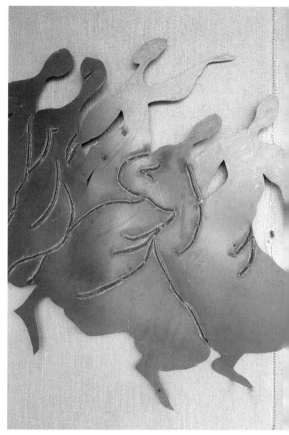

강강수월래

있는 코스모스가 길에 뻗은 도로 변에서 바람에 한들거리는 풍경에 마음 설레지 않을 사람은 없다.

강강수월래는 중요무형문화제 제8호로 지정된 원무형태의 춤이다. 조선시대 임진왜란 때에 이순신 장군이 군사놀이문화로 창안되

었다는 설도 있다 또는 마한 때부터 전승되었다고 전하기도 한다. 어떤 유래로 생겨났던 간에 목포, 무안, 해남, 영광, 장흥, 순천, 화순 등 해안 일대와 완도, 진도 같은 곳에서 성행하였다. 정월 대보름, 한가위와 같은 연중행사 때에 달 밝은 밤 부녀자들이 손에 손을 잡고 원을 그리고 춤과 노래를 부른다.

강강수월래는 흥(興)과 사기(士氣)를 돋우는 춤이다. 춤이 끝나면 다른 여흥의 무리들이 소리 춤과 놀이들을 즐긴다. 이 같은 여흥놀이는 많은 사람이 함께 할수록 그 여흥은 커지고 감정이 넘치게 된다.

1997년 한국에는 전대미문의 IMF(국제통화기금)사태가 몰아친다. 김대중 정권이 들어서면서 인수인계를 받기 전에 한국 경제는 위기에 처했다. 연일 기업들은 도산을 하고 중소기업은 하루아침에 문을 닫는 대환란이 일어났다.

국가적 어려움에 제주지검에 근무하는 이종왕 차장검사의 제안으로 전국적으로 금모으기 운동이 벌어진다. 간헐적으로 일어났던 금모으기 운동이 언론의 소개되면서 전국으로 확산이 되고 국민들은 집에 있는 금을 내놓았다. 언론이나 기업, 종교단체들까지 가세하면서 전 국민이 단체행동에 동참한다.

세계의 언론은 한국 국민의 단결된 국민성에 주목하고 대서특필했다. 순식간에 100톤을 훨씬 웃도는 금을 모으게 된다. 거의 2조원이 넘는 양이다. 단체 운동 이야기가 나왔으니 역사를 거슬러 올라가 본다.

금 모으기와 같은 나라 살리기 운동이 조선후기에도 있었다. 국채

보상운동이다. 이 운동은 IMF 때 일어났던 금 모으기 성격과 비슷하다. 1907년 2월 대구에서 김광제와 서상돈 등이 남자는 담배를 끊고 여자는 비녀 등을 모아 일본에 진 빚을 갚자는 제안으로 시작되었다.

빚 1300만원(원금 1150만원, 이자 150만원)을 갚기 위해 1년 동안 계속되었다. 이 운동은 점차 전국으로 환산되었고, 운동을 추지하기 위해 전국에 20여개의 단체가 조직되었다. 이 운동에는 국왕으로부터 전현직 고위 관리, 상인, 지식인, 부녀자, 농민, 노동자, 기생, 백정 등 신분의 높고 낮음에 상관없이 전국민이 참여하였다.

모금운동은 군 단위로 전대되었다. 사람들은 담배를 끊고 저축한 돈을 보내었다. 집에 있는 패물을 꺼내기도 했다. 그 결과 1907년 5월까지 약 230만원이 모금되었다. 이것은 경제의 자주성을 찾으려는 민족 운동으로 이 운동에는 대한매일신보, 황성신문, 제국신문 등 언론기관이 적극 참여하였다. 전국 각지에서 운동에 동참하는 단체가 생겨나고 여성들도 장신구를 성금으로 내기 위해 부인 탈환회를 조직하기도 하였다. 그러나 결국 통감부의 방해로 중지되었다.

전국이 동참하는 또 하나의 사건이 있다.

2007년 충남 태안 앞 바다에서 일어난 일이다. 삼성이 소유한 산성1호 선박이 파산되어 기름이 바다에 유출되었다. 태안 군민들은 하루아침에 절망에 빠졌다. 어촌 자원으로 생계를 유지하는 어민에게 뜻하지 않은 인재를 만난 것이다.

기름띠는 타안 앞바다의 생태계를 순식간에 교란시켰다. 세계의 언론들까지 생중계로 재앙의 현장을 방송했다. 그런데 국민들이 다시금 일어났다. 자원봉사자가 전국 각지에서 연인원 96만 4000명이 동원되었다. 집에서 가져온 수건으로 바닷가에 밀려와 덮은 모래와 자갈들을 닦아냈다. 돌 하나하나를 일일이 닦아냈다. 태안 중고등학교 학생들은 수학여행을 가지 않고 기름띠 제거에 나섰다. 헌옷가지를 가지고 동참한 인원은 다시 100만명을 넘어섰다. 한국 국민의 단결의 문화의 진면목을 다시 한 번 보여주는 사건이었다.

세계 여론은 기름띠의 재앙은 10년이 넘어야 해결될 것이라고 했지만 전 국민이 나선 기름띠 제거 운동으로 태안의 바다는 다시금 자연으로 돌아갔다.

모든 것이 꽃들의 군락문화가 한국 국민에게 황홀하게 나누어진 것이 아닌가 싶다.

그 옛날 농촌의 모내기는 품앗이라는 단체 문화로 농기계가 없던 시절을 극복하기도 하였다. 모내기를 하고 나면 마을 사람들은 동네의 사랑방에 모여 윷놀이를 하고 삶은 고구마를 나누어 먹는 어울림 문화였다. 자연과 흡사한 문화를 가진 대한민국의 국민성이다.

꽃들은 혼자서 말하지 않는다. 꽃들은 시처럼, 그림처럼 색칠하듯이 무리지어 웃을 뿐이다.

봄날, 여의도 벚꽃놀이나 가야겠다.

16
신과 대립하지 않는 것은
자연을 그대로 사랑하는 것

우리의 삶은 자연을 담는 그릇이다.
사람이 자연이다. 자연이 사람이면 더 아름답다.

자판기 단추만 누르면 원하는 것이 나오는 시대다. 즉 다양한 물건들을 자판기를 통해 판매하는 시대이다. 편리함을 추구하는 현대생활에 등장한 자판기를 통해 쏟아내는 일회용품은 환경문제를 일으킨다. 그럼에도 거기에 대해서는 별다른 생각을 하지 않고 지속적으로 1회용품을 만들고 또 소비한다.

1회용품, 특히 비닐 봉투의 범람은 심각한 환경 공해를 일으킨다. 100년이 가도 썩지 않는 것이 비닐이다. 썩지 않기 때문에 불로 태우면 될 것이라고 생각하면 오산이다. 비닐을 태울 때 나오는 물질은 오염을 시키는 원인이 된다.

1회용 기저귀는 아기들만이 아니라 거동이 불편한 노인들까지 사용하고 있다. 수 천장의 일회용 기저귀를 소비되지만 이것을 만들기 위해 숲의 나무들이 잘려나가는 것은 생각을 하지 않는다. 일 년에 사용하는 기저귀의 양은 제주도 면적의 절반 정도의 산림이 파괴된다는 통계가 있다. 나무의 자라는 속도가 기저귀 사용량을 따라 잡을 수 없다. 이것은 시간이 지날수록 땅의 황폐화가 심각해진다는 것을 의미한다. 편리한 1회용품을 생각없이 사용하지만 부메랑은 우리 자신은 물론 후손에게 되돌아온다. 그럼에도 오직 나만 편하면 됐지 세상이 어떻게 되든 상관없다는 생각이 하는 이들이 태반이다. 사실 1회용품 플라스틱 용기들이나 컵 등이 인체에 해롭다는 사실을 상식적으로 모두 알고 있다. 문제는 알고 있을 뿐 전혀 실천하지 않는 것이 문제이다.

일회용품을 사용하는 것을 자제할 필요가 있다. 미국이나 유럽에서도 포장의 간소화 운동에 발 벗고 나선지가 오래이다. 이제는 어느 정도 정착이 되어가고 있다. 서울의 쓰레기를 갖다 버렸던 난지도가 이제는 공원이 되었다. 그러나 환경에 힘쓰지 않으면 어느 곳엔가 난지도 같은 매립장이 수없이 생겨날 수밖에 없다. 일회용품이나 패스트푸드, 국적 불명의 퓨전 김밥이 유행인 시대이다. 간편하고 간결함이 좋지만 인간의 자연스러움이 상실된다.

우리 전통 음식을 먹지 않는 데서 오는 좋지 않은 징후가 여기저기서 나타난다. 과거에는 흔치 않았던 우울증이나 난폭성은 음식이나 환경과 무관하지 않다는 것이 전문가들의 진단이다. 금연빌딩이나 식당의 금연도 좋지만 규제하는 법보다 스스로가 절제하는 것이 중요하다.

가끔 애연가들과 여행을 할 때가 있다. 서너 시간 버스나 장시간 비행기를 탈 때에 애연가들은 무척 힘들어 한다.

  큰 냉장고는 사용하던 그릇으로 가득 차 있다. 먹다가 아깝다는 이유로 넣어 놓은 것이다. 그렇지만 결국 먹지 못하고 버리게 된다.

  모든 것이 편하면 제일이라는 생각이다. 근본적인 존재의 가치에 물어야 하는 지금, 우리는 산업화와 인터넷의 빠름이 중요하지 않다. 자녀의 미래에 필요한 것은 인성교육이다. 한국 컴퓨터 창시자 이용태(삼보 컴퓨터 설립자)박사는 한 달에 한 번이라도 자녀의 인성교육에 시간을 할애하라고 조언한다. 같이 토론하고 내용을 메모하여 실천해 보라는 것이다.

  이 박사는 한 달에 한 번씩 시간을 정해 손자들과 대화를 한다. 이것이 우리 미래 세대의 살길이라는 것이다. 이런 생각으로 노년을 보내는 이용태 박사의 삶에 박수를 보낸다.

  환경이나 1회용 음식을 가까이 하는 것은 인성교육과 매우 밀접하다. 쓰레기를 줄이는 것이 미래 세대들에게 양질의 삶을 보장하는 것이다. 마구 버리고 패스트푸드를 즐기면 각종 질병에 노출된다. 의식이 있는 삶이란 먹는 것부터 달라져야 한다. 가주 박진영이 음식과 주방기구의 사용에 깊은 상식을 가지고 이야기를 하는 것에 놀란 적이 있다.

  신인 가수나 소속사에 처음 들어오는 연예인에게 1회용 용기의 폐해를 장시간 설명한다고 한다. 그는 먹는 것도 일회용보다는 친환경 식재료를 권장한다. 이 같은 삶은 하루아침에 이루어진 것은 아니다. 상당한 노력과 각오가 수반된다. 박진영 뮤지션은 1년여 간

이스라엘을 비롯한 여러 나라를 여행하면서 터득한 생활 태도라고
한다.

신(神)과의 대립을 하지 않는 것은 자연의 것을 최대한 훼손하지
않고 보고 듣고 간직하는 것이다. 편한 것이 결코 옳은 것일까? 좀
어렵게 살더라도 장래를 내다보아야 한다.

우리의 삶은 자연을 담는 그릇이다.

자연은 네가 나라고 말한다.

17
자연은 변해서 아름답고
사람은 변치 않아 아름답다

오래된 정원은 가장 많이 변한다. 그래서 아름답다.
변하지 않는 사람이 위대한 역사를 쓴다.

사람들은 변하지 않고 심지가 곧은 자를 위인이라고 한
다. 살면서 위인의 소리를 듣거나 변하지 않는 사람이라 칭송을 듣
기는 그리 쉽지 않다. 그래서 우리의 역사에는 변하지 않는 사람들
의 효도비, 열녀문을 세우기도 한다. 나아서는 변하지 않고 한길을
걷는 사람에게 장인(匠人) 이라고도 한다. 반대로 변해야 아름다운 것
도 있다. 자연이다. 자연은 변해가면서 다양한 아름다움을 보여준
다. 그래서 자연은 움직이지 않으면 그것이 소멸의 시작이다.

장영실은 변하지 않는 인간의 모습의 한 본보기다. 한낱 기녀의
아들로 태어난 관노의 아들이었음에도 불구하고 그 뛰어난 재능 때

문에 정삼품 벼슬자리에 오른 인생이니 감동적인 데가 많다. 장영실이 태어난 당신의 시대는 관노의 몸에서 태어난 비천한 몸으로서는 감히 벼슬에 오른다는 것은 상상을 할 수 없었다. 장영실은 불굴의 의지로 수많은 죽음의 문턱을 건너면서도 변치 않는 모습을 보인다.

물시계는 '자격루'라고도 하는데 1434년(세종 7년) 8월 경복궁에 설치되었다. 그의 최대 업적인 측우기는 원통형 쇳그릇에 빗물을 받아 그 깊이를 쟀던 것이다. 수표는 하천수위를 측정해서 강우량을 계산한 것이었다. 이것이 현재도 온 세계가 쓰고 있는 양수표의 효시다. 물시계는 12시신이 돌아가면서 시각을 나타낼 때마다 저절로 종이 울리고 밤에는 저절로 북이 올려 시간을 알리는 것이었다. 당시로선 깜짝 놀랄 대발명이 아닐 수 없었다.

타고난 그의 두뇌와 재주는 세종의 부름을 받고 주렁주렁 열린 큰 열매를 맺게 되었다. 그야말로 무소불능이었다. 광석에 손대면 금이 나오고 무기를 만들거나 고쳤을 뿐 아니라 축성과 농기구 제작에도 빼어난 재주를 보였다. 천재 관측 장비도 많이 개발해 기상도에서도 그의 이름을 지울 수 없게 했다.

과학기술의 면에서 크게 돋보이는 세종 시대 뒤에는 곧 장영실이 버티고 있는 셈이다. 만약에 세종이 아니었더라면 옥 같은 그 인물이 흙 속에서 나와 빛을 발했을지 궁금하다. '쟁이'(장인)라면 무조건 천시했던 당시의 신분 사회는 개인의 창조성을 극도로 억눌렀다. 장영실에게는 끊임 업는 양반들이 보낸 자객들이 죽음의 문턱을 넘나들게 하였다. 세종대왕에겐 수많은 상소로 장영실의 신분을 들먹였다. 그러나 장영실이나 세종은 변하지 않는 불굴의 모습으로 겨레의 자랑을 만들어 내게 되었다.

자연도 그렇다. 비무장지대의 자연은 어느 누구 하나 돌보지 않아도 스스로 변하면서 아름다움을 간직하고 있다. 세계의 식물학자들은 휴전선의 생태에 많은 관심을 가지고 있다.

한국을 식물을 연구하는 여러 기관이 있다. 뿐만 아니라 원예를 전문으로 연구하는 덕에 식물의 아름다운 변화는 오늘도 계속되고 있다.

장미의 경우도 기존의 색상을 뛰어넘어 다양한 색상을 보이고 있다. 지금도 그 변모의 길은 진화 중이다. 오래된 정원은 수많은 시간 속에 나음의 분위기를 만들며 변화한다. 이끼는 이끼대로 숙연함을 보인다. 자연은 스스로 변하여 아름다워진다. 또는 주인의 손길에 의하여 아름다워 진다.

사계가 분명한 환경에 산다는 것은 축복이다. 사계가 없는 나라들은 한국의 드라마에서 보여 지는 사계절의 다양한 자연의 모습에 탄성을 자아낸다고 한다.

'겨울연가'의 눈 오는 풍경에선 그만 넋을 놓기도 했다고 한다.

사계 속에서 자란 나무는 목재로서 더 단단하다.

참으로 기이하다. 자연은 변해야 아름답고 인간은 변하지 않아야 심지가 굳은 사람으로 아름다워 보이기 때문이다.

18
은행나무, 노란 우산깃,
그리고 꿈의 정원

은행나무는 인간의 역사보다 길었다. 2차 대전의 원폭에
도 강인한 생명력을 보였다. 1천년 전부터 중국의 한의학
은 은행나무를 약재로 인용한다. 18세기 유럽에 간 은행
나무는 의학, 건축, 문화에 지대한 영향을 일으킨다. 괴테
에게는 수많은 시를 남기게 한다.

은행나무의 신비

은행나무의 꿈은 무엇일까? 아름다운 세상을 노랗게 덮으려는 생
각일까? 맑은 바람결이 날리는 덕수궁돌담길 가을의 은행나무. 잎
이 빛나게 떨구고 있다. 노란 잎이 우산깃이 되어 아름다운 연서를
쓴다.

신비로운 잎사귀마다 300만 년 전에 지상에 출현, 전설을 간직한
다. 그동안 여러 번의 빙하기까지를 견디어 낸 화석식물이다. 지금
까지 살아남은 일과 일속, 일종인 전대미문의 화석식물로 식물의 명
망가에 속한다.

은행나무는 지구상에서 가장 오래전부터 살아온 귀한 식물이다.

낙엽 침엽수로 잎이 침엽 퇴화되지 않는 유일한 식물이다. 전설이나 신화에 얽히고설킨 신비의 나무다. 동, 서양을 막론하고 은행나무에 관한 전설은 유난하다. 우리나라에서도 수많은 전설과 시인들은 은행나무네 관한 시도 많이 발표했다.

1996년에 김제규 감독에 만들어진 〈은행나무 침대〉 영화는 전설의 흥미를 작품화하였다. 여기서 긴 영화의 내용을 담을 수 없으나 한 줄로 요약하면 전생의 인연이 현재에 반복 된다는 전생의 기억을 떠올리는 내용이다. 사람들의 윤회와 전생에 집착하는 심리 묘사를 매우 리얼하게 만든 작품이다. 당시에는 큰 반향을 일으켰던 영화다. 은행나무는 한국에도 수령 1200년에서 400년에 이르는 천연기념물이 서울 명륜동을 비롯하여 열한 그루나 있다. 그중에 영월 하송리에 수령 1200년의 어른이 노란 잎을 금빛 추억으로 물들게 한다.

은행나무는 암나무와 수나무가 마주하고 있어야 열매가 맺힌다. 마치 동물의 정충처럼 생긴 꽃가루가 스스로 움직여서 난자를 찾아가 비로소 열매가 열린다.

일반적으로 은화식물에서 정충이 발견되기도 하지만 현화식물에서는 정충이 없는 것으로 알려졌다. 그러나 은행에도 정충이 있다는 것이 히라세가 테이코쿠 학자에 의해 알려졌다.

유럽으로 건너간 은행나무

은행나무는 18세기경(1712년) 유럽으로 먼 길을 떠난다. 자연과학자인 '엥겔버트'는 유럽에서 독일, 영국, 프랑스, 스페인 그리고 미국까지 영향을 미치게 한 공로를 인정받는다. 그 후에 엥겔버트의 고향에는 이러한 공로를 인정하여 동상까지 세워졌다. 유럽에서는 멀고 먼 아시아에서 들여온 은행나무에 열광을 하였다. 이국적인 느낌의 나무로도 신비로웠지만 노랗게 물든 잎이 연인들의 데이트 길에 감정을 흔들기에 적합하였다. 모든 나무들은 낙엽이 지면 갈색이 된다. 은행잎만은 노란 잎으로 거리와 공원의 바람결에 뒹군다. 그리고 끝내 노란 잎의 모습을 잃지 않고 흙으로 돌아간다.

괴테가 동양에서 가져갔다는 은행나무는 유럽의 수많은 시인, 예술가들의 가슴을 뛰게 하였다. 동양에서 가져갔다면 나는 한국과 중국을 떠올리게 된다. 우리나라는 불행하게도 외침이 심했기에 식물이 알게 모르게 유출의 기록도 없이 나갔을 거라는 추측을 가진다. 한국에는 1200년이 넘는 은행나무들을 만날 수 있다는 데서 근거가 있는 추측을 하게 된다. 더구나 한국은 전란으로 인하여 매우 피폐한 상황이었다. 모든 나무는 폭탄이나 연료로 사라 졌다. 그런데도 수령이 큰 은행나무는 그대로 보존된 것을 보면서 그 근거와 함께 합리적인 추론을 하게 된다.

구르몽의 "시몬 낙엽 밟는 소리가 들리느냐"의 낙엽은 은행나무 잎을 보고 쓴 시가 아닌가 싶다.

"시몬, 너는 좋으냐 낙엽 밟는 소리가?
해질 무렵 낙엽 모양은 쓸쓸하다.
바람에 흩어지며 낙엽은 상냥히 외친다.
시몬, 너는 좋으냐 낙엽 밟는 소리가?
발로 밟으면 낙엽은 영혼처럼 운다.

낙엽은 날개 소리와 여자의 옷자락 소리를 낸다.

시몬, 너는 좋으냐 낙엽 밟는 소리가? 〈하략〉

〈구르몽 , 1892년〉

우리나라의 마지막 황제 살았던 덕수궁에도 은행나무를 볼 수 있다. 가을이면 덕수궁을 지나면 마지막 황제 고종이 은행나무 아래서 커피를 마시는 방면이 연상된다. 조선의 마지막 황제 고종은 가비(커피의 우리나라 고어, 고종당시는 가비라 함)를 마시며 기우는 조선의 아픔을 은행나무에 하소연하였을 거라는 상상이다.

원폭에 살아남은 은행나무의 연구

유럽에서는 은행나무는 아주 큰 힘, 개선장군과 같은 희망의 상징물처럼 기대와 희망을 준다고 생각한다. 장수, 풍요, 평화, 우애, 그리고 조화를 이룰 수 있는 원천일 수 있다고 여겼다. 독일의 광산에서는 은행잎 모양의 화석으로 미뤄 몇 십억 년 전에 존재했다. 동양에서 1730년 유럽으로 건너간 은행나무는 낯선 나라에 대한 동경심, 환상적 심리적으로 식물학자는 물론 정원사, 심지어는 괴테까지 흥분시켰다.

식물학자, 의학자, 제약, 문화사학자, 독일학자 여러 분야에 영향(자극) 기여한 자료를 쉽게 만날 수 있다.

2차 세계대전 이후에는 은행나무에 특별한 관심사를 독일에 갖게 되었다(히로시마 원폭이후 보여준 '은행나무' 때문). 이유는 히로시마에 '원자폭탄' 투하 지점에서 불과 몇 백미터 지점(1945년 8월 6일)에 있었던 은행나무에서 이듬해(1946년 봄)에 새싹이 돋아났다. 그동안 모든 생명체들이 근처에서 살아남지 않았다는 점에 매우 놀라운 사실이었다. 유독 은행나무에서만 싹이 돋았다. 그때부터 독일은 집중적으로 연구대상이 되었다. 은행나무의 비밀을 300만년 넘어 거슬러 올라가기 시작했다. 그 역사로 지탱하며 살아남는 것에 대한 연구가 활발하게 진행되는 것은 당연하다.

그렇게 살아남은 생명력에 관하여 의학 분야, 제약분야, 학문적으로 연구가 활발해졌다. 그러한 생명력은 어디에서 무엇이 원인인가? 과학적으로 접근하는 계기가 되었다.

중국의 약재로서 은행나무

이미 중국(한의학)에서는 은행나무의 약효가 높은 약제로 1천 년 전부터 중요한 역할을 해왔다. 은행은 단순하게 생물학적 원예기능 면에서 미학적 관점에 뿐 아니었다. 중요한 약제 치료 효과로 인류 의학에 이바지하게 된 것이다.

처음 유럽에 은행나무가 건너갔지만 오랫동안은 치료약으로 고려되지 않았다. 그러나 히로시마 원폭투하 사건 이후에(46년)새로운 계기가 되어 뿌리부터 활발하게 연구는 물론 관심을 갖게 되었다. 1970년에는 은행의 식물학적 문화사적 경작. 뿌리의 성장(생명력)에서 이겨내기 어려운 환경에서 원인과 동기를 부여하며 희망적 의료약품으로 치료성 높은 원인을 은행잎에서 발견하기에 이른다(제약회사 Dr. Willar schulabe). 독일은 일본이 은행의 연구약품을 내놓게 되자 자극을 받는다. 약효가 '은행열매와 잎'의 파리 연구실험 끝에 건조한(마른) 추출물을 뽑았는가 하면 30일 만에 약제들을 만들어 내기에 이른다.

현대적 의약품을 생산

앞에서 언급하듯이 중국의 전통의학에서 은행을 통한 치료제는 인간과 자연, 우주의 에너지 음, 양의 내력과 힘을 연결하는 중요한 결과를 가져 왔다.

1990년 노벨(화학)상 받은 미국인 E.J.corey 발표에 의하면 모든 식물성 의약품 재료들과 함께 은행의 실체들이 우수한 약재료로서 효능과 치료(임상)에 수반된 총체적 활력소 역할들을 알게 됐다.

은행의 의약품으로의 효능과 구조, 구성 종합체로 입증

1. 불활동성(아직 나타나지 않는 움직임) 산소의 불안전성에 볼 때 해로운 유독성 물질이 나타남 없이 소이 화학적 원소(기) 반응으로 말할 때 최소화된다. 은행에서는(성분) 항체를 높여주고 혈류에 지방 막을 제거(줄여줘)할 수 있는 화학원소가 모든 혈액 순환을 원활하게 하여 혈관에 도움을 준다. 알츠하이머(일종의 뇌기능 저하로 장애를) 방사선(또는 전자파)으로 손상된 기능 회복시키다. 당뇨병, 얼굴의 기미(반점), 시력보호에 중요한 역할을 하며 효과에 필요한 비슷한 여러 가지 비타민 등이 은행나무에서 검출 된다.

2. 혈액(청)의 백혈구와 적혈구의 활발한 균형과 견제활동으로 혈액 내용과 흐름에서 동맥과 정맥 정진된 작용으로 해서 필수(필요)적 효과로서 기관지 천식(호흡기) 증대와 신경계통과 기관지 확장성에 기여

하게 한다.

3. 신경계 조직의 순환 조건을 높여줌으로 저산소증, 퇴화로 저하된 기능을 높여 낮아진 저산소증을 정상화로 세포 증대시켜 뇌신경세포 증식시키고 신경전달망을 회복시켜 뇌에 필요한(호르몬=약=명칭 Dopamin)과 같은 역할(효과) 형태 회복으로 혈액 내에 포함된(뇌적 수액?)을 보충하여 줌으로서 안정시킨다.

4. 작은 혈관들의 미치는 긴장 완화와 효과에 대한 논의가 있었다. 그동안 수많은 혈관확장(약품들) 이름하여 'Steal'이라는 현상(사건)이 지적됐다. 홍조(얼굴 등의 피부)가 뜨이고 혈액구조 조직이 힘만 빼앗고 상처만 더 키웠던 와중에 은행이 해결의 방법을 주었다. 손상이 있는 지역에서 혈액 확장에 은행의 효력을 본 것이다. 혈액류에 효과가 있으며 아픔(쑤심), 어지럼증, 알러지, 동시에 피부반응 효과가 있다고 기록하고 있다. 불필요한 성분들이 조금 있다. 은행의 떫고 쓴 맛 나는(엑기스) 열매 외관층은 강한 피부자극을 한다. 은행열매의 엑기스(추출물)=탄닌산이라는 씁쓸 고소한 맛을 함유하고 있다. 그것이 설사, 메스꺼움, 구토 등이 지표상 알려져 있지 않다. 은행에는 폐, 간에는 (헤파린)이라는 성분(효과가 있는)을 함유하고 있다.

'괴테' 시절과 은행나무

66세의 괴테가 31세의 마리아내와 연애할 때 편지에 은행잎을 그려 넣었다는 것은 괴테가 은행나무에 대한 강한 인상을 가지고 살았다는 증거다. 그는 많은 시(詩)작에서 은행나무에 관한 이야기를 녹아내린 흔적이 많다. 주변 사람에게 은행나무묘목을 선물하였다는 자료는 쉽게 접할 수 있다.

동방에서 건너와 내 정원에 뿌리내린

이 나뭇잎에는 비밀스런 의미가 담겨 있어

그 뜻을 아는 이들을 기쁘게 한다오

둘로 나뉘어진 한 생명체인가?

아니면 서로 어우러진 두 존재를,

우리가 하나로 알고 있는 것일까?

이런 의문에 답을 찾다가 마침내 참뜻을 알게 되었으니

그대는 내 노래에서 느끼지 못하는가,

내가 하나이며 둘임을?

〈괴테의 은행나무 잎〉시(詩) 전문

18세기 유럽의 귀족들 대부분이 먼 나라에서 수입해 와서 나무를 심고 재배했다고 해도 과장이 아니다. 18세기 유럽에선 바로크양식 정원과 영국식정원이 꾸며졌다.

1730년 Holland Utrecst 은행나무가 등장하게 된다. 시작은 Topflomzen(화분식) 묘목이 판매된다. 수종에는 20년생의 낯설고, 환상적 묘목은 주로 공원을 중심으로 여름철에 심어졌으며 또한 겨울철에 오렌지까지 가져왔다.

괴테 생전시절에 4m 정도의 은행나무는 바이마르의 궁전 (Belvedere, 망루) 정원(1724–1732)을 백작 von Herzog 'Ernst-August'(1688–1748)에 의해 'Lustschloss궁전'을 만들었다. 백작의

의욕적 사냥터와 궁중건축에 완성했다.

괴테가 말하는 외향적 정신세계가 바이마르(독일 남서부도시) 제국과 자연이 맞아 떨어지는 물리학, 천체학, 지질학, 방법론학, 식물과 동물의 고생대까지 듣고 보고 느끼고 관심사를 18세부터 바이마르까지, 그리고 자연적 건축에 꽃잎형, 예술감에 Herzog=carl Augst와 매일 가깝게 자문에서 여러 출판물의 전문(서술)앞의 글을 모두 괴테의 글로 장식 되었다.

1780년 Mannheim 식물원에 은행나무 심었다.

1781 Kassel(Wilhelmshohe schloss)에도 은행나무를 심는다.

은행나무가 불과 4년만에 유럽에 건너온 후 기온 낮은 온도에 자란다. 자라는 속도는 느렸다. 4년에 1족장(발) 정도밖에 자라지 않는다. 그동안 여러 예술, 문학, 과학자 등 관계를 통하여 영국 등 osterreisos 쉔부른궁 등 여러 궁전에 은행나무가 심겨진다.

괴테의 글을 통하여 지인들과의 편지에 직접 은행잎을 보내서 우정의 심볼이 된다.

1815년 괴테가 여름을 보내고 Willemer Boisseree과 1815년 9월 15일 은행잎이란 작품을 만든다. 1815년 괴테가 전년도에서처럼 잘 Wiesbaden에서 휴식요양을 하고 있었다. Rhein Main Necker에서 짧은 휴가동안 여러 친구들을 만났다. 거기에 약혼녀(Mariane)와 약혼녀의 부친인 Jakob도 함께 했다. 괴테의 숙소는 Frankfurt 시립 또는 Jakob의 '게베어뮬러'에 있었다.

그해 9월에 괴테의 '기회를 얻지 못한 사랑' 시를 그날의 일기장

에 기록했으며, 거기에 큰 의미가 부연된 은행나무 시(Mariane) 관련 부분과 varia-궁전, 프랑스 미술거래상에 대해 기록한다.

점심엔 Brentano Boisseree sovagny 등과 함께 집으로 돌아왔고 이후에 Brentano부인 키스첸은 Weimar로 떠났다.

저녁엔 게베뮐레에서 약혼녀 가족들과 친교 술자리(파지)가 이어졌으며 통상적으로 온 밤을 잘 보낼 수 있었던 것은 괴테가 은행나무 잎을 가져오지 않았더라면 불가능했다.

이미 Frankfurt 전역에, 1815년경에는 마인 강변 등 가로수로 심어져 있어서 잎은 어디서나 주울 수 있었다. 1787년 약제사 Peter sallzwedel가 프랑크푸르트 마인강변에 심었다.

아마도 괴테가 1815년에 약혼녀 Mariane에게 줄 은행잎을 땄을 것으로 짐작된다. 괴테가 약제사(Sallzwedel)와 아는 사이인 쌀츠베델을 1814년에 만났다.

그때 괴테가 9월8일~15일까지 프랑크푸르트 관사(시소유) '쥼로 텐뮌센'에 약혼녀집에 머물 때 이루어졌다. 괴테의 비망록과 시작에는 은행나무가 매우 많이 기록되었다.

Mariane에게 사랑의 시와 함께 은행잎 두개를 붙여 전하기도 한다. 1815년 9월 27일 Rosine stadel에 보낸 시 작품 (Rosine stadel 이라는 여인은 괴테의 Mariaue Willemer 의 이복 여동생) 시의 방향 중심에 은행나무가 등장하고 동양의 신비에 여러 사람들과 의견을 나눈다.

세계적 시인, 괴테의 은행나무에 각별한 태도에 자료들을 모아 보았다. 인문학자들이 식물에 관한 관찰과 애정을 가진 것은 괴테뿐만은 아니다. 그러나 괴테의 은행나무에 대한 사랑은 관심은 평범을 넘어 마음 깊은 내재성을 엿보게 된다.

　은행나무가 동양에서 유럽으로 건너간 역사적 배경과 괴테라는 시인의 이야기를 하는 목적은 분명하다. 우리의 역사는 외침으로 안쓰럽고 흠잡을 곳이 많았다. 그러기에 대한민국의 자생 식물이나 도자기가 일본과 중국으로 흡수되어 버린 쓰린 역사가 있다.

　개인적으로 이러한 역사에 지금이라도 우리의 것은 우리의 것으로 바로 잡아야 된다는 생각이다. 괴테가 동양에서 가져갔다는 은행나무는 분명히 대한민국의 은행나무였다는 진실을 후학들은 알아야 한다. 찔레가 그렇고 은행나무가 그렇다. 대한민국의 노란 은행잎이 유럽의 가을공원과 가로수 길을 물들이고 있다.

　우리의 은행나무가 18세기경에 유럽에 여행을 떠나서 정착을 하고 있다. 나는 독일에 유학 중에도 은행나무를 마주치면 그냥 지나치지 못했다. 마치 고국의 동포를 만난냥 우두커니 한참을 마주 바라보았다. 마치 어렸을 때 헤어진 혈육을 우연히 마주해도 알아본다는 운명과도 같은 것이다. 앞에서 언급하였듯이 전국에는 수령 400년에서 1200년이 넘는 은행나무가 11그루가 있다. 어쩌면 전쟁으로 더 많은 수령의 나무가 소멸되었을 것이다. 다행히 11그루가 유럽으로 보낸 친구 은행나무들의 역사를 대변하고 있다.

V

—

정원이
하늘로 날다

보는 것만으로 행복하다

색에게 미래의 길을 묻다.

색은 인간으로부터 문명을 확장시켰다. 현대는 색의 시대이다. 밀림에 가도 색은 수많은 자연의 껍질 속에 감추어져 있다가 제 모습을 보인다. 진주는 조개가 입을 벌리는 순간에 영롱한 색을 보인다.

멕시코 역사학자 프란시스코 알마다에 따르면 멕시코 치와와 주의 험준한 협곡에 숨어 사는 타라우마라족이 있다. 이들 일부 중에는 한 번에 480km를 달린다고 해서 유명하다. 타라우마라족도 달리면서 숲의 색을 만끽하기에 달릴 수 있다고 한다.

색은 아침에 눈을 뜨고 세상을 바라볼 때부터 그 본능을 깨워준다. 흔히 약의 이름을 기억은 못해도 색은 기억하고 그 색을 말해주면 약사는 그것을 기억하고 찾아내어 내어준다. 어려운 듯하면서도 알고 보면 재미있는 역사적 색의 이야기도 있다.

색리(色吏)는 감영(監營)이나 군아(郡衙)에 딸렸던 아전으로 지금의 행정기관이다. 또는 색관(色官)이라고도 하였다. 그리고 색모(色耗)는 세곡(稅穀)이나 환곡(還穀)을 받을 때에 간색(看色:물건의 좋고 나쁨을 견본 삼아 일부분을 봄)이나 마질(馬蛭: 곡식을 말고 재는 것)에서 축날 것을 채우기 위해 얼마쯤 과외로 더 받는 곡식을 말하는 것으로 색락(色落)이라고 한다.

색목(色目)은 조선시대의 사색당파(四色黨派)의 이름이다. 색목인은 원나라 때 유럽, 서아시아, 중부아시아 등지에서 온 외국인의 총칭이다. 피부가 눈의 빛깔이 다르기 때문에 구별해서 불렀다. 색목은 원래 종류와 명목(名目), 즉 종목을 뜻한다. 중국 당나라 시대의 가문과 신분을 지칭하기도 하였다.

색맹은 색깔이 불완전하여 빛깔을 식별하지 못하는 것을 말한다. 선천적인 결함으로 군대도 면제가 되었다. 색을 구분하지 못한다는 것은 매우 안타까운 결함이다.

색은 역사적으로 종교, 정치집단에서도 상징성과 성격을 표현하는 중요한 수단으로 사용함을 볼 수 있다. 개는 색을 구분하지 못하고 냄새로 구분한다.

사람만이 가질 수 있는 최고의 만끽은 눈 맛이다. 미각(味覺)이전에 시각이 먼저이기 때문이다.

색감은 물리학적으로 또는 심리학적으로 구별할 때의 하나의 요소이다. 명도(明度), 선명도(鮮明度)이외의 빛깔의 구별에 해당된다.

새가 사람의 안색을 살피고 날아가 버린다는 말(色斯擧矣,색사거의)이 문헌에 있다. 일설에는 공자가 상대방의 안색을 보고 떠났다는 것이다. 여기서 색사는 놀라서 얼굴빛이 변하는 모양을 색연(色然)과 같다는 말을 남겼다.

갈색은 땅의 색깔이다. 가을이 휘파람을 불며 떠나는 모습이 바로 갈색이다. 어떻게 보면 제법 낭만의 색이다. 그러나 더러움과 배설물을 표현한다. 갈색은 그 자체가 탁하고 단단하다.

가을이 주는 느낌 그대로 갈색은 시골스럽고 즉흥적인 느낌을 준다. 안락함과 보호색을 주기도 하지만 편협함과 우직함을 내포한다. 역사적으로 보면 가난의 색이고 자연에서는 시들어 감을 상징한다. 패션에서 갈색은 촌스럽고 보수적인 색이다. 어두운 갈색은 무겁고 깊은 느낌을 주고 밝은 갈색은 가벼운 느낌을 준다. 패션으로 갈색은 오늘날 대부분 밝은 자연 색조를 나타낸다.

다른 한편으로 갈색은 안락함과 보호를 나타낸다. 인간이 가장 쓸쓸하게 대하는 색이 갈색이 아닌가 싶다. 겨울 연가의 여인들이 갈색 잎을 밟고 지나는 모습도 그렇다. 갈대가 사각거리는 소리도 그렇다. 모든 것들은 가을에 떠나는 것일까? 우리 가을에 떠나요.

황금색은 말 그대로 부유함을 나타낸다. 부유함은 힘이 될까? 우리는 황금색을 사치스러움, 신성함과 연관시킨다. 황금색은 화려함과 축제 분위기를 내게 하는 명예의 색이다.

박사모의 깃털도 황금색이다. 색으로서의 황금색은 고전적인 장

식수단이자 장식적 조형을 위해서 사용되는 전형적인 색이다.

  엘로우 골드, 레드 골드, 화이트골드가 색으로 나타내는 황금색들
이다. 레드 골드는 가장 강력하게 화려함과 호사스러움을 표현한다.
그러나 황금색 역시 싸구려 느낌을 줄 수 있다. 황금색 포장지는 개
발도상국에서 주로 사용된다. 좀 더 구체적인 표현을 빌리자면, 포
장지 하나에도 빈부의 차이, 즉 GNP를 알 수 있다는 경제 논리도 있
다. 볼펜이나 클립, 빗 또는 칫솔과 같은 일상 용품에 사용된 황금색
은 유치한 느낌을 주며 고유한 표현력을 잃게 한다.

  은색은 서늘하고 거리가 있다는 느낌을 준다. 은색은 희색과 회
색, 그리고 화이트골드의 특징을 혼합해 놓은 것과 같다. 은색은 현
대적인 색이고 황금은 유행이 지난 색이다. 황금색으로 입혀진 것은

황금과 같은 효과를 낸다. 그러나 은색은 고유의 가치를 지닌 니켈이나 플레티나(백금), 크롬, 알루미늄과 같은 금속처럼 보인다. 은색은 현대 디자이너들이 애용하는 색이다. 최소한의 면적이 넓은 조형을 할 경우 은색은 황금빛이 도는 것보다 시대적 감각이 있다.

　세계적으로 유명한 오디오의 색이 변천사를 보면, 초기에는 황금색을 사용했으나 오래도록 은색을 사랑 받는 추세이다.

　2,30년 앞의 미래를 예측하는 것은 단순히 앞으로 다가올 날을 상상하는 데 그치지 않는다. 디자인이란 것도 중요하지만 디자인에 맞는 높은 품질의 색상을 선택하느냐에 따라 미래의 길잡이가 된다.

　디지털시대의 인공지능과 같이 더 똑똑한 성능만이 최고라는 생각하면 오산이다. 결국 좋은 제품의 옷은 색이라는 것이 최종 진면목을 보여준다.

　색에게 미래의 길을 묻는다.

02 단풍은 그저 붉어지는가?

세계적으로 꽃 박물관은 없다.
아마도 세계 최초의 꽃 박물관이 될 것이다.

가을의 단풍은 여름이 딛고 선 자리에 잉태된다. 그곳은
온기를 품고 있지 않다. 가을의 단풍들은 더위를 이겨낸 아름다운
결과물이다. 단풍 속에 태풍이 들어 있고 비구름이 입력되어 있다.

단풍은 모든 나무에 있지 않다. 여름을 이겨낸 단풍나무가 차지하
는 자기 몫이다. 단풍나무가 굳이 권리를 행사하려 든다면 그 안의
생명은 유산(流産)의 운명에 처한다. 가을의 단풍나무는 분주하거
나 조급 하지도 않다. 지난해도 그렇듯 자신의 길을 여유롭게 갈 뿐
이다.

가을 단풍나무는 노인처럼 경륜이 묻어 있고 청년처럼 불굴의 열
정을 가르친다. 새로운 생명이 가는 길은 그 성장과 걸어온 시간의

흐름이
들어 있다.

　C시인은 나를 만나면 가을 단풍나무를 보듯
감동을 받는다고 한다. 예술가는 배고픈 사람들이
라고 하는데 나를 보면 사람들의 주장이 다르기 때문이
란다. 예술가이지만 성북동의 큰 저택에서 살고 있을 뿐만
아니라 학생들의 교육장소인 대학로의 건물이 내의 센터
라는 점에서 그렇다는 것이다.

　C 시인의 말을 부정 하지 않는다. 가난한 예술가라
는 말도 인정하고 싶지 않다. 나는 대한제지의 회장
이 손수 지은 건물을 구입하여 살고 있다. 성북동
은 서울의 부촌이라는 것은 누구나 아는 사실이
다. 내가 사는 집은 성북동에서 두 번째로 큰 저택이라고 한다. 건축
적으로도 뛰어났는지 모 대학의 건축과 학생들 논문자료로 이용되
기도 한다. 200여 미터 안에는 얼마 전까지 시장이 살았던 시장공관
이 있다. 집 뒤로는 600년 전 조성된 성곽이 고풍스럽게 둘레 길로
조성되어 있다. 정원에는 임업(林業)실험실이나 다름없는 많은 나
무들이 봄을 피워 내고 가을 단풍을 만들고 있다. 3층에는 교실만큼
큰 강당도 있다. 매일 승무(僧舞)를 연마하는 장소로 이용된다. 물
론 강의실로도 사용된다.

　저택 주위로는 몇 개의 빌라를 구입하여 지방에서 올라온 학생들
의 기숙사로 제공하고 있다. 이 저택은 꽃 박물관을 만들어 사회에

환원할 계획으로 준비 중이다. 꽃 박물관은 아직까지 전 세계에 세운 적이 없다. 아마도 세계 최초의 꽃 박물관이 될 것으로 보인다.

이처럼 소상히 밝히는 것은 다른 뜻이 있어서 그런 것은 아니다. 예술가도 가난하지 않다. 치열한 세상에서 부유함을 누리고 살 수 있다는 말을 하고 싶어서다.

꽃은 바람 속에서 향기의 꽃을 피운다. 그렇지만 그저 피우지 않는다. 김남조 시인은 '생명'이라는 시에서 이렇게 고백했다.

겨울나무를 보라
추위의 면도날로 제 몸을 다듬는다.

금 가고 일그러진 걸 사랑할 줄 모르는 이는 친구가 아니다.
상한 살을 헤집고 입 맞출 줄 모르는 이는 친구가 아니다.

생명은 추운 몸으로 온다.
열두 대문 다 지나온 추위로 하얗게 드러눕는
함박눈 눈송이로 온다.

겨울나무는 시퍼렇게 칼바람을 맞고 서있다. 나무는 상처 속에서 진액이 배어나와 아물기도 하면서 새롭게 태어난다.

이성부 시인은 '봄'이라는 시에서 "너 먼 데서 이기고 돌아온 사람아"라고 한다. 그 먼데가 어디인 줄은 모른다. 그러나 그 먼데 속에

는 분명 봄이 들어 있다는 것이다. 시인도 그 먼데를 말하라 하면 그저 웃지 않을까 생각한다.

삶도 봄과 같지 않을까? 누구에게나 그 먼데서 오는 아름다운 사랑도 재물도 친구도 있다. 그리고 묵묵히 가는 자신의 길이 있다.

예술가의 길을 걷는 젊은이에게 희망의 덕담을 전한다.

누구에게나 단풍나무교훈처럼 열정과 불굴의 의지가 있다.

그리고 감동의 시간은 반드시 오게 되어 있다.

파이팅! 하며.

03
오늘의 한국교회
크리스마스트리 읽기

대형 술집과 건물에 빼앗긴 크리스마스트리의 문화를 교회가 더 아름답게 꾸미는 정성이 필요하다. 지금의 한국 기독교 크리스마스트리에 대해 예수님도 마음 아파하실 것이다.

크리스마스는 예수님의 탄생을 기념하는 기독교의 부활절과 함께 중요한 절기이다. 유럽에서는 성탄절이 다가오면 교회뿐만 아니라 백화점에서는 다양한 이벤트와 함께 긴 세일을 시작한다. 파리의 에펠탑이나 각 나라의 내세울만한 상징물에 장식된 성탄트리가 하나같이 아름답다. 교회들은 오색찬란한 내온 빛으로 성탄절 축제에 흥미를 보탠다.

젊은 시절에 겪었던 독일 유학의 성탄절의 추억이 있다. 어느 나라와 마찬가지로 독일의 관공서나 대형 건물의 크리스마스트리는 인류의 생명을 가져온 예수님의 탄생을 기념한다.

교회와 가정에서 여유있는 사람들이 사용하는 크리스마스트리는 추리목 구상나무(Abieskoreana)이다. 추리목은 독일에서 비싼 것과 싼 것이 있다. 구상나무는 더디게 자라기 때문에 수요에 비해 개체수가 적어 비쌀 수밖에 없다. 추리목에 맺히는 보라색 솔방울은 독일 사람들의 사랑받기에 더할 나위 없이 아름답다.

추리목을 조림수로 키우는 농가의 년 소득은 400만원에서 500만원에 이른다. 추리목은 나뭇잎이 침엽수이고 그 침이 짧아서 크리스마스트리에 적격이다. 독일 가문비나무는 야산에 밀집, 중간 중간 잘라 팔기 때문에 비교적 저렴하며 십자가나 아기 천사 같은 장식물을 설치하기에 적합하다. 상록수를 성탄트리로 이용하는 이유는 추리목이 '영원히 죽지 않는다'는 의미를 가지고 있기 때문이다. 나무의 크기는 20m, 1년에 70cm 씩 자란다.

언제부터인가 한국 교회의 크리스마스트리가 하나같이 플라스틱 조형물로 대체되었다. 추리목이 의미하는 뜻과 상징성을 뒤로하고 산업화의 산물인 플라스틱 조형물을 사용하는 것은 예수님에 대한 예의나 미안함이 없는 처사이다. 자연미를 사라지게 하는 크리스마스트리의 재료들은 중국산이 대부분이다. 중국 상인들에게 유익한 현상이다.

이제 한국의 교회가 크리스마스트리에 개혁이 일어나야 한다.

한국에는 크리스마스트리에 사용할 수 있는 구상나무, 섬 잣나무, 주목나무, 호랑가시나무 등 좋은 재료들이 다양하게 산재한다.

한국의 교회가 플라스틱 재질로 된 크리스마스트리를 이용하는 하는 것은 재활용이라는 것에 역점을 두는 것 같다. 그러나 자연스러움은 물론 시대적 정서에도 걸맞지 않다.

　재활용품은 친환경소재가 아니다. 오히려 공해를 유발하는 심각한 오염물질이기도 하다. 이 문제를 해결할 수 있는 대안으로 농민들이 트리용 조림수를 긴 안목을 가지고 전문적으로 생산해야 한다. 그것은 교회의 크리스마스트리가 바로 서는 것이고 농민의 수익에도 큰 보탬이 된다.

　65%가 산지인 한국의 산들은 나무들로 밀림화 되어서 새로운 문제로 대두된다. 여기에 크리스마스트리에 적합한 조림수를 식목하면 밀림화 문제도 해결할 수 있다. 1년에 70센티 이상씩 자라는 수림 나무를 길러서 농가 소득과 연결 지어야 한다.

　크리스마스트리의 수요 공급에는 도시교회가 도농 간의 다리 역할을 하면 된다. 도시교회는 자립도가 부족한 시골교회에 헌금을 하는 기회가 된다. 다른 방법으로 교회는 옥상이나 화단에 크리스마스트리용 나무를 심어서 성탄을 준비하는 것도 좋다. 아마 예수님이 기뻐하실 것이다.

　낭비라는 생각도 버려야 한다. 이것은 농가의 새로운 수익창출이다. 국회는 입법까지도 고려할만한 일이다. 성당이나 교회가 성찬식에 준비하는 포도주를 정성스럽게 준비하듯이 성탄절 나무에도 관심을 가져야 한다.

　사랑하는 가족들이나 지인에게 플라스틱의 조형물 꽃을 선물하지 않을 것이다. 대개는 소담스러운 생화로 된 꽃다발, 꽃바구니를 선물할 게다.

그런데 교회의 강단에 장식하는 크리스마스트리가 플라스틱 조화라면 어울리지 않는다. 이해 할 수 없는 풍경들이 한국교회에서는 오래전부터 자연스럽게 받아들여졌다.

한국의 인구 25%가 기독교 신자다. 교회는 어림잡아 8만개로 집게 된다. 외국인이 비행기로 밤에 오는 경우 십자가의 불빛에 놀라운 눈동자가 된다. 서양 사람들은 보신탕의 도시(a city dog soup)라고 비아냥거리기도 하지만, 교회당들이 즐비하게 들어선 서울을 가리켜 '교회당들의 도시'(a city churches)라고 부르기도 한다.

세계에서 제일 큰 교회가, 우리에게 기독교를 전해준 미국, 영국에 있지 않고, 서울에 있다. 세계 10대 대형교회명단에 여의도순복음교회를 포함하여 한국교회가 다섯 개나 들어 있다. 여름밤에 시골은 반딧불이 반짝거렸으나 도시는 교회십자가가 반짝거린다.

크리스마스트리에 대해서는 오래전부터 생각하고 주장했었다. 한국의 기독교의 문화가 바로서는 첫 번째 걸음이 성탄문화다. 대형 술집과 건물에 빼앗긴 크리스마스트리의 문화를 교회가 더 아름답게 꾸미는 정성이 필요하다. 지금의 한국 기독교 성탄트리에 예수님도 마음 아파하실 것이다.

지금은 한국교회의 크리스마스트리의 개혁의 시간이다.

살아있는 상록수가 조림되도록 교회가 앞장서야 한다.

무너진 한국사회의 윤리의식과도 무관치 않게 깊이 닿아 있다.

04 친절한 금자 씨와
친절한 정부

직거래, 당장 좋을 몰라도 시간이 흐르면서 사회적 문제가
된다. 바자회나 직거래가 체질화되기 전에 제도적인 장치
를 서둘러야 한다.

2005년에 〈친절한 금자 씨〉라는 영화가 있었다. 주변사
람들의 시선을 단번에 사로잡을 만큼 뛰어난 미모의 소유자인 '금
자'(이영애)는 스무 살에 죄를 짓고 감옥에 가게 된다. 어린 나이 너
무나 아름다운 외모로 인해 검거되는 순간 언론에 유명세를 치른다.
  13년 동안 교도소에 복역하면서 누구보다도 성실하고 모범적인
수감생활을 보내는 금자. '친절한 금자씨' 라는 말도 교도에서마저
유명세를 떨치던 그녀에게 사람들이 붙여준 별명이다. 그녀는 자신
의 주변 사람들을 한 명, 한 명, 열심히 도와주며 13년간의 복역생활
을 무사히 마친다.
  그렇지만 친절한 금자 씨는 출소하는 순간 자신이 치밀하게 준비

해온 복수계획을 펼친다. 복수하려는 인물은 자신을 죄인으로 만든 백 선생이라는 사람이 대상이다. 교도소 생활에서 친절을 베풀며 도왔던 동료들이 다양한 방법으로 금자 씨를 돕는다는 영화다.

우리정부나 사회단체가 요즘 너무 친절한 금자 씨를 자처하고 나선다는 생각이다.

어느 봄날로 기억한다. 시청 앞 광장에는 하얀 텐트를 치고 바자회를 열고 있었다. 지방별로 농어촌의 특산물을 가지고 장사진을 이루고 있었다. 반응은 매우 좋았다. 사람들이 구름떼처럼 모여들어 그야말로 농어촌의 직거래가 흥행을 이루고 있었다.

거기를 벗어나 광화문을 지나게 되었다. 거기에도 하얀 텐트 속에 대규모 바자회가 열리고 있었다. 무슨 단체인지는 기억나지는 않다. 하여간 여기에도 뜨거운 인파 속에 바자회는 열리고 있었다.

때마침 추석이었다. 광화문 종합청사에 지인과의 약속이 있어서 들렸다. 그런데 중앙청현관에서 바자회를 겸한 농어촌 직거래가 열리고 있었다. 도농 간의 직거래가 정부가 주관하는 것은 물론 민간단체들이나 종교단체들도 이뤄지고 있다. 교회에 가면 주일마다 여전도회에서 농어촌교회의 미역, 김, 참기름, 청국장, 떡국 등을 판매한다. 여기에는 농어촌 농민이 나오지 않고 해당교회의 여자 성도들이 봉사를 한다.

언뜻 보기에도 좋다. 물건이 우선 싸서 좋다는 생각이 앞서지만 농어민을 돕는다는 취지가 좋아 보인다. 그러나 거기에는 한번쯤 생각해볼 문제들이 도사리고 있다. 세금 계산서와 영수증 처리가 되지 않는다. 농부는 사업자등록을 하고 농사짓지 않는다. 자선 바자회나 농어촌 직거래가 국민을 위한 특별 이벤트로 자리 잡아(?)가고 있다.

여기엔 무서운 함정이 있다. 정부의 세수가 세고 있다. 무슨 야박한 이야기냐고 할 수도 있다. 농민들에게 주는 혜택을 너무 매몰차게 이야기 하느냐고 반문할 수 있다. 직거래가 나라경제에 미치는 영향을 간과해서는 안 된다. 굳이 직거래를 한다면 최소의 세금을 내고라도 하는 상거래의 질서가 선행되어야 할 것이다.

내가 바자회를 비판하는 것은 아니다. 세금포탈을 아무렇지 않게 정부와 공공기관이 자행하고 있다는 것이다.

언젠가는 직거래가 사회적인 문제로 대두될 날이 올 것이다. 독일의 경우 자신이 가지고 쓰던 중고물건도 팔 수 없다. 만약 물건을 팔게 되면 법의 제제를 받게 된다. 판매자는 사업자등록이 선행되고 세금을 내야 하는 제도가 철저하게 지켜지고 있다.

종교세 부과도 이제 이뤄지고 있는 마당에 직거래가 당장 좋을 몰라도 시간이 흐르면서 세금 부과 문제로 사회적 문제로 떠오를 수 있다. 바자회나 직거래가 체질화되기 전에 제도적인 장치를 서둘러야 한다.

친절한 금자 씨를 자처하는 정부, 사회단체, 종교단체들은 이제 그만 금자씨를 세무서 아저씨에 변신시켜야 할 때이다.

장미도 경제를 안다

대학의 총장, 지휘자, 화가, 무용가를 비롯한 예술가도 경영 마인드에 충실해야 한다. 2천년 예수는 최후의 만찬을 하였다. 만찬은 경제다.

한국에서는 대화의 소재로 삼지 말아야 할 몇 가지가 있다. 정치, 종교 이야기, 그리고 예술가에게 돈 이야기를 하지 않는 것이다. 앞의 두 가지에는 이해가 간다. 지역주의가 첨예하고 타종교의 이해심이 너그럽지 못한 국민성의 조심스러움이다. 예술가가 돈을 모른다는 것은 매우 난센스라는 생각이다.

이중섭은 천재 화가로 불린다. 가난하여 화구를 살 돈이 없어서 담배 은박지나 흔한 도구에 그림을 남겼다. 물감이 없어서 못으로 누르는 기법을 이용하기도 하였다.

한국에서 그림 값이 가장 비싸다는 박수근 화백은 가난하여 도중에 그림을 멈춘 적도 있다. 그림을 그릴 화구가 없어서였다. 가끔 보는 방송에서 젊은 이가 예술적 끼가 천재적임에도 불구하고 경제적인 어려움 때문에 자신의 포부를 펼치지 못하고 튀김집에서 배달부나 잡역부로 일하는 것을 본다.

경제는 예술인에게도 기름과 같은 존재다. 정치인이 경제를 모르면 국민은 어떻게 될까? 한국은 18년 전에 뼈저린 경험을 하였다. 각종 지표나 민간 연구소에서 경제 불황을 예고하였다. 김영삼 정부는 민주화와 개혁이라는 과제에 초점을 맞추고 그만 취하고 말았다.

한국경제는 1994년에 외환위기라는 천형(天刑)의 시간을 가졌다. 지금도 외환위기의 천형에 의하여 아픔을 가진 국민들이 많다.

나는 곧잘 예술가의 덕목으로 경제 감각을 학생들에게 강조한다. 경영을 모르는 예술은 있을 수 없다. 모든 예술은 경제와 맞닿아 있다고 강조한다. 경영을 모른 예술의 끝은 단절이다. 단절은 예술가의 황폐화를 의미한다. 아무리 출중한 예술세계를 가져도 발표할 기회마저 없어지기 때문이다.

한국에서 다행인 것 중에 하나는 스포츠인들의 경제관념이다. 박찬호, 박지성, 차범근을 비롯한 상당한 스포츠인들은 벌어들인 수입으로 재테크에 성공한 것으로 알려졌다.

세계적으로 성공한 예술가나 정치인에게는 경제적 성공이라는 수식이 붙어 있다. 미국의 영화배우출신 레이건은 역대 대통령 중에서 가장 성공한 대통령으로 손꼽는다.

영국의 대처수상의 마찬가지다. 노동자들의 잦은 파업으로 경제가 위기에 처했다. 그러나 대처는 파업과 경제를 원만하게 해결, 성공한 지도자로 평가한다. 나의 스승 칼라이도 경제를 아는 예술가였다. 많은 자산으로 후학을 기르고 정치인의 길도 걸을 수 있었다.

한국의 대학의 총장들에게 20여 년 전후로 '경영'이라는 수식어가 붙어 있다. 경영을 모르는 총장은 자격이 없다는 뜻이다. 대학의 경영은 급변하여 시내 곳곳에 대학소유의 빌딩이 들어서는 등 과거에 볼 수 없는 공격적인 경영을 보인다.

대학에서 강의하면서 학생들이 취업에 얼마나 긴장을 하고 있는지를 너무나 실감한다. 나는 학생들에게 경제관념에 눈을 뜨고 시야가 넓어지고 경영마인드를 가질 것을 이야기한다.

한국은 20년 전 외환위기의 경고음이 다시 울리고 있다. 그럼에도 노동자들은 미래보다는 현실주장이 더 선명하다. 그러나 그것은 욕심이다. 정치인들은 총선, 대선에 온 신경을 쓰고 있지 국민들의 현실은 뒷전인 경우가 더 많다.

혹자는 예술가가 무슨 경제위기 논리냐고 할 수도 있다.

올 프레싱 코트라는 말이 있다. 축구도, 농구도 공격과 수비가 정해지지 않는 것을 말한다. 수비가 공격도 할 수 있다. 공격이 수비도 할 수 있어야 한다.

대학의 총장, 지휘자, 화가, 무용가를 비롯한 예술가도 경영마인드에 충일해야 한다. 2천년 예수는 최후의 만찬을 하였다. 만찬은 경제다.

　바람에 이는 대나무도 경제를 안다. 가시가 달린 아름다운 장미도 경제와 물려 있다. 담양의 대나무는 한 때는 담양 경제의 절대였다. 가시의 장미는 꽃집에서 빼놓을 수 없는 경제의 동력으로 작용한다.

　아름다운 식물도 경제를 안다.
　경제는 인간에게 가장 아름다운 모선이다.

선(線)으로 흐르는
한국의 토착문화

'가장 한국적인 것이 세계적이다'라는 광고 카피를 들을 때 마다 '가장 한국적인' 것 중의 하나가 한국의 토착예술, 흐르는 선(線)이라는 생각을 한다.

세계건축백과 사전에 한국의 선의 건축이 자랑스럽게 올라 있어서가 아니다. 한국문화에 있어서 선의 문화를 빼 놓고 이야기 할 수 없다. 국어사전에는 하나의 단어를 두고 가장 많은 의미를 가진 단어는 선이 아닐까 한다.

선할 선(善), 수행의 선(禪), 길 위의 선(線), 먼저 선(先)등등 더 많은 뜻이 담긴다.

한국을 선의 나라라고 해도 무리가 아니다. 지도를 펴 봐도 한국처럼 선으로 만들어진 나라도 드물다. 외국인들이 한옥마을에서 환호를 지르는 것의 으뜸이 기와지붕의 매혹적인 선이다.

딱딱한 건축자재로 만든 선이 밀가루 반죽을 대하듯 한다.

꽃꽂이 마이스터들은 선을 주무르고 호흡하며 웃는다. 하나의 작품이 얼마나 선을 아름답게 표현하였는가가 사람들의 시선을 모을 수 있는 기준이 된다.

한국을 상징하는 토착문화는 선으로 표현된다. 곡선의 한복의 치마와 저고리버선의 허리를 보고 있으면 자연의 곡선과 너무나 어울린다. 한복은 자연을 한 번도 떠나보지 못했을 것이다. 자연을 옮겨 놓은 예술의 극치다. 패션의 본고장 파리에 간 한복이 패션 장에서 호흡을 멈추게 한 일들은 과장이 아니다. 한복의 대명사가 되어버린 이영희 한복쟁이가 바람 부는 독도에 패션쇼는 잊을 수 없는 광경이 되었다. 바람에 휘날리는 한복치마가 보는 이로 하여금 탄성을 자아냈다.

나는 요즘 형형색색의 골무를 만들어 가고 있다. 동생 춘화와 바느질을 하는 시간이 정겹다. 조카 임승형은 밤을 새우며 거대한 작품 만들기에 도움이 되고 있다. 무려 만개를 목표로 한뜸한뜸 정성을 모으고 있다. 골무는 선을 보고 있으면 시름이 사라진다. 신이 놀이 개를 좋아한다면 골무를 가슴에 달기도 하고 손에 쥐고 산책하지 않을까 생각한다. 골무를 만들면서 어머니의 삶의 곡선도 생각하게 한다. 한국의 어머니들이 새벽에 눈 뜨면 물동이를 이고 물 나름으로 하루가 시작되었다. 물동이를 이고 나선 골목길은 곡선이다. 마치 승무(僧舞)의 무용 곡선처럼 이어지는 것이 한국의 골목길이다. 북촌, 가외동, 경복궁 가보라. 눈에 부딪히는 모든 것들은 곡선이다.

한국의 선의 문화는 토착문화다. 감히 서양에서 넘볼 수 없는 분야다.

직선은 경직의 표현. 곡선은 자연의 흐름을 불러 온다. 활동적이고 리듬이 숨 쉰다. 한국의 소리들은 모두가 선이다. 대금의 소리는 음악이라기보다는 소리의 곡선이 나의 눈앞을 흐르는 것이 보이듯 착각하게 한다. 순간 나도 모르게 손 벌려 만지려 든다.

대금이 흐르면 저절로 마음이 움직이고 어깨를 들썩이게 한다. 그리고 끝나는 순간까지 춤을 삼키지 못한다. 선은 마음을 움직이고 어깨를 움찔움찔 거리게 만든다.

직선은 경직의 표현이라면 곡선은 자연스런 부드러움이다.

시골의 할머니 댁에 가면 동네의 이곳저곳에서 물레 잦는 모습을 쉽게 볼 수 있던 시절이 있었다. 신기할 만큼 가늘게 흐르는 명주실들이 뽑혀져서 옷의 재료인 천들이 생산되어 나온다. 그것을 보고 있으면 시간가는 줄 모른다.

밤이면 삼촌이 불어주는 대금소리는 골목길을 타고 어디론가 갈 길을 재촉 한다. 삼촌의 대금은 지금도 겨울의 눈보라치는 창가에서 선으로 다가온다.

한국의 선의 문화는 서양 어느 문화보다도 역사가 길다. 피라미드의 건축은 직선의 건축이다. 한국의 무덤은 곡선이다. 경주에 가면 거대한 왕들의 무덤을 본다.

왠지 편안하고 아늑한 기분이다. 어느 시인은 경주에 왕들의 무덤은 신(神)의 산책(散策)길이라고 표현한다. 얼마나 아름다우면 신들의 산책길이 되겠는가.

선이 좋아서 한옥마을 서촌이나 북촌의 골목을 걷는다. 마치 하얀 뭉개 구름들이 유유히 흐르는 것 같다. 다가선 산들 바람. 처마 밑의 선을 타고 유유히 흘러간다. 아마도 저 산들 바람은 선으로 시작된 백두대간, 한라를 돌아 천사의 섬들을 산책하고 왔다.

선은 인정(人情)이다. 자연(自然)의 형상이다.

선(線)으로 뽑아낸 국수 한 그릇 드실래요?

박물관이 주는 의미

박물관은 오늘을 통해서 미래를 보는 것이다.

영화 〈관상〉에는 배우 송강호는 한 명대사가 있다.

"역사는 파도를 보는 것이 아니라 바람을 보는 것이다."

박물관을 이야기하면서 이렇게 패러디를 해보았다.

"박물관을 통하여 지나가버린 역사, 앞으로 다가올 미래를 네다 본다."

나는 성북동에 큰 저택을 가진 것을 스스럼없이 자부심을 가지고 이야기한다.

단지 큰 집을 소유했다는 것을 말한다면 의미가 없을 것이다. 오래전부터 성북동의 집을 박물관으로 만들어 사회에 환원하고자 하는 계획을 세워서 하나하나 준비해 가고 있다.

박물관은 무엇일까?

최근 20~30년 사이에 세계의 박물관 숫자는 급격히 증가했다. 세계의 박물관 협회가 있다. 1985년 세계박물관은 약 3만 5천개라고 밝히고 있다. 박물관 협회마저 정확한 통계를 제시하지 못한 실정이다. 박물관을 이야기 하라면 사전적의미를 참고해야 한다. 그만큼 여러 가지 뜻이 있다. 논문적인 표현 보다는 '지나간 시대를 통하여 미래를 보는 것이 박물관'이라고 정의하고 싶다. 물론 박물관을 연구하는 학자의 정의는 다를 수도 있지 않을까 싶다. 국제 박물관 협회의 표현을 빌자면 "박물관은 인류 환경에 관한 물적 증거를 학습, 교육 및 오락을 목적으로 수집, 보존, 연구, 의사 전달, 전시하여 사회와 그 발전을 위해 봉사하고 일반 대중에게 공개하는 학구적인 비영리기관이다" 이다.

이 같은 뜻은 각국이 공유하고 하고 있다. 한국의 박물관은 1988년 국립중앙박물관 자료에 의하면 1백여 개가 수록되었다. 1992년 정부는 2000년까지 1천개 이상을 조성한다고 하였으나 2013년에 750개의 아래 박물관 통계를 볼 수 있다.

서울시 국립박물관을 보면 관세박물관, 암사동선사주거지, 국립국악박물관, 몽촌역사관, 국립중앙박물관, 어린이박물관, 국립중앙박물관, 국립한글박물관, 국립어린이민속박물관, 국립민속박물관, 국립고궁박물관, 대한민국역사박물관, 경찰박물관국립서울과학관, 청와대사랑채, 한국은행 화폐박물관, 문화역서울284,공연예술박물관, 등 서울에는 몇 개, 지방은 몇 개가 있다는 이런 자료는 찾기 힘들어 보인다.

등록 박물관/미술관 현황 통계표

		2008	2009	2010	2011	2012	2013	2014	2015
박물관	계	579	630	655	694	740	740	745	780
	1관당 인구(명)	83,949	77,376	77,123	72,046	67,573	67	66	63
	국립	27	29	30	30	32	32	33	39
	공립	255	282	289	312	326	326	328	332
	사립	215	234	251	262	287	287	290	315
	대학	82	85	85	90	95	95	94	94
미술관	계	128	131	141	146	171	190	190	202
	1관당 인구(명)	379,740	372,115	358,267	326,797	292,421	264,316	262	235
	국립	1	1	1	1	1	1	1	1
	공립	27	25	27	28	39	39	39	50
	사립	97	100	108	110	124	124	124	140
	대학	3	5	5	7	7	7	7	11

　세계박물관 협회는 인구 4만 명당 박물관이 1개를 규정하고 있다. 그렇다면 한국의 박물관의 숫자는 인구 비례 1,250개가 되어야 한다. 아직은 숫자상으로 보아도 요원한 실정이다.
　한편, 한국에는 꽃에 관한 박물관은 위의 집계를 본바와 같이 전무한 상태다. 오래전부터 이와 같은 현실에 꽃 박물관의 필요성을 가지고 준비하여 왔다. 박물관이란 하루아침에 완성되는 것도 아니다. 영국의 대영박물관은 1차대전이라는 제국의 시대에 만든 것들이다. 어찌 보면 수탈의 박물관이다.

현실은 수탈의 대영박물관을 부러워 할 수밖에 없다. 한국에서도 언론사들이 대영박물관의 유물들을 대관해서 국내전시를 하기도 한다. 지금도 예술의 전당과 국립중앙박물관에서 세계의 유수박물관 소장 그림을 전시 중이다.

한국에는 꼭 있어야 할 것들이 없는 것을 본다.

꽃 박물관도 개인이 만들어 정부에 기증하지 않는다면 언제쯤 만들어 질지도 모른다. 나라를 상징하는 태극기 박물관도 없는 것으로 통계는 말한다. 이러고도 민족성과 국가관을 논할 수 있을까 하는 생각이 든다.

성북동은 지리적으로 좋은 위치에 있다. 앞에서도 성북동 이야기에서 밝힌 바와 같이 성북동은 둘레길이 있다. 그리고 만해를 비롯한 조지훈과 같은 많은 예술인들의 기념관이 산재해 있다. 하나만 덩그러니 있기보다는 어우러진 환경에 꽃 박물관은 지리상으로도 안성맞춤으로 보인다.

나와 박물관은 좀 특별한 인연이 있다.

젊은 시절에 살던 목포 갓바위 집터가 목포시의 박물관으로 탈바꿈 되었다. 박물관에는 "방식"관이 있다.

몸무게 7kg,
70억 인류응원의 보답

알파고(AI)는 과연 꽃꽂이를 할 수 있을까?

인간만이 이해할 수 있다는 분야인 바둑에서 인공지능
(AI)알파고가 이세돌 9단을 4대1로 이겼다. 이세돌, 알파고의 대국
의 순간은 여의도 정국(政國)은 그야말로 파국이었다. 국회공천후
보심사에 보인 여야수뇌부 충돌. 국민들은 스트레스에 시달리고 있
었다. 그런데 대국의 시간은 온 국민에게는 잠시나마 즐겁고 행복한
시간이었다.

정치적으로는 소인배들(정치인들을 비꼬아서 하는 말)의 원 맨
쇼에 넌더리가 난 판국이었다. 마치 IMF당시 골프의 박세리가 국민
에게 안겨준 희망의 순간과도 같았다.

당시 박세리는 IMF라는 수렁의 한국 국민에게 자랑이었고 위로

였다. 박세리가 연못에 빠진 골프공을 다시 쳐 올리기 위하여 양말을 벗었을 때 드러난 하얀 발목은 국민은 물론세계를 감동시킨 바 있다. 세리의 골프공은 IMF를 쳐 올린 한국경제 미학으로 역사는 평가하고 있다.

이세돌의 대국에는 수많은 일화를 남겼다.

인간과 AI의 대결에 전 인류는 똘똘 뭉쳐서 인간 이세돌에게 응원을 보냈다. 인류 역사상 인간이 한 사람에게 응원을 보내는 가장 뜻 깊은 순간이었다. 창세 기 이후 처음으로 길이 기록이 될 것이다.

알파고는 앞으로의 인간세계에 미치는 영향도 점검하는 계기가 되었다. 앞서 지난 1월 세계경제포럼(WEF)은 인공지능 기술발전으로 앞으로 5년 안에 선진국 15개국에서 510만 개의 일자리가 사라질 것이란 보고서를 냈다.

클라우스 슈바프 WEF회장은 "대량실업 등 최악의 시나리오를 피하려면 고도의 문제 해결능력을 기르는 교육훈련에 집중해야 한다"고 말했다.

그렇다면 인류의 역사를 발전시키고, 문화와 예술을 만들어 냈으며, 마침내 인간의 창조적 능력의근원은 과연 무엇일까?

의문의 계기가 클로즈업 되는 계기가 된다. 분명히 인공지능 같은 존재가 미래사회의 형태를 크게 바꿀 것이라는 것은 대부분 동의할 수밖에 없다.

여기에 감성이 지배하는 시(詩) 창작, 꽃꽂이 같은 영역에도 인공지능이 다가올 수 있을까? 나름대로 점검을 하여 본다. 변호사 같은 전문 직종은 상당히가깝게 접근하여 인공지능의 도움을 받고 있다. 방대한 판례와 법조문을 인공지능이 대신하여 준다. 그러나 인간이 가지는 감성만은 어쩔 수 없는 영역이라는 판단이다. 어느 시인이 실험을 하여본 결과에 의하면 시가 나오긴 해도 감정개입 되지 않은 붕어빵과 같은 느낌이었다고 전한다. 번역에 있어서 한국인이 갖는 감성을 제대로 번역할 수 없는 이치와 같다. 번역은 번역이로되 발효의 깊이는 할 수 없다는 것으로 해석된다. 전라도에서는 담벼락을 '땀'이라고 한다. 여기까지는 번역이 가능하지만 '땀'이 가지는 뉘앙스는 도저히 번역이 불가능하다.

한편으로는 꽂꽂이와 같은 영역에는 사이보그의 결합체가 오히려 비능률적 이라는 것도 간과 할 수 없다. 한 마디 단어를 녹음하기 위하여 녹음기를 작동하는 것보다는 필기가 더 편리하다.

도장을 컴퓨터로 파는 경우가 보편화 되었다. 그러나 조각예술의 세계에선 낙관(落款)예인의 감성을 선호하고 비싼 값으로 주문하는 경우를 본다.

이와 같이 사이보그화는 일정부분 차별화 될 것이다.

이세돌은 알파고와의 대결에서 체중이 7kg이 빠졌다. 얼마나 심리적, 육체적 충격에 시달렸다는 것을 여실히 보여준다.

여기서 주목할 필요가 있다.

새누리 당의 김무성 대표와 국민의 당 안철수 대표는 정치적 현안으로 인하여 입술이 부르텄다. 일면 안쓰럽다는 여론이었다. 입술이 부르트는 것은 의학적으로 열이 입술로 출현되는 것이다. 살이 빠지는 것은 전신의 충격이 가해질 때 신체적 표현이다. 전혀 다른 이치다.

과연 정치인들이 이세돌처럼 전신을 다하여 국민을 위하여 고민하고 번뇌하느냐는 것이다. 이세돌의 인간적인 모습을 전하려니 정치의 무책임, 파김치가 등장한다.

이세돌은 "인간이 AI에게 진 것이 아니다. 이세돌이 졌을 뿐이다"고 자신을 겸허히 하였다.

친하게 지내는 이다혜 심판은 "대국하는 모습을 자주 보았는데 5국 때처럼 괴로워하는 것을 보지 못했다"고 전했다.

이세돌이 평소 즐기는 대국이라고 한다. 물론 신중을 기하나 신체적 충격까지는 느끼지 않는다고 한다. 알파고와의 대국은 인간을 대표한다는 심리적 충격이 더 했을 것이라는 해석이 간다. 이세돌이 인류의 모든 인간에게 멋진 모습을 선사하기 위하여 순간 7kg이 빠진다는 것은 경이롭다. 인간에 대한 예의다.

예수가 인류를 위하여 십자가에 못 박힌 것은 가장 선한 일이다.

신안의 조용한 섬 사나이. 이세돌에게 경이와 찬사를 무한히 보내고 싶다.

이세돌 만세!

꽃 문화로 저격한 정상(頂上)의
취향 음식으로 바꿔?

식문화는 그 집안의 아름다운 근본을 만든다. 국가의 국격을 형성한다.

삶이 한순간이라고 했던가
우리는 잠시 머물다가 갈 뿐이다
그러니 마주앉아 맛있는 음식으로 오손도손 하여보자
더 이상 무엇을 망설이는가!
냄비에 남도 맛의 진수를 담아보자
토하젓, 정어리젓, 새우젓 등 각종 젓갈을 비롯한 음식
진수성찬 버금가는 수라상 한상을 만들어보자

내가 태어난 곳은 대지의 숨결, 깊은 자연의 맛, 넉넉한 엄마 품 같은 목포다. 연중 풍성한 농작물을 수확해 좋은 음식을 만들기에

최고 적합한 조건을 지닌 고장이다. 남도의 건강한 토양에서 재배되는 각양각색의 농산물과 갓 잡아 올린 훌륭한 어류. 식재료를 늘 상보고 자랐다. 목포나 광주의 식당들은 모두가 한정식집이라고 해도 무방하다. 5,000~8,000원의 음식을 주문해도 15가지 이상의 반찬이 나온다. 서울에서 온 손님은 반찬의 가짓수에 놀라고, 그 맛에 더 놀란다는 말이 조금도 과장이 아니다.

유학시절에도 내가 음식을 할 수 있다는 것은 전혀 모르고 생활하였다. 음식을 만들며 무엇을 만들겠다고 생각도 하지 않았다. 보고 싶은 어머니가 만든 음식이 생각나면 자연스럽게 직접 만들었다. 주변에선 내가 마치 요리학원을 다녔거나 요리에 남달리 관심이 있었다고 단정하여 버렸다. 사실이 나는 음식을 만들기 위하여 래시피 노트를 가져 본적도 없다. 그냥 일상의 음식을 보고 느꼈던 대로 요리하여서 먹었을 뿐이다. 그런데 음식을 나눈 지인들의 입소문이 천리를 갔던 모양이다. 플로리스트마이스터가 요리를 한다는 것도 조금은 유별 난 것이었을까?

지금부터 30여 년 전으로 기억된다. KBS에서는 명사의 요리시간이라는 프로를 만들었다. 지금은 각 방송사마다 쉐프의 전성시대가되었다. 쉐프의 이면을 다룬 드라마까지 나왔으니 말이다.

KBS가 요리 프로의 효시가 아닌가 싶다. 방송국은 프로를 신설하며 첫 번째 명사로 나를 지목하여 요리하는 패로 초대하였다.

그날 목포의 고유 음식인 낙지볶음을 만들었다. 아무런 준비도 하지 않고 나갔다. 30여 년 전의 방송은 지금과는 준비성에서 대비가 되었다는 생각이 든다.

지금은 한 프로에 PD와 작가까지 여러 명이지만 당시는 그러지 못했다. 결국 낙지볶음은 연포탕과 낙지볶음의 중간이 되고 말았다. 농장에서 일하다가 간 손에는 거칠었고, 손톱은 흙 묻은 손이 여과 없이 나갔다. 첫 방송프로의 패널이었으니 1년 내내 방송의 첫 예고 자막은 내가 요리하는 자막이 나갔다.

어느 시청자는 초대명사의 손이 거칠고 청결에 문제가 있다고 지적하였다는 담당 PD의 우스개 이야기도 들었다. 지금 같으면 요리 장갑이라도 착용하였을 텐데, 당시는 그런 것이 없었다. 그렇지만 나는 그때의 흙이 묻은 손이 조금도 이상치 않다. 플로리스트마이스터의 멋이라 생각이 든다.

정부 행사에서 정상(頂上)들의 취향을 저격하는 꽃꽂이를 하지만 늘 손은 흙이 묻어 있다. 재료들의 풀이 까맣게 묻어 있다.

화가는 손에 먹이나 물감이 묻어야 화가란 생각이 든다. 어머니의 손은 늘 물 묻은 손으로 기억되듯이 말이다. 요즘 주부들의 손톱에 아름다운 매니큐어를 하는 시대니 말할 것도 없다.

음식 이야기가 나왔으니 음식에 관한 내 견해를 나누고 싶다. 지금도 시장에 직접 나가서 제철재료를 구입하여 밥상에 올린다. 동생과 직원들과 요리를 나누기도 한다. 이웃에 사는 제자를 불러서 음식을 같이 만들기도 하고 두런두런 담소도 즐긴다.

정부의 이명박 대통령의 부인께서는 한식의 세계화를 위하여 여러 가지 계획을 세우고 진행을 하였던 것으로 안다. 나라의 문화란

다양성이 필요하다. 한국의 음식은 발효식이 많다. 발효음식은 전통과 오랜 역사를 가졌다.

어느 서양학자는 한국의 음식은 여느 나라처럼 먹는 것이 아니라 약리작용을 하는 보약이라고 평하기도 하였다. 외국에서 선수생활을 한 박찬호나 박세리가 한국의 김치 냄새 때문에 여간 박대를 받았다는 것은 다 아는 에피소드가 아닌가! 그러나 지금은 한국의 김치를 호기심 가득하게 즐기는 인구가 늘어나고 있다.

이런 것이 바로 세계화다. 먹는 것보다 중요한 것이 있겠는가? 한국은 밥상머리 문화다. 밥상머리 문화가 파괴되면서 가족의 사랑도 흐물흐물 해지고 만다.

한국의 양반 문화도 밥상머리다.

소설 〈토지〉의 최부자 집에 드나드는 객들에게 밥을 소홀히 하지 않았다. DJ, YS 같은 정치인들은 아침이면 수십 명의 기자들과 밥상을 대하곤 하였다. 한국의 부자나 거인 정치인들은 늘 식객을 달고 살았다.

이것이 한국의 문화다. 지금은 가족 간에도 각자 밥상을 대하거나 아침은 적당히 빵으로 대용하는 것을 본다. 이 같은 식사문화가 오늘의 한국 가정의 위기를 불러오는 것이다. 매제인 조인택은 미국에서 한국 음식을 전파하는 음식점을 운영하고 있다.

밥상은 세상에서 가장 뜨거운 정의 문화다.

밥이 뜨겁지 않으면 정도 식는 것!

10 일본을 넘어서

라틴 학명을 알고 생화 꼽기를 하느냐고 쏘아 붙여주었다. 얼굴이 붉어지면서 사라졌다.

유주현의 대하소설 〈조선총독부〉는 망국의 터전에 피가 끓고 한이 맺힌 겨레의 투쟁사를 손에 쥘 듯이 그렸다. 대하(大河)의 관사가 붙은 소설의 시작이었다. 역사적인 리얼리티를 탁월하게 묘사한 작품으로 크게 평가된 작품이다.

고향 목포에서 올라오면 서울 역사의 비련의 건물을 지나쳐 와야만 했던 시절, 서울역 앞을 벗어나면 광화문에는 중앙청이 보인다. 그것을 볼 때마다 조선 총독부의 망령이 되살아났다. 그렇게 국맥을 끊고 일제가 기승을 부린 것에 원부(怨府)의 한이었을까?

독일에서도 나를 보면 "일본인이냐? 생화(이케바나)꽃꽂이를 할 줄 아느냐?" 물음에 기진한 마음을 가졌다. 기가 막혔다. 그들에게 나의 분노와 수모의 역사를 설명할 시간도 없었다. 설령 있었다 해도 필요성을 느끼지 않았다. 설명이 아니라 해야 할 일이 따로 있었기 때문이다.

일본인들은 1970년대부터 생화(이케바나)와 일본 전통의상(기모노)을 유럽에 소개하였다. 영상을 만들고 대사관에서 일본을 소개하였다. 산(山)자를 일본어라고 사기를 치는 영상까지 만들었다. 나는 70년대, 일본 사기꾼들의 현장 목격자다. 마치 워싱턴 앞 호수둘레에 벚꽃을 심는 것과 같았다. 백악관 영부인에 로비를 펼쳐 그들의 국화를 일찍이 심었다. 워싱턴에 벚꽃이 피면 워싱턴시의 재정 35%가 충당 할 정도로 벚꽃축제는 성공한 행사가 되어버렸다.

일본은 그토록 치밀하고 무서운 존재들이다. 그들의 실상을 들여다보면 모든 것이 국익에 반한다. 예술이나 인류애를 가진 것은 지금까지 눈곱만큼도 보지 못했다. 값싼 재료비로 단기간에 생화 꼽는 법을 전수하였다. 식물의 학명, 라틴어라는 것도 모르는 작자들이다. 나는 한국의 학생들은 꽃꽂이를 배우면서 학명을 익히기 위하여 라틴어를 기본으로 배우게 하고 있다.

당시 마주친 일본인에게 라틴 학명을 알고 생화 꼽기를 하느냐고 쏘아 붙여주었다. 그러면 얼굴이 붉어지면서 사라졌던 일본인이 기억난다. 우리 학생들에게는 그런 초라한 예술을 안기고 싶지 않았다. 나는 꽃꽂이도 중요하지만 우리 학생들에게 꽃꽂이의 기초를 알게 하고 싶었다.

독일에서 돌아왔다. 광화문의 중앙청에는 태극기가 펄럭여도 잊혀 지지 않는 수모와 분노의 앙금은 계속되었다. 나뿐이 아니라 국민 저마다의 가슴깊이 가라앉았을 것이다.

1926년 10월에 세워져 조선 통치의 사령탑으로 군림한 건물이 깨끗이 철거되었다. 그리고 건물은 경복궁으로 복원 되어 박물관으로 활용되게 되었다. 일제가 조선 왕조의 정궁인 경복궁을 헐어낸 것은 오직 조선 역사의 맥을 끊어내고, 조선인의 기운을 꺾자는 뜻이었다. 그래서 건물 모양도 '日'자형을 취하고 지붕의 돔은 왕관을 상징했다. 한국의 전통 선은 송두리째 없애 버렸다.

초대 이승만도 이 건물의 철거를 주장하였지만 뜻을 이루지 못했다.

노태우 대통령이 그 뜻을 추인 받고 김영삼 정부가 실천한 것은 매우 자랑스러운 일로 평가 된다.

나는 고집스럽게 꽃꽂이에 관한 독일에서의 일본인들의 사기꾼 같은 행각에 분이 삭이지 않는다. 그래서 일본을 가지 않는다. 물론 대원군이 보인 보수적인 태도는 아니지만 왠지 가고 싶지 않는 나라다.

가끔 청와대에 꽃 장식을 위하여 드나든다. 대통령의 관저가 우람하고 곡선의 한식건물을 본다. 청기와를 인 팔작지붕*이 어변성룡

---

* 팔작지붕 : 한옥 기와지붕의 건축 양식의 한 형태로 지붕 위에 까치 박공이 달린 삼각형이 벽이 있는 지붕을 일컫는 말이다.

(魚變成龍)^{**}하는 모습 그대로다.

건물의 뼈대는 다소 조선 총독부의 냄새가 밴 것도 언젠가는 바꾸는 것이 좋을 것이라 생각한다. 39년 9월에 준공되어 3명의 총독들이 관저로 사용했으며 해방 후 하지 장군의 사저로도 쓰인 이 자리도 역사의 뒤편에 물러서 버렸다.

겉모양이 달라져 좋지만 내용에 있어서도 의식에 있어서도 우리는 일본을 벗어나고 있다는 것이 자랑스러운 일이다.

중국이 천안문 사태가 나고 혼란스러운 상황에서도 자금성을 애지중지 하였던 역사도 눈여겨 볼일이다. 프랑스가 전쟁에서 박물관의 보존을 위하여 저항 없이 나라를 내주었던 역사도 우리는 눈여겨보아야 한다.

나는 아직도 일본에 갈 계획은 없다.

** 어변성룡(魚變成龍) : 물고기가 변해서 용이 된다는 뜻으로 아주 곤궁하던 사람이 부귀하게 됨을 이르는 말이다.

11
K팝의 역동은
어디에서 왔을까?

아저씨 왜 호랑이 눈동자가 없어요? 그리고 보니 눈동자의
페인팅이 지워졌던 것을 알게 되었다.

뉴스를 접하면 K팝의 한국의 젊은이들이 해외에서 열화
와 같은 인기를 누린다. 예쁘고 뿌듯하다. 그 무엇이 유럽을 벗어나
세계의 젊은이에게 열광과 전율을 시킬까?

골똘히 생각하여 본다. 들여다보니 역동적인 춤이다. 하루아침에
이룰 수 없는 노력의 율동이다. 그리고 노래엔 어느 누구도 흉내 낼
수 없는 영혼이 들어 있다. 영혼이란 신의 영역이다. 신의 영역은 거
룩한 경지에 들어가야 한다. 거룩한 경지에 들어 가기위해서는 신
이 좋아하는 신령한 영감을 얻어 내야 한다. 영감을 얻기가 그리 쉬
운가? 서태지가 한곡을 취입하기 위해서는 4만 번의 노래를 부르고
취입을 한다고 한다. 이쯤 되면 신도 신령한 영의 세계를 열어 줄 수

밖에 없지 않을까?

요즘은 CD시대다. 이전엔 LP판의 레코드 시대였다. LP의 수명은 5천 번이라고 한다. 5천 번을 반복하여 들으면 LP의 재생능력은 상실된다는 것이다.

이쯤 되면 4만 번의 노래 연습이 어느 정도인지는 짐작이 간다. 이렇게 신과 대화를 나누고 세계무대에 나서는 것이다. 그리고 세계의 젊은이들은 전율과 감동의 은사를 받게 된다.

이게 바로 한국인의 역동이다. 한국인의 역동은 노력만도 아니다. 유전인자, DNA가 대대로 내려 왔다. 가야문화의 가야금이 그렇고 궁중의 춤과 가락들은 그야말로 역동의 본류다. 나아가서 사물놀이, 농악의 춤사위보다 더한 역동이 어디 있겠는가!

이러한 역동이 몇몇 사람에게만 있는 것이 아니다. 특히 전라도 사람 모두에게 춤사위가 어깨 죽지에 입력되었다는 사실이다. 강강수월래를 비롯한 남도가락에는 한과 가락이 넘쳐 난다.

한국의 자연은 그야말로 역동의 전부다. 강원도로 올라 갈수록 가파른 산세는 역동을 이야기한다. 계곡에서 흐르는 물소리 새소리는 한국인의 유전인자에 역동성을 입력 시키는 오케스트라다.

소나무는 겨울의 동한을 이겨 내면서 매듭(괭이)이 만들어 졌다. 세계의 어느 나라에서도 볼 수 없는 나무늘의 자유분방한 자태에서 역동을 볼 수 없다.

나는 한국의 역동은 소나무와 무관치 않다고 생각한다. 바위틈에서 자생하는 소나무. 천년을 살아 숨 쉬는 유유함은 나무 중의 나무가 아닌가! 그래서 궁중의 중요문화재는 소나무의 재료가 당연 사용된다. 한국의 소나무는 천년이 가도 뒤틀리지 않는다. 소나무로 지어낸 남대문의 소실을 안타까워하는 이유는 다시는 만날 수 없는 천년 소나무의 재목이 손실 됨이었다. 어떤 사람들은 유럽의 쭉 뻗은 나무들을 보고 좋아하기도 한다. 그것은 잠시 잠깐이다. 쭉 뻗은 나무를 오래 보고 있으면 지루하다. 한국의 산들은 기암절벽으로 이루어 졌다. 매우 역동적이다. 한국의 화가들이 그린 자연과 나무들을 유심히 보면 심혼(心魂)이 들어 있다.

한국의 역사는 역동이다. 역동의 역사는 굴곡이 있기 마련. 외침을 비롯한 수난의 역사다. 그러한 역사의 뒤안길에는 역동이라는 긍정의 유전자를 만들어갔다.

예술에서 역동이란 작품의 힘을 말한다. 작품에도 카리스마가 있다. 역동성의 작품만이 오랜 시간 사랑을 받고 평가를 받는다. 방향에도 역동은 숨 쉰다. 예술에서 방향이란 매우 중요하다.

꽃꽂이에서 방향이란 소재와의 대화를 하는 것이다. 그러기 위해서는 손끝으로 소리를 들어야 한다. 이것이 역동을 보고, 듣고, 표현하는 것이다.

작품에 역동을 빼버리면 죽은 것이나 다름없다.

한국의 드라마는 너무나 큰 역동이 숨 쉰다. 대형 드라마가 끝나면 시청자의 휴식 같은 여백이 필요할 정도다.

오래도록 가지고 다니는 열쇠고리가 있다. 고리에는 자그마한 호랑이 조각이다. 전철 안에서 초등학교 일학년 정도가 되는 아이가 열쇠고리를 유심히 보고 있었다. 나는 아이가 열쇠고리를 갖고 싶어하는 줄 알았다. 그런데 아이가 나에게 말을 걸었다.

"아저씨 왜 호랑이 눈동자가 없어요?"

그리고 보니 눈동자의 페인팅이 지워졌던 것을 알게 되었다. 주머니에서 오랫동안 지니고 다니다 보니 지워졌던 모양이다. 나는 아이에게 "오래 사용하니 눈이 지워 졌구나"라고 말해 주었다.

아이는 "아저씨 호랑이 눈을 그려 주세요"라고 말했다.

나는 집으로 돌아오기 바쁘게 열쇠고리 호랑이의 눈동자에 페인팅을 해 주었다.

호랑이의 역동성이 살아났다.

전철 안에서 마주친 아이.

역동성이라는 유전자가 분명 숨 쉬고 있었을 것이다.

12 성난 년대(年代)의 눈동자

나팔수는 돈이 아니고 시민의 생명을 지키기 위하여 나
팔을 부는 것이 목적이었다. 크라쿠프의 나팔수 연주는
1320년부터 변함없이 이어져 온다.

　도덕의 타락과 비인간화된 사회의 혼돈을 개탄하는 구안
지사(具眼之士)는 많다.
　고양이 목에 방울달기, 그 고양이의 목에 누가 방울을 달 것이냐
의 행동의 선택과 추진만이 남은 문제라고 할까? 나는 패소(敗訴)
를 자인한다. 그러나 그것은 결코 말의 부족에서 온 것이 아니라 후
안무치(厚顔無恥)의 부족에서 온 결과라고 비통하게 뇌까려야 했
던 마지막 소크라테스 변명 같은 거라도 곁들여 이 엄연한 사태 속
에서나마 자신을 미화시켜 나가야 하는 성난 년대(年代)인가?
　인간의 생존과 자유를 위협하는 두려운 사태를 경고하는 양심의
소리들도 씨는 마르지는 않았다고 자위하고 싶다. 성난 년대의 사태

는 조금도 개선 될 것 같지 않는 곳들이 이곳 저곳 산재한다.

문화광관부에 사단법인의 등록은 1,300개가 등록되었다고 한다. 법인단체가 시작될 때는 자신감이 넘치고 순수의 열정으로 출발했을 것이다. 단체가 궤도에 오를 즈음 음산한 사욕들이 끼어든다. 몇몇 사람들, 인맥이나 학맥이 동원되어 감투싸움으로 둔갑한다. 감투싸움에서 밀리면 비슷한 단체를 새롭게 만든다. 여기서 중요한 것은 단체를 만드는 것이 개인의 금전적 욕구나 몇몇 사람들의 자리다툼으로 비롯됐다는 것이다. 그래서 단체를 만드는 전문가까지 등장하는 판국이다. 최근 문제된 경제인연합회가 어버이연합회에 지원금도 그렇다. 경제인연합합회가 어버이 연합회에 지원된 기부의 목적은 분명하다. 사회의 공적활동에 투명하게 쓰이라는 것이다. 그러나 진보의 행사에 어버이연합회가 동원되어 정부의 나팔수[*]가 되었다는 것이다. 협회의 연구비가 사적으로 사용되고 가족의 여행경비로 둔갑하는 등 이해하지 못하는 일들이 벌어진다.

양심혁명(良心革命)이란 타인에게서 찾는 것이 아니다. 자기 자신에게 있는 것이다. 책임은 밖에다 묻는 것은 조금도 사태가 개선되지 않을 것이다.

* 나팔수란 원래 아주 순수하고 좋은 의미다. 1241년 몽공군의 크라쿠프침략이 있었던 날이다. 경비를 서던 나팔수는 나팔을 불어 외침을 알린다. 때마침 근처에 있던 폴란드 궁수부대가 나팔 소리를 들었다. 부대원들은 화살을 쏘며 공격에 맞섰다. 그리고 신속히 성문을 닫아 크라쿠프를 지킬 수 있었다. 기습에 맞서 부대원들은 탑에 올랐으나 나팔수는 여전히 손에 나팔을 쥔 채로 숨겨 있었다. 나팔수가 연주한 음악은 '헤이날(Hejnal)'이었다. 크라쿠프 시민들은 숨결이 끊어질 때까지 나팔을 불어 도시를 지켜낸 그 나팔수를 기리며 매시간 성당이 동서남북 네 방향에서 헤이날을 연주한다. 지금도 헤이날의 연주는 계속되고 있다.

말과 글의 홍수 속에서 오히려 말의 기근을 느껴야 하고, 피알 (PR)의 선풍시대에 집에 가만히 앉아 있으면서도 진실의 현주소를 가뭇없이 부정해 버린다. 친구도 없고 스승도 없어 다만 삐걱거리는 자조(自嘲)와 변천의 사닥다리위에서 가파른 곡예를 하는 창백한 단체들을 우리는 언제까지 목도해야 할까?

사단법인의 형태뿐 아니라 같은 당의 정치권에서도 '무슨 무슨 박'들이 그리도 많은지 국민들은 분노를 금할 수 없다.

사단법인의 출발은 화훼, 종교, 의료, 교육, 문인을 비롯한 수많은 시민단체들로 만들어 졌다. 사람이 바로 살아 보자는 데서 출발한다. 사람이 바로 살기를 단념했을 때 손쉽게 죄를 범하게 된다. 바로 살기를 단념한다는 것은 바로 살아 보려는 온갖 노력이 아무런 희망도 약속을 받지 못할 때생기는 무분별한 자포자기와 같다. 돈만이 제일이다. 돈만이 나를 구원해 줄 수 있고, 그리고 인생의 모든 것이라고 생각하는 사단법인의 성격과는 사뭇 다르다. 사단법인은 이익을 추구하는 것이 아니다. 그래서 수익을 위한 사업도 엄격히 제한한다. 다만 회비와 사회의 기관의 출현금에 의하여 유지된다. 돈을 위한 단체라면 예시 당초부터 출발을 하지 않아야 한다.

　나팔수는 돈이 아니고 시민의 생명을 지키기 위하여 나팔을 부는
것이 목적이었다. 크라쿠프의 나팔수 연주는 1320년부터 변함없이
이어져 온다. 좋은 일은 모름지기 변함없이 지켜질 때 그 값은 크고
빛이 난다. 단체의 앞에서 일하는 자세는 낮은 자세일수록 좋다. 개
개인이 목소리를 듣는 자세가 아니라면 배신의 길이 될 것이다.

　사단법인들이여!

　오늘은 나팔수의 헤이날 노래를 들어보자.

13
고양 꽃박람회를
문화적 유산을 키울 수 없을까?

꽃은 자신을 내놓고 붉게 웃는다.
인류가 자신보다 더 아름다워지길 소망하고 있다.
꽃이 내놓은 선물에 인간이 보답하는 방법은 무엇인가?

아주 일찍부터 인간은 꽃을 사용하는 데 있어 서로 관계 있는 행동을 보여 왔다.

죽은 사람과 꽃을 묻는 한편 신을 달래기 위해 화환으로 신상을 장식하거나 제단위에 꽃을 놓기도 한다. 외국의 정상들이 방문하면 전쟁으로 순국한 자국의 군인의 무덤에도 꽃을 놓는 것은 오랜 전통이 되어 버렸다. 꽃처럼 덧없고 여린 것이 어떻게 여러 문화의 신앙에서 이와 같은 역할을 하게 되었을까? 우리가 열매나 씨앗을 먹는 조상에서 진화하였는데 어떻게 슬픔에 젖은 문상객을 위로할 수 있을까? 왜 다른 것을 사용하지 않을까? 감미로운 붉은 포도, 사과, 무화과 등 과일로 관을 장식하지 않을까?

셰익스피어의 〈햄릿〉작품에선 레어티스는 당시 널리 퍼져 있던 '훌륭한 사람의 무덤에서는 예쁜 꽃이 핀다'는 믿음을 소개한다. 자신의 누이 오필리아가 비록 자살을 하였지만 그래도 그녀의 무덤에서 제비꽃이 피어나기를 바란다. 우리가 국민 시인으로 추앙하는 김소월은 진달래라는 꽃으로 철학과 심미(審美)를 담아서 만인의 가슴을 절절하게 하고 있다. 진달래뿐 아니라 산유화, 금잔디, 개여울, 님과 벗 등 수많은 시에서 꽃을 등장시키고 있다. 소월에 등장하는 꽃은 사람의 심금을 울리는 주연을 한다.

화환과 부케의 기원을 알고서 사용해야 된다는 법은 없지만 부케의 기원을 더듬어 볼 필요가 있다.

고대 테베에 있는 제왕의 계곡에서 1922년 하워드 카터가 처음 발굴한 투탕카멘의 묘 속에서도 월계수(방부제 역할) 나뭇가지로 만들어진 꽃다발(strauss)이 발견되었다. 이후 기원전 1322년, 19세기의 파라오 투탕카멘이 매장되었을 때 많은 화관이 왕의 무덤에서 발견된 것으로 나타났다. 꽃다발의 역사는 이렇게 오랜 시간을 거슬러 올라가볼 수 있다. 오늘날 무덤에서 발견된 미라는 월계수 나무가 방부제가 되어진 것으로 보여진다.

참으로 신기한 것은 크레타 이탈리아 사람들은 약 2,000년 전에 자신의 신을 내팽개쳤지만 꽃만은 여전히 배신 받지 않고 역할을 하고 있는 것을 본다.

봄이 되면 우리나라도 꽃에 대한 관심을 넘어선 축제를 보게 된다.

매년 열리는 고양 꽃박람회는 우리나라의 꽃 박람회의 대명사가 되었다. 과연 고양 꽃박람회가 대중과 호흡을 하고 있는 것인지 여러 생각이 든다. 매년 초대자로 참석하는 입장에서 현수막을 보며 이런저런 생각이 든다. '꽃보다 아름다운 사람'이라는 문구는 매우 매력적인데. 과연 고양시가 박람회를 통하여 꽃보다 아름다운 사람을 만들어 가는 것일까?

꽃 박람회의 목적은 심고 기르면서 꽃으로부터 얻어지는 삶을 통하여 꽃보다 아름다운 사람은 만들어지는 것은 아닐지? 꽃을 구경오는 사람은 그저 꽃을 보는 것만으로 만족을 하는 것이 아니다. 꽃을 통해서 얼마나 사람이 아름다워져 가는 것이다. 고양시는 박람회가 아니라 시민이 꽃을 가꾸면서 박람회까지 연결되어지는 것을 인식해야 한다. 우리나라에서 축구월드컵이 개최되었던 것은 경기를 위한 것만은 아니었다. 월드컵개최국으로서 축구의 저변확대는 물론 기술과 경기력향상이 한 차원 업그레이드되는 것이었다. 당시 온 국민이 해설가였고 감독이었던 것을 우리는 기억한다.

꽃 박람회는 그 지역에 어울리는 문화가 연결되어야한다. 꽃에서 나오는 향수공장이 만들어지고 향수를 판매하는 매장이 연결된다면 박람회의 목적은 광범위한 역할이 될 것이다. 꽃술도 좋고, 꽃비누, 벌꿀, 꽃차, 수많은 상품과 연결을 지을 수 있을 것이다.

설명이 필요 없는 쟈스민 차를 비롯 라벤다, 국화차 등 헤아릴 수 없는 귀한 차들을 내놓을 수 있다. 꽃은 자신을 내놓고 붉게 웃는다. 인류가 자신보다 더 아름다워지길 소망하고 있다. 꽃이 내놓은 선물에 인간이 보답하는 방법은 무엇인가?

14
세빛둥둥섬, 그리고
이상한 나라의 엘리스

미국의 '카네기홀'이 설립된 것은 강철왕 앤드류 카네기 (1835~1919)가 개인 사비로 월터담로시에게 여행 중에 우연하게 만나서 약속을 이행한 결과다. 우리나라 기업도 세계적 기업들이 많다.
공연장 하나쯤 헌정할 기업이 분명하게 있다.

우리나라에는 특색 있는 공연장은 어디일까? 예술의 전당이나 세종문화회관 같은 공연장이 있다. 그러나 지방자치제가 되면서 예술의 전당들이 전국에 무의미(無意味)(?)하게 들어섰다.

미국의 카네기홀이나 호주시드니의 오페라 하우스 같은 전용음악공연장은 이색적이고 특화된 느낌이다. 호주를 가본사람은 매우 신기한 눈으로 보는 것이 오페라 하우스다. 바다에 둥둥 떠 있는 것이 낭만적이고 음악공연장다운 느낌이 물씬 난다. 지붕은 마치 음악이 우주로 보내질 듯, 예술적 건축미다.

호주를 관광하는 관광객에게는 필수 코스다.

그래서 일까? 서울시의 오세훈 시장은 한강에 세빛둥둥섬이라는 것을 설립해서 호주의 오페라하우스와 같은 명물전용공연장을 만들겠다는 야심프로젝트를 진행하였다. 당시에 야심으로 시작한 프로젝트명은 '한강르네상스'였다. 그러나 불행은 엉뚱한 결과를 만들고 말았다. 오세훈 시장이 임기를 채우지 못하고 물러났다. 차기 시장인 박원순 시장은 세빛둥둥섬의 진행을 돌연 중단시켰다. 예산의 낭비라는 이유와 함께 세빛둥둥섬은 엉뚱한 방향으로 흘러가고 말았다. 불행 중 다행인 것은 우리나라에 음악전용공연장 하나 없는 나라에 세계적 음악가를 배출하고 있다는 것이다.

이것을 두고 〈이상한나라의 엘리스〉에 나오는 배움과 비슷하다는 생각이 든다.

〈이상한 나라의 엘리스〉는 1866년에 발행된 어린이 동화책이다.

어느 날 오후. 회중시계를 보며 허둥대는 하얀 토끼를 따라 이상한 나라로 들어간 새침한 소녀 엘리스. 하트여왕이 다스리는 이상한 나라에서 키가 작아졌다 커졌다 하는 황당한 사건에 휘말리며 신기한 동물들과 친구가 되는 이야기다. 동음이의어와 유사발음을 응용한 말장난 가득한 현실세계의 엘리스와 독자들을 웃음 짓게 만든다. 이렇게 이상한 나라의 엘리스 이야기를 꺼내는 것은 우리나라의 예술적인 풍토가 〈이상한 나라의 엘리스〉내용과 같다는 엉뚱한 생각이다.

우리나라에는 세계적인 바리톤 고성현, 마에스트로 금난새, 세계적 마돈나 조수미, 음악가족 정경화, 정명화, 정명훈이 있다.

최근엔 한국에서 길러 국제무대로 수출한 피아니스트 3인방은 더

없이 빛을 발하고 있다. 손열음(28), 김선욱(26), 조송진(20)이 그들이다. 한국 클래식 음악계에 20대 스타들이 경쟁하듯 빛을 발하기 때문이다.

특히 조성진은 폴란드 바르샤바에서 쇼팽 콩쿠르 무대에서 1등을 차지하였다. 그리고 피아노음반은 국내사상 초유의 발매를 기록하고 있다. 이거야말로 이상한나라의 엘리스가 아닐까? 변변치 못한 환경에서 세계적 무대에서 수상의 결과를 가져왔으니 말이다.

만약에 우리나라가 호주의 오페라하우스나 미국의 카네기홀 같은 공연장이 번듯하게 있었다면 어떤 결과를 가져올까?

나는 여기서 지적하고 싶은 것은 우리나라의 공연장은 이것도 아니고 저것도 아니라는 것이다. 공연장이 있는 것도 아니고 없는 것도 아니라는 것에 방점을 찍고 싶다. 호암아트홀만도 그저 평범한 공연장일 뿐이다. 만약에 세빛둥둥섬 공연장이 돈 때문이라면 한국의 세계적 기업들은 뭐하고 있었느냐고 반문하고 싶다. 정부는 정치 자금은 잘도 만든다. 한때는 차떼기로 자금을 만들었고 전두환 정권은 돈을 주체를 못하고 정권이 끝나면서 돈이 든 캐비넷을 그냥 두고 나온 일화는 우리국민의 가슴을 송곳으로 찌르고 있다.

그런 정부라면 세빛둥둥섬 같은 공연장을 열 개는 건설하고 남겠다는 생각이다. 미국의 카네기홀은 강철왕 앤드류 카네기(1835~1919)가 개인 사비로 월터담로시에게 여행 중 우연하게 만나서 약속을 이행한 결과다. 우리나라 기업도 세계적 기업들이 많다. 공연장 하나쯤 헌정할 기업이 분명하게 있다.

이제 대한민국도 어엿한 세계적 공연장 하나쯤 가져도 전혀 이상한 것도 아니다. 공연장은 수많은 젊은이의 일자리 창출은 물론 더 낳은 세계적 예술가를 길러내는 산실이 될 것이다.

15 나를 살리는 것들, 지구를 살리는 것들

지구를 살리는 것, 나를 살리는 것은 너무나 간단하다.
가볍게 먹는 것, 테레사 수녀나 오드리 헵번처럼 사는 것
이다.

먹을거리가 넘치는 풍요로운 시대다. 무엇을 먹을까? 어
느 곳에 맛집이 있는가?

몇 시간을 자동차로 달려가서 먹는가 하면 비행기로 날아가 식욕
을 채우는 현실이다. 이러한 현실은 풍요가 낳은 결과이기도 하지만
언론, 방송의 부추김도 크다. 연예인들의 언변과 그들의 먹방을 통
한 연출에 시청자들은 호기심을 자극하게 된다. 어느 때부터인가 우
리국민들의 군중심리, 쏠림 현상이 국민성으로 변했다. 그래서 매
스컴의 영향을 받게 된다. 언론은 국민 정서보다도 시청률만 오르면
그만이다.

음식점 메뉴 종류는 헤아리기도 쉽지 않다. 커피전문점도 마찬가

지다. 수많은 종류들, 그리고 알 수 없는 외래어들로 만들어진 커피 메뉴. 과연 이러한 우리의 현상은 다원화된 사회의 현상으로 어쩔 수 없는 것인지 의문이 간다.

이미 고인이 된 법정 스님은 버리고 떠나기의 대표적 작가다. 그의 마지막 글을 보면서 많은 생각이 들었다. 자신은 필요한 물건 이외는 남기지 않아야겠다고 늘 다짐하고 살았다. 그리고 실천한다고 자부하였다. 그러나 어느 날 자신의 다기세트를 보니 열 개정도가 되더라는 반성의 글이었다. 법정이 녹차를 좋아하기에 지인들이 다기 세트를 선물하면 받아 놓고 그것을 애지중지 간직하고 있었다는 자기반성의 글이었다.

식물을 연구하는 입장이 되고 보니 관찰하는 것이 일상이 되어 버렸다. 겨울맞이 다육식물은 몸속에 수분까지도 두지 않고 가죽처럼 껍데기만 두고 몸을 축소시킨다. 봄이 오고 산과 들에 얼음이 물로 변하는 시간까지 축소된 몸으로 기다린다.
만약에 다육식물이 자신이 가진 수분을 버리지 못한다면 얼어서 죽게 된다는 것은 자명하다.
의학자들은 인간의 노화의 적은 과식과 기름진 몸 관리가 원인이라고 한다. 어느 정도의 이성을 가진 자면 이러한 의학상식을 모르는 사람도 없다.

권력을 가진 자들의 축적을 보면서 이해가 가지 않는다. 가진 권력을 가지고 정상적인 저축이야 누가 나무라는 것이 오히려 옳지 않다. 그러나 권력을 남용하여 법을 벗어난 축적, 부에 넘치는 생활로 그가 이룩한 명성을 하루아침에 멸망시키는 것을 본다.

우리가 한가지 유념해야 할 사항은 논이 없어진다면 식량은 물론 사막화가 된다. 논은 식량뿐 아니라 지구의 습도를 조절, 허파의 역할을 수행한다.

고인이 되었어도 존경하는 테레사 수녀는 마지막 남기고 떠난 것이 옷 두벌이었다. 그가 수녀원을 옮기면서도 가방에는 옷 두벌뿐이었다. 그도 두통으로 늘 고통을 겪으면 살았다. 그러나 아픈 사람을 돌보다가 마지막 생을 마쳤다.

너무나 유명한 영화. 〈로마의 휴일〉하면 오드리 헵번을 떠오를 것이다. 그의 마지막 유언은 자신의 모든 재산을 아프리카의 가난한 자들에게 사용하도록 재단을 만들도록 하는 것이었다. 그도 암으로 투병을 하였지만 죽는 날까지 가난과 병마에 시달리는 아프리카의 어린이를 위하여 헌신하다가 생을 마쳤다.

지구를 살리는 것, 나를 살리는 것은 너무나 간단하다.

가볍게 먹는 것, 테레사 수녀나 오드리 헵번처럼 남기지 않는 삶이다.

16 일과
시간

오늘의 나의 '일과 시간'은
그때가 들어 있고 건강이 들어 있다.

대한민국 초대 대통령 이승만은 "피곤은 피곤으로 풀라"
는 말을 남겼다. 피곤하다고 쉬는 것보
다 가벼운 일을 하면서 피곤을 푸는
것이 더 빨리 풀린다는 이론이다.
　내 삶의 경험상 우남 이승만 대통령
의 말은 일리가 있다. 일을 좋아한다
는 것과 쓸데없이 부지런한 것은 다
르다. 같은 일을 하여도 자신의 관리
와 자신이 좋아하는 일이 무엇인가를
분별하면 일거양득이다. 부모들은

아이들이 좋아하는 것과 부딪히는 것을 종종 본다.

스마트폰도 한 예다. 아이가 너무 스마트폰에 집중을 하는 것에 부모는 걱정이다. 당연한 걱정이라고 본다. 결국 부모는 아이를 심리 전문가에게 상담까지 이른다. 그리고 전문가는 아이의 스마트폰의 지식을 점검하고 스마트폰을 제작한 연구원과의 만남을 통하여 아이의 스마트폰 지식을 점검하는 계기를 갖는다. 아이의 스마트폰 과학적 지식은 삼성의 연구원이 대학을 졸업하고 연구실에 들어와 몇 년을 쌓아온 지식을 가지고 있었다.

상식적으로 보면 이해되지 않는 것의 너머에 많은 것이 있다. 현대 사회에서 일과 시간을 분별하고 자신에 맞는 일을 한다는 것은 쓸데없는 부지런함에서 벗어나는 것이다.

일의 순서는 지혜다. 작은 일이라고 하나둘 쌓아놓으면 큰 일이 된다. 정원에서도 정원 관리를 하며 아주 작은 낙엽이나 잘라낸 가지를 쌓아 놓다보면 어느 날 한 트럭이 되는 것을 경험한다. 일이란 미루는 것은 하지 않는 것과 같다.

지금의 시대를 휴대폰의 사회라고 해도 과언이 아니다. 과거엔 집에만 있는 전화기를 개인의 주머니에 넣고 다니는 시대가 되어 버렸다. 그러다보니 시도 때도 없이 휴대폰이 울리고 개인의 업무와 상관없이 끼어든다. 이것은 상대의 시간을 감안하지 않는 태도다. 전화를 하기 전 문자를 통하여 전화시간을 양해 받아야한다. 그렇지 않으면 통화의 시간이 적절한지의 양해를 받는 것도 방법이다.

물론 사람마다 성격과 생활 방식이 다르긴 하지만 작은 일과 큰일을 병행 하는 것도 일의 성과를 올리는 방법이다. 어떤 사람들은 자신이 하지 못한 일에 타인의 시간까지 빼앗는다. 이 또한 습관이다.

공간 장식을 하다보면 상황에 따라 달라지는 일들이 부지기수다. 일은 싫어하는 사람은 겁을 내거나 주변의 사람을 의존하려 든다. 일을 힘들게 접근하면 일의 능률도 오르지 않는다. 즐거운 마음을 먹으려 노력하면 어느 날 일은 즐거운 시간이 된다.

식사시간도 좀 더 효율이 되어야 한다. 나는 식사를 통하여 많은 소통의 시간을 갖는다. 혼자서 식사를 하면 30분을 넘기지 않는다. 그러나 소통으로 해결할 일은 식사를 통하여 해결한다. 식사는 대화를 곁들여하기 때문에 내가 원하는 것을 나눌 수 있어 문제를 해결할 수 있을 뿐만 아니라 끼니까지 해결하는 효율적인 방법이다. 더구나 식사를 통한 대한 대화를 문제를 가지고 온 상대방의 마음이 무장해제 될 수 있다는 점에서 지혜로운 방법이다.

요즘은 휴대폰에 녹음기능이 있어 메모를 할 필요 없이 녹음하여 이용하기도 한다.

나는 보통 11시에 잠자리에 든다. 그리고 4시에 일어나 하루 일과를 시작한다. 강의 준비와 글쓰기를 한다. 그리고 한 시간 가량의 수영을 한다. 수영을 하면서도 지인들과의 교제를 나눈다. 7시면 아침식사를 하고 8시면 사무실에 출근한다. 물론 나의 사무실과 숙소는 멀지 않아 출근의 시간을 다른 사람에 비해 적게 드는 편이라 시간의 절약을 셈이다.

일주일에 두 번은 수년째하고 있는 고전 춤, 승무 한량무, 꽃신(진도 전통춤에서 제 해석함)을 한다. 그리고 그림을 그린다. 또한 일주일에 두 번은 이른 새벽에 농장에 가서 식물을 관리한다. 주먹밥을 만들어 점심을 하는 시간이 그렇게 즐거울 수가 없다.

나는 업무에 비하여 시간 약속이 많지 않는 편이다. 시간 약속을 하게 되면 약속의 전후 시간과 약속을 지키기 위한 생각이 많은 시간을 허비하기 때문이다.

일과 시간은 우리에게 매우 중요한 요소임은 분명하다.

주어진 시간과일을 어떻게 관리하느냐에 일의 성과는 확연하게 다르다. 세계적인 리더들은 '일과 시간'은 매우 중요하게 시용한다. 600년 전 공자는 시간의 중요성을 많은 저서에서 강조했다. 공자의 평균 잠은 4시간으로 알려졌다. 어떤 학자들은 공자의 4시간 수면이 과학적으로 건강을 유지 할 수 있느냐고 반문 한다. 나는 과학적인 근거를 답하거나 따질 수 없으나 공자선생의 시간과 일에 대한 지혜는 현명했다고 본다. 그의 수많은 학문적 업적이 내 생각을 지지하기 때문이다.

세계적 CEO들은 자신의 사무실도 최소화하고 돌아다니며 결재를 한다. 직원들의 결재 시간을 줄이기 위한 수단이다. 그리고 자신의 집무실을 밖에서 볼 수 있도록 유리로 꾸며 놓고 있다. 방문자가 들어와도 좋은지 쉽게 판단하기 위해서다.

일과 시간은 나의 깃이다. 오늘의 나의 '일과 시간'은 그때가 들어 있고 건강이 들어 있다.

17 우리는 어디로 가고 있는가?

갈 길을 잃은 인간상실의 시대.
이 같은 현실은 초등학교의 교실에서부터 제도적인 장치가 있어야 한다. 한 학생 한 화분 꽃 가꾸기 제도화를 하여야 한다.

꽃은 눈으로 보는 것이다. 눈으로 보는 꽃은 아무런 이유 없이 심리적으로 정서를 안정시킨다. 의학적인 분석에 의하면 정서를 안정시키는 심리적 공간이 넓을수록 주체적인 행동을 하며 자유로움을 느낀다는 것이다.

지금 우리 사회는 심리적 공간의 부족으로 인해서 인간상실의 시대를 맞고 있다. 식물학을 연구하는 사람으로 심리학자의 견해를 빌어 문제를 풀어보고자 한다.

조간신문의 기사다. 택시기사가 갑자기 정신을 잃고 쓰러졌다. 타고 가던 손님은 아무런 조치를 하지 않고 갈 길이 바쁘다고 골프채를 들고 가버렸다. 쓰러진 기사는 지나가는 시민의 신고로 119에 의해 병원으로 옮겼으나 시간이 지체 되어 숨을 거두었다. 방송을 켠다. 검찰의 소환을 앞둔 대기업 부회장이 돌연 자살을 하였다는 속보다.

두 개의 사건을 분석할 필요를 느끼지 않지만 한마디로 말하면 인간 상실의 시대다.

이 같은 상실의 시대에 대처하는 방법은 무엇일까? 흥미로운 사실은 인간에게는 자신을 둘러싼 공간의 자유로움과 밀접한 상관이 있다는 것이다. 탁 트인 자연을 언제나 접하는 시골에서 자란 사람이 정서적으로 훨씬 자유로움을 느낀다고 한다. 미국의 콜로라도 대학 경영학과의 로렌스 윌리엄스 (Lawrence Williams)와 예일대학교 심리학과의 존 바그너(John Bargh)는 〈심리과학〉지에 발표한 논문에 좁은 공간에서 살며 문까지 꼭꼭 틀어막고 사는 도시 사람보다, 공간이 훨씬 넓게 시골의 자연 속에서 사는 사람이 정서적으로 안정이 되었다는 주장이다.

나는 여기서 심리적 공간이 넓어지는 방법이 시골에 사는 사람이라고 한정 짓고 싶지 않다. 만약에 인간성을 추구하기 위해 도시의 사람, 모두가 시골에 가서 산다는 것은 현실로 막연하고 불가능하기 때문이다. 심리적 공간이라는 것은 느낌과 기분을 이야기하는 것이다. 사람의 감정은 다분히 심리적인 것에 의하여 결정 된다는 것은 말하지 않아도 정설이다.

꽃을 좋아하는 사람은 남을 즐겁게 하고 평안한 기쁨을 준다. 행복한 생활을 하도록 정신적 안정을 준다.

인간이 늘 함께하는 것은 꽃이다. 생일이 그렇고 결혼, 승진, 영전, 육순, 칠순, 모든 잔치에는 꽃이 수반된다. 나아가서 죽는 날까지 꽃은 동행한다. 연인이 만날 때는 80cm Baccara 검붉은 장미를 준다. 신을 경배하거나 신전에 전례 행사를 할 때도 꽃의 의미를 주어 색깔과 형태별로 신전에 바친다.

우리의 조상들은 신을 부를 때 꽃이나 나무(대)로 신과의 교감을 가진다. 지금도 인도네시아, 발리, 족 자카르타에 가면 해가 떨어질 때 온 동네 사람들이 꽃을 정성으로 머리에 두르고 바닷가로 나가는 행렬이 있다. 인도나 스리랑카, 태국, 불교와 힌두교 신전 앞에는 거리의 꽃 장사들이 줄지어 있다.

갈 길을 잃은 인간상실의 시대. 이 같은 현실은 초등학교의 교실에서부터 제도적인 장치가 있어야 한다. 심리적인 공간을 넓혀서 정서적으로 사람을 위하는 마음이 자리 잡아야 한다.

꽃을 보는 것으로 만족하는 것이 아니라, 심고 가꾸기를 해야한다. 초등학교 한 학생, 한 화분, 꽃가꾸기를 제도화 하여야 한다.

이것이 오늘의 극단적인 사고를 대처하는 유일한 처방이다.

꽃은 피로가 쌓인 현대인들에게 심리적 공간을 넓히는 정서의 필수적인 요소다.

18 망각도 축복이다

성경에서는 고통은 불필요한 과거를 기억하는 것이라고 한다. 인생을 좀 먹는 것은 우리의 괴로운 과거라고 증명하고 있다. 죄의 노예로 살며 자신을 고통으로 몰아가는 것이라고 한다. 그런 점에서 망각은 축복이다

망각과 기억은 동전의 양면과 같다. 망각과 기억은 신이 준 최대의 선물이라고 한다. 망각과 기억은 신이 인간을 창조하면서 인간에게 설치해 놓은 비밀장치라고도 한다. 이 같은 기억과 망각은 인간의 노력에 의하여 작동되지만 잘 사용하면 축복이지만 잘못 사용하면 저주가 된다. 망각은 잊어버리는 것이다.

기억은 지나간 일들을 계속해서 되씹는 일이다. 사람이 망각하지 못하고 기억만 있다면 그 또한 비극이 아닌가 싶다.

나는 쉽게 잊어버리는 습관을 가지고 있다. 갔던 길을 방향도 찾지 못해 반대로 가는 경우가 종종 있다.

그러나 잠재의식의 세계에서는 상당한 부분이 입력되어 있다. 순

간 아하! 하고 다시 생각날 때가 있기 때문이다. 나는 이런 망각을 좋아한다. 새로운 창작을 위하여 비워두는 공간이 많아지기 때문이다.

아인슈타인이나 세계적 석학들은 가지고 나간 가방이나 물건을 잃어버리고 귀가하는 경우가 많다는 통계가 있다. 여러 가지 생각을 하다 보면 현재의 상황을 놓치는 것이다. 물론 가방을 잃어버리는 것이 좋은 것은 아니다.

생각을 많이 저장하다 보면 상황을 놓지는 경우가 많다.

갔던 곳을 다시 가는 경우는 바보스럽다고 생각을 하지만 꼭 그렇지만은 않다. 지난번에 걸었던 기억이 어렴풋이 추억되고 또 다른 느낌으로 다기오기 때문이다.

스페인이나 그리스는 우리나라의 신안보다 더 많은 섬들이 있다. 해양이 발달할 수밖에 없는 북아프리카 섬들, 그리고 이미 가 보았던 섬들을 다시 가 보고는 한다. 그래도 여행이란 수십 번을 가도 새로운 분위기며 느낌도 다르다. 물론 계절과 날씨 탓도 있지만 지난번에 놓친 것들이 보이는 경우가 있기 때문이다. 마치 들었던 할머니의 이야기를 몇 번 들어도 조금씩 다른 것과 같다.

나는 기억이라는 것보다는 몸의 입력을 더 중시하고 싶다. 그렇다고 기억을 잘하는 사람이 잘못되었다는 뜻이 아니다. 수영을 한번 배우거나 자전거 타는 것을 배우면 결코 잊어버리는 않는 것은 몸으로 기억하지 때문이다.

얼마 전에 이세돌과 인공지능 알파고와 세기의 바둑 대결을 하여 전 세계가 이목을 집중한 적이 있다. 이세기와 알파고가 서로 공통

점이 있다. 둘은 바둑의 수를 기억하지 않는다는 점이다. 알파고는 입력된 데이터에 의하여 다음 수를 둔다. 이세돌도 마찬가지다. 수많은 바둑을 통하여 자신도 모르게 입력된 것들을 응용하여 바둑을 둔다. 모든 예술은 기억보다는 수많은 연습과 수련을 통해 뇌에 입력하였다가 자신도 모르게 잠재력을 발휘하는 것이다.

연극인이 모든 연기를 외우는 것이 아니다. 수많은 경험과 연습을 통하여 입력하는 것이다. 쇼팽이나 베토벤 같은 클래식 피아노곡을 치는 피아니스트들은 곡을 머리로 외우는 것보다 손가락이 외운다고 한다.

물리학에서는 이 같은 사실을 과학으로 증명한다. 스포츠도 물리학이라고 한다. 많은 게임들이 연습을 통하여 몸에 익숙하게 입력하여 둔다. 특히 골프선수가 날마다 연습을 하는 것은 기억이 아니라 몸에 입력을 위한 것이다.

꽃꽂이도 마찬가지다. 수많은 꽃들이 같은 형태가 아니라 제각각이다. 작년에 피었던 꽃의 과수가 해마다 다르게 피어난다. 양복 맞춤처럼 같은 모양이 아니다. 장미라고 해도 다 다른 장미다. 모든 꽃들이 지구상에서 오직 유일하게 하나인 것이 신비롭다. 장난감이라면 동일한 모양이지만 꽃은 장은 장미라도 서로 다르고 같은 국화라고 서로 다르다. 우기에 자연과 가뭄에 자연은 서로 다른 모습으로 다가온다. 가을의 꽃은 잎과 함께 완숙한 색의 모습을 드러낸다.

자연도 망각 속에서 새로운 것을 창작하지 않나 싶다. 나쁜 것을 망각하는 것도 신으로부터 받은 최대의 축복이다. 게 중에 어떤 사람들은 좋지 않은 추억을 기억하고 불편한 삶을 사는 것을 본다.

뉴스에서 본 사건이 기억난다. 독일에서 환자가 20년 전에 자신을 치료한 의사를 권총으로 저격을 하였다. 좋지 않을 기억을 가지고 산 사람의 비극의 한 예이다.

그런 점에서 망각은 축복이자 새로운 창작의 기회이다.

성경에서 고통은 불필요한 과거를 기억하는 것이라고 한다. 인생을 좀 먹는 것은 우리의 괴로운 과거라는 것을 증명하고 있다. 죄의 노예로 살며 자신을 고통으로 몰아가는 것이라고 한다.

망각은 축복이다.

저자 연보(年譜)

방 식 Bangsik

- 방식꽃예술원 설립_서울 명동
- 88서울올림픽 주경기장 꽃장식 및 승마경기장 플라워디자이너 총괄책임자
- 갤러리아 백화점 디스플레이 담당_서울 압구정동
- 드라이플라워 전시회_ 갤러리아 이벤트홀
- 독일 연방 공화국 주회 분데스 가르텐 바우 전시회
  : 금메달 수상_독일 겔센 케르헨
- FLORIST MEISTER 학교 설립인가
- 독일 연방 공화국 주최 2001 세계 BUGA 조경 예술전
  : 금, 은, 최우수작품상 수상 독일포츠담
- 서울 성북동 FLORIST MEISTER SCHULE 개교
- 인도네시아 자카르타 그랜드 메리어트 호텔 전시
- 독일 에센 국제박람회 플로리스트 경진대회 심사위원
- 태국, 방콕 UN 초청 반전 평화 "FLORIST MEISTER BANGKOK" 전시
- 한국, 인도네시아 광복 60주년 기념 "방식꽃꽂이 전시회" 주관
- 몽골 징기스칸 800년 기념 "한국, 몽골 친선 꽃장식" 주관
- 영암 왕인 국화축제 전시
- 여의도 봄꽃 장식대회 개회
- 독일 BUNDESGARTENSCHAU BUGA 코플렌츠 조경박람회
  : 은메달, 동메달 수상

- 울산 태화강 축제 : 조형물 설치 최고상 수상

- 순천만 국제정원박람회 '스리랑카 정원 〈휴양〉' 디자이너 방식

- 독일 INTERNATIONAL GARGESSCHAU HAMBURG 박람회 작품전시
  : 금메달 수상

- 1~15회 국제 꽃장식대회 개최

- 독일 BUGA2016 HAVELREGION 박람회 작품전시

- 한·아세안 정상회담 백스코 및 누리마루 장식

- 독일 BUGA2016 HAVELREGION 박람회 작품전시

- 한·일·중 정상회담 청와대 영빈관 및 만찬장 장식

- 한국관광공사 K-style hub 드라이플라워 디스플레이

- 과천 경마공원 렛츠런파크 벚꽃축제 야외 작품전시

- 고양국제꽃박람회 정원조성 및 국제무역관 디스플레이

〈저서〉

　꽃꽂이 백과, 방식꽃예술, 꽃이 되어버린 남자, 방식 부케

　FLORIST 역사학, 꽃은 시들지 않는다.

　FLORIST의 세계 : 재료와 기법, ZEITGERECHTE FLORISTK,

　FARBENLEHRE FUR FLORISTEN